バイオ実験

意外に知らない、いまさら聞けない

超基本Q&A

改訂版

Bio-technology
Oto Michiei
大藤道衛

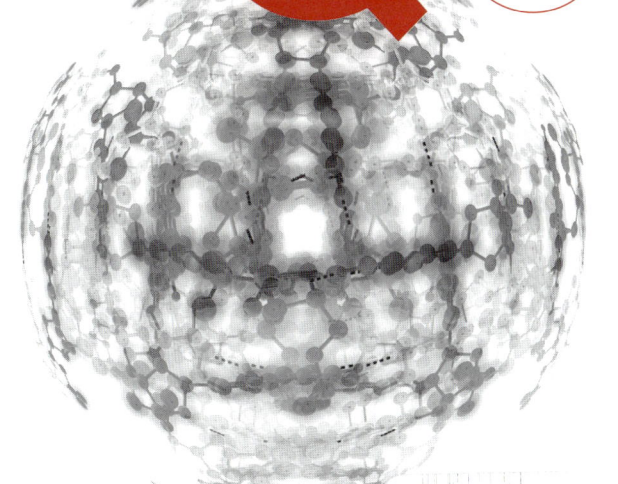

羊土社
YODOSHA

【注意事項】本書の情報について ────────────────────────
　本書に記載されている内容は，発行時点における最新の情報に基づき，正確を期するよう，執筆者，監修・編者ならびに出版社はそれぞれ最善の努力を払っております．しかし科学・医学・医療の進歩により，定義や概念，技術の操作方法や診療の方針が変更となり，本書をご使用になる時点においては記載された内容が正確かつ完全ではなくなる場合がございます．また，本書に記載されている企業名や商品名，URL等の情報が予告なく変更される場合もございますのでご了承ください．

第2版発行に際して

　本書は，2001年に初版が刊行されて以来9回の増刷を重ね，このたび改訂を迎えることになりました．この間，多くの方々に本書を活用いただいたことは，大きな喜びです．

　生命科学研究における2001年以降の技術進歩には目を見張るものがあります．リアルタイムPCR法が普及し，siRNAによるジーンサイレンシング技術，DNAチップ，さらには2005年以降には，超高速シークエンサーが市場に導入され，日進月歩で新しい技術が開発され実験に使われています．

　このような中で，バイオ実験は，自動化された機器やキット化された試薬が増え，一見するとどのような実験も，プロトコールに従えば簡単にできるように思われます．

　では，手作業のバイオ実験は必要なくなったのでしょうか？　いいえ，DNA/RNA，タンパク質の抽出をはじめ，実験は手作業から始まります．そして，どんな機器やキットも基本的には手作業の実験が基になっています．便利なキットや機器が開発され，実験のブラックボックス化が進めば進むほど，実験の原理や操作の意味をよく理解しなければ，キットや機器を使いこなせません．

　本書は，「実験に慣れている人が，普段行っている常識や気を使っている"超基本"を拾い上げQ&Aにまとめたもの」です．第2版では，実験室の設定から，実験室に入る前の心構え，実験の準備，実験，結果の解析やデータ管理からプレゼンテーションまで，安定したデータを生み出すための考え方や環境づくりを幅広くまとめてみました．一方，用語解説では，2001年以降の変化に対応し，キーワードや概念について加筆・修正いたしました．本書を通読いただくことで，実験に取り組むために必要な姿勢や考え方を学んでいただけると思います．さまざまな立場で実験に携わっている読者の皆さんが，本書を活用いただき，自分の実験技術を磨くヒントになれば幸いです．

　今回の改訂にあたっては，多くの方々にご協力をいただきました．東京医科歯科大学大学院分子腫瘍医学の秋山好光先生．バイオ・ラッド　ラボラトリーズ社の安達伸様，緒方訓子様，志和美重子様．DNAチップ研究所の石澤洋平様，的場亮様．日本バイオ技術教育学会の小林憲明先生．明星大学教育学部の篠山浩文先生．東京大学大学院新領域創成科学研究科の須田亙先生．東京テクニカルカレッジ・バイオテクノロジー科の松井奈美子先生．NPO法人サイエンス・コミュニケーションの山本伸様．The Tech Museum of InnovationのDr. Barry Starr．The Thermo Fischer SciencesのMs. Kim Hines．Bio-Rad LaboratoriesのDr. Laurie Usinger, Mr. Ron Mardigian．Eolas BiosciencesのMr. Ruairí Mac Símón．また，斉藤調様には，さまざまなご助言，資料のご提供などをいただきました．謹んで感謝いたします．

　本書の編集にあたり羊土社編集部の吉川竜文様，熊谷諭様には多大なお力を添えいただきました．また，初版出版から貴重なアイディアをいただきました編集部の加藤美慈様に感謝いたします．

2010年7月

大藤道衛

はじめに

　昨今，ゲノム解析，プロテオーム解析，SNPs解析など，大掛かりな研究プロジェクトが実施されています．また21世紀は，産学協同やさまざまな施設間の共同研究などがますます増えてくると思われます．これに伴い研究室では，研究者（Researcher），臨床研究者，研究技術者（Technician）など，色々な立場の人々が同じ空間で実験を行うようになります．学校でバイオ系の実験を学び，そのまま実験を職業とする人もいますが，一時期実験から遠ざかっていた人は，知識は残っていても実験に関する常識やコツを忘れているのではないかと思います．また，実験職についたばかりの人や実験を始めたばかりの学生の皆さんは，実験の常識を身につけなければなりません．

　バイオ実験に関するわかりやすいプロトコールや実験書は，数多く市販されています．また，各研究室で独自のプロトコールも整備されています．しかし，このような実験書には書かれていない実験常識やコツなど，バイオ実験特に遺伝子関連実験を職業とする際の"隙間"になっていることがらが多くあります．

　研究には，発想や洞察力が必要です．仮説をたて，実験データから仮説を検証していくための論理性や議論も必要でしょう．しかし，厳密に管理された実験データを出せなければその結論は「砂上の楼閣」です．バイオ実験には，基盤となる技術や知識があります．筆者は，13年間の学生への実験指導経験のみならず，企業経験や研究技術者への講習会実施，さらには大学院生や臨床研究者の方々との共同研究のなかで「"超"基本を忘れなければ安定したデータが出せるのに」と思う場面を見てきました．本書は，実験に慣れている人が，普段行っている常識や気を使っている事を拾い上げQ&Aにまとめたものです．この中には熟練した人でもついつい（初心を）忘れておろそかにしていることがあると思います．

　本書は，初めに実験室に入る前に頭に入れておきたいことから入ります．次に実験を行うのに必要な最小限の知識や考え方を確認し，実験のコツやゲノム関連キーワード解説へと進みます．初めから読み始めてもよいですし，思い当たるQuestionや索引から引いてみても役立つかもしれません．さまざまな立場でバイオ実験に携わっている読者の皆さんが本書を活用し自分を磨くヒントになれば幸いです．

　本書作成にあたり多くの方々のご協力をいただきました．理化学研究所ゲノム科学総合研究センター，服部正平先生，東京テクニカルカレッジ・バイオテクノロジー科，石河正裕先生，同校卒業生のヴィック・ヒーモイン・澄子さん，鈴木恵理さん，西田亜紀さん，松本亜紀子さんには，資料の御提供や実務者の立場からのご意見をいただきました．さらに同校学生冨澤伊織さん，明神しのぶさんにも，この場を借りて感謝いたします．最後になりましたが，本書の出版にあたっては，羊土社編集長一戸裕子氏，編集部中川尚さん，前田美慈さんにもお世話になりました．ここに感謝の意を表します．

2001年3月

大藤道衛

バイオ実験 超基本 Q&A 改訂版
意外に知らない,いまさら聞けない
Bio-technology

目次 CONTENTS

第2版発行に際して ………………………………………………… 3
はじめに ……………………………………………………………… 5

第1章　研究室で生活するための心構え

A. 知っておきたい研究室をとりまく環境
- Q1　研究室にはどんな人が所属しているの？ ………………… 12
- Q2　研究生活で守るべきルールとは？ ………………………… 14
- Q3　バイオ研究支援企業とは何ですか？ ……………………… 18
- Q4　研究資金はどうやって集めるの？ ………………………… 20
- Q5　論文のレベルはどのように見極める？ …………………… 22
- Q6　将来はどんな進路がありますか？ ………………………… 24

B. あなたは大丈夫？ 実験室での服装，ふるまい
- Q7　なぜ白衣を着なければいけないの？ ……………………… 27
- Q8　実験室にふさわしい身なりとは？ ………………………… 28
- Q9　実験室では静かにするのが当たり前？ …………………… 30
- Q10　実験室で靴を履き替えるのはなぜ？ …………………… 31
- Q11　ラボ手袋はどんなときに使うの？ ……………………… 32

C. 効率アップ！実験室での仕事術
- Q12 実験をする際に携帯する道具とは？ ……………………………………… 34
- Q13 実験の引き継ぎをスムーズに行うには？ …………………………………… 36
- Q14 過去のサンプルと実験データを上手く管理する方法は？ ………………… 38
- Q15 実験報告書を上手く書くには？ ……………………………………………… 41
- Q16 実験結果を効果的に発表するコツは？ ……………………………………… 42

第2章　バイオ実験で必要とされる基礎知識

A. 実験を始める前に知っておきたい基礎知識
- Q17 実験に使う水の種類と使い分けを教えて！ ………………………………… 46
- Q18 サンプルは何℃で保存すればよい？ ………………………………………… 48
- Q19 危険な薬品やゴミはどう処理する？ ………………………………………… 50
- Q20 "コンタミ"って何？ …………………………………………………………… 53
- Q21 バイオハザードの物理的封じ込めP１～４とは？ ………………………… 55

B. 実験のために最低限必要な数学・化学の知識
- Q22 "モル"の概念を理解したい！ ……………………………………………… 58
- Q23 「濃度」と「絶対量」の関係は？ …………………………………………… 59
- Q24 覚えておくべき量の単位とは？ ……………………………………………… 60
- Q25 濃度の単位にはどんなものがある？ ………………………………………… 63
- Q26 DNA，RNAの大きさはどうやって表すの？ ……………………………… 65
- Q27 バイオ実験で統計的な方法が必要になるのはどんなとき？ ……………… 66
- Q28 単位変換をスムーズに行う方法を教えて！ ………………………………… 68
- Q29 データの有効数字はどのように決める？ …………………………………… 69

C. 実験で苦労しないための勉強法
- Q30 バイオ実験に必要なパソコンのスキルとは？ ……………………………… 71
- Q31 バイオ実験に英語力はどの程度必要？ ……………………………………… 73
- Q32 文献検索や情報収集のコツを教えて！ ……………………………………… 76
- Q33 バイオ実験の勉強はどのようにしたらよい？ ……………………………… 78
- Q34 遺伝子組換え操作を一通り学ぶには？ ……………………………………… 83

第3章　機器・試薬の取扱いのコツ

A. １人前になるための試薬調製・取扱いのコツ
- Q35 緩衝液の役割とは？どんな種類があるの？ ………………………………… 86

CONTENTS

 Q36 緩衝液の略号を教えて！ 90
 Q37 「トリス塩酸緩衝液」の特徴とは？ 91
 Q38 緩衝液に含まれる成分の役割とは？ 94
 Q39 試薬や消耗品の選択方法を教えて！ 96
 Q40 試薬の正確な分子量を知る方法とは？ 98
 Q41 一度にどのくらいの量の試薬をつくればいい？ 99
 Q42 試薬はなぜ母液をつくって保存するの？ 100
 Q43 試薬調製で生じる誤差を減らすには？ 102
 Q44 液体を混ぜるときに必ず知っておくべきことは？ 103
 Q45 使いかけの古い試薬に新しい試薬を混ぜて使用しても大丈夫？ 104
 Q46 タンパク質を上手く溶かすコツは？ 106
 Q47 少量の溶液に溶質を溶かす場合，メスアップは必要？ 108
 Q48 微量の溶液を撹拌するときのコツは？ 109
 Q49 濃塩酸を扱ったら，実験室に霧が…． 110
 Q50 遮光や低温条件で保存すべき溶液とは？ 111
 Q51 凍結保存した溶液を解凍する際のコツとは？ 112

B. 正確なデータを出すための機器・器具取扱いのコツ

 Q52 キムワイプとティッシュはどう使い分ける？ 113
 Q53 メスシリンダーの正確な使い方を教えて！ 115
 Q54 ガラス器具を洗浄する際の注意点とは？ 117
 Q55 培地をとるために口でピペットを吸っていたら注意されてしまった．なぜ？ 118
 Q56 マイクロピペットとガラスピペットどちらが正確？ 120
 Q57 色々な種類のチップはどう使い分ける？ 122
 Q58 プラスチックチューブの特徴と使い分けを教えて！ 123
 Q59 pHメーターとpH試験紙はどう使い分ける？ 125
 Q60 トランスイルミネーター使用の注意点は？ 127
 Q61 遠心分離で使う"rpm"と"g"の違いは？ 128
 Q62 機器を使って安定したデータを出すには？ 130

第4章　実験の原理とテクニック

A. できる人はここが違う！実験の考え方

 Q63 対照実験（コントロール）が必要な理由は？ 132
 Q64 実験の「再現性」や「正確さ」ってどういうこと？ 135
 Q65 混ぜることの基本的な原理を教えて！ 137
 Q66 キットを使って実験したのに失敗した！なぜ？ 141

- Q67 特定の核酸やタンパク質を検出する方法とは？……143
- Q68 実験の原理を理解するコツは？……145
- Q69 実験を失敗したとき，原因をつきとめるには？……148
- Q70 実験を中断するタイミングは？……150
- Q71 実験のスピードアップをはかるには？……151

B. DNA，RNA，タンパク質実験のコツ

- Q72 DNA解析の流れを教えて！……153
- Q73 DNA実験・RNA実験で注意すべきことは？……155
- Q74 タンパク質実験で一番注意することは？……158
- Q75 プローブとプライマーは同じもの？……160
- Q76 DNAの分析にはなぜ電気泳動を使うの？……162
- Q77 DNAやRNAの純度を簡単に調べる方法は？……164
- Q78 分子量，塩基対数はどうやって測定するの？……166
- Q79 タンパク質の濃度を測る方法は？……168
- Q80 DNAを特異的に検出する方法とは？……171
- Q81 タンパク質を特異的に検出する方法とは？……173

C. 目からウロコの遺伝子実験必須テクニック

- Q82 試薬やチューブのラベルには何を記載する？……176
- Q83 フェノール抽出で水層はどこまで取る？……178
- Q84 エタノール沈澱で失敗しないコツは？……180
- Q85 PCRの非特異的なバンドは，なぜ現れる？……182
- Q86 プライマー配列を簡単にデザインするには？……185
- Q87 耐熱性酵素選択のポイントを教えて！……188
- Q88 PCR実験で安定したデータを得るためには？……190
- Q89 電気泳動で，サンプルを上手くウェルに添加するコツは？……192
- Q90 DNAの電気泳動で使うゲルの濃度や種類はどうやって選ぶの？……194
- Q91 電気泳動では電流，電圧のどちらを一定にするのがいいの？……196
- Q92 電気泳動の色素液は何のために加えるの？……198
- Q93 ブロッティングのときに，ゲルと膜の照合を間違いなく行う方法は？……201
- Q94 CBB染色時の簡単な脱色方法とは？……203

D. コンタミにさようなら！滅菌方法，無菌操作のコツ

- Q95 滅菌方法はどのように使い分ける？……205
- Q96 バクテリアの植菌はクリーンベンチではなく普通の実験台で行って大丈夫？……207
- Q97 なぜ細胞培養にCO_2インキュベーターを使うの？……209
- Q98 培地に血清を入れるのはなぜ？……211
- Q99 マイクロピペットを滅菌しなければならないときは？また，その方法は？……213

CONTENTS

バイオ研究キーワード解説

A. ゲノム科学
1 ゲノム，DNA，遺伝子 ……… 216
2 ゲノム→トランスクリプトーム→プロテオーム→メタボローム … 220
3 SNP（1塩基多型） ……… 223
4 バイオインフォマティクス …… 225
5 システムバイオロジー ………… 227

B. 遺伝子解析基盤技術
6 PCR法 ……… 229
7 リアルタイムPCR法 ……… 232
8 シークエンシング法 ……… 236
9 RI，化学発光，蛍光標識 ……… 239
10 GFPテクノロジー ……… 243
11 RNAiテクノロジー ……… 246

C. 変異・多型解析技術
12 PCR-SSCP法 ……… 249
13 Heteroduplex解析（HA） …… 252
14 ASO法 ……… 255
15 PCR-RFLP法 ……… 257

D. 高速・網羅的解析機器
16 ハイスループットスクリーニング（HTS） ……… 258
17 チップ型電気泳動 ……… 260
18 DNAチップとマイクロアレイ … 262
19 超高速シークエンシング技術 …… 265

E. 遺伝子医療と教育
20 遺伝子診断，DNA鑑定 ……… 268
21 ゲノム創薬，オーダーメイド医療 ……… 270
22 iPS細胞 ……… 271
23 遺伝子リテラシー教育 ……… 273

索　引 ……… 278

コラム
名刺をつくろう ……… 26
バハマの生物の教科書を見たことがありますか …… 75
手作りできる微量溶液のバッファー交換 ……… 92
パラフィルム上でサンプルを混合する方法 ……… 140
試薬の入れまちがい防止方法 ……… 142
ミクロの世界をビジュアル化してみましょう ……… 147
スペースペンを知っていますか ……… 184
受託実験の活用法 ……… 187
折り紙細工による簡易容器の作り方 ……… 189
ガラスビーズを用いたバクテリアの植菌 ……… 208
培養前に納豆を食べない方がよいって本当ですか ……… 210
血清が入っていたガラスビンの再利用 ……… 212

第1章
研究室で生活するための心構え

A. 知っておきたい研究室をとりまく環境 12
B. あなたは大丈夫？ 実験室での服装，ふるまい 27
C. 効率アップ！ 実験室での仕事術 34

Question 1 研究室にはどんな人が所属しているの？

Answer

研究室では研究員の人や企業の人，学生など色々な人がさまざまな立場で仕事をしています．

　研究室には，教官，ポスドク研究員，臨床研究者（医師），共同研究先企業社員，研究技術員，派遣会社研究技術員，アルバイト実験助手，学生等，色々な人が働いています．勤務時間や給与体系も異なる場合が一般的です．研究室に所属したら，自分自身の位置付けと仕事内容を認識することがまず大切です．そのうえで，誰が自分の上司や先輩なのかを見極めます．研究室は組織ですから，上司を飛び越えて指示を仰いだりしてはいけません．どの職場でも人間関係を形成しながら仕事を運びます．

　図1-1の形態は，すべての研究室で共通ではありませんが最大公約数的な形態を表しています．自分の立場は，図1-1のどの位置か，研究者なのか技術者なのかその中間なのかを意識して仕事をする必要があります．

　ここでいう研究者とは，研究の計画を立て，研究費を管理し，成果を評価できる人のことで，技術者とは，実験を計画実行しその実験運営の問題点を解決できる仕事をする人のことです．日本では，研究者と研究技術者を明確に区別していない施設が多いと思いますが，自分がどちらの傾向が強いかということは，わかると思います．技術者は，専門学校や大学などで実験自体を多く経験し，実務においては機器を用いた実験技術，トラブル解決方法などに習熟している必要があります．研究者は，博士号取得者（さらにポスドクでトレーニングを積んだ人）であることが一般的です．これは，博士号取得にあたり，研究立案，実験，データの評価・考察，理論構築と学会発表，論文作成とジャーナルへの投稿など，研究の進め方やプレゼンテーションのトレーニングを積んでいるからです（図1-2）．

　また，状況により立場が変わることもあります．例えば企業から出向した場合に，企業内では研究者の立場なのに，出向先では技術者としての仕事が中心になることもありますし，またはその逆もあります．

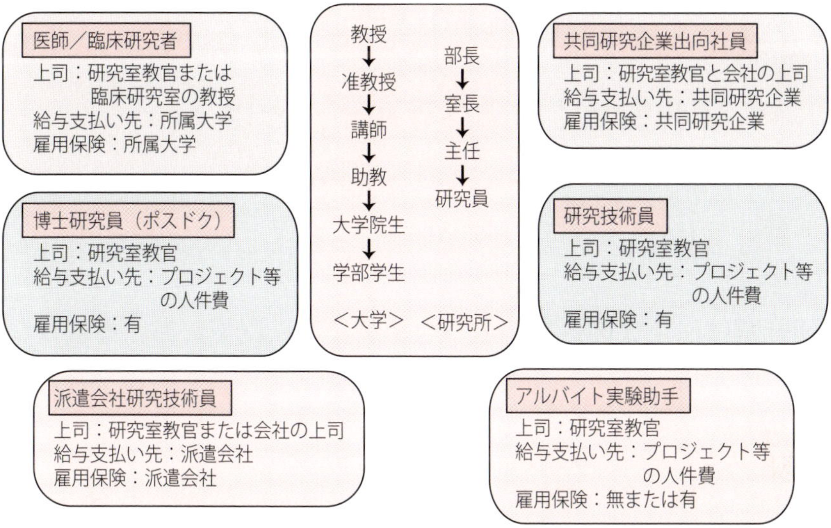

医師／臨床研究者	教授	部長	共同研究企業出向社員

※以下、図1-1の内容：

医師／臨床研究者
上司：研究室教官または臨床研究室の教授
給与支払い先：所属大学
雇用保険：所属大学

博士研究員（ポスドク）
上司：研究室教官
給与支払い先：プロジェクト等の人件費
雇用保険：有

派遣会社研究技術員
上司：研究室教官または会社の上司
給与支払い先：派遣会社
雇用保険：派遣会社

〈大学〉
教授 → 准教授 → 講師 → 助教 → 大学院生 → 学部学生

〈研究所〉
部長 → 室長 → 主任 → 研究員

共同研究企業出向社員
上司：研究室教官と会社の上司
給与支払い先：共同研究企業
雇用保険：共同研究企業

研究技術員
上司：研究室教官
給与支払い先：プロジェクト等の人件費
雇用保険：有

アルバイト実験助手
上司：研究室教官
給与支払い先：プロジェクト等の人件費
雇用保険：無または有

図1-1　研究室で実験にかかわっている人々
　　大学は教育機関であると同時に研究機関でもあります．医学部では，さらに臨床研究機関や医療機関としての役割が加わります．講座制を取らずに，教授・准教授・助教が独立のテーマをもち，研究費の出所が異なる場合もあります．研究所の役職は，個々の施設によりさまざまな名称があるため，これは一例です．部長に相当する人を室長ということもあります．この他に，秘書や経理担当者，用度の方など研究には直接かかわらないが大切な役割のさまざまな人々がいます

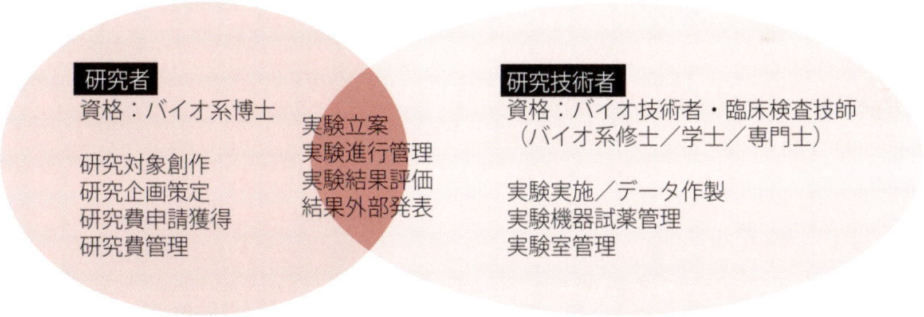

※図1-2の内容：

研究者
資格：バイオ系博士

研究対象創作
研究企画策定
研究費申請獲得
研究費管理

（共通部分）
実験立案
実験進行管理
実験結果評価
結果外部発表

研究技術者
資格：バイオ技術者・臨床検査技師
（バイオ系修士／学士／専門士）

実験実施／データ作製
実験機器試薬管理
実験室管理

図1-2　研究者と研究技術者の仕事の違い
　　研究者固有の仕事，研究技術者固有の仕事もありますが，共通しているものもあります．大学の研究室では，大学院生が研究者の修行をしつつ実験技術者の仕事を行うこともあります．英語では研究者をサイエンティスト（scientist）といい，研究技術者をテクニシャン（technician）といいます

> **まとめ**　研究室には，実験にかかわる色々な人がいますから，自分の役割と責任を認識して仕事をしましょう．

A. 知っておきたい研究室をとりまく環境

Question 2 研究生活で守るべきルールとは？

Answer
研究室は，1つの企業のような組織です．以下にあげるような最低限のルールを守って行動することが必要です．

　ここでいう研究室とは，1人の教授，部長，室長を中心としたユニットのことです．このため研究室の規模もさまざまです．学生を含めても10名程度の大学の研究室もあれば，色々な人が所属し総勢100名程度をいくつかのグループに分けて多くのテーマを研究している研究室もあります．企業の研究室，大学の研究室，公的な研究所などによって若干違っていますが，活発に研究を行っているところでは，学生も含めた，ラボに勤めるすべての人に対するルールがあります．企業は厳しく大学の研究室は緩やか，などは過去の話です．よいデータを出して国際的に競争しているラボでは，ルールと指揮系統がハッキリしています．入室と同時にルールブックを渡される場合もあります．また，企業や他の研究室から出向した場合でも，"郷に入れば郷に従え"で，今いる研究室のルールに従うことが大切です．

　以下，共通してみられるルールを記してみましょう．

■1 時間について

◆研究室入退室時には必ずあいさつをする
　自分が出勤（入室）したことを上司や周りの人に知らせるため，タイムカードや名札が使われます．退室時も同様にあいさつし，タイムカードや名札で帰宅を示します．現在の研究では，個人プレーよりもチームプレーが重要な場合が多いので，時間厳守やあいさつは大切です！

◆自分の居場所がわかるようにする
　大学や公的な研究機関の場合は，フレックスタイムになっている場合が多いので，入室自体をタイムカードで行うところもあります．ホワイトボード等にて，在室，帰宅，図書館，食事，RI室，学外など，自分がどこにいるかを明確にしてお

く必要があります．特に外出する場合は，私用か公用かも明記のうえ，どこに行くのかをホワイトボードなどに書き込んでおきましょう．

◆**休みや遅刻するときは，必ず知らせる**

自己管理によるフレックスタイムであっても，仕事は複数で協力して行う場合が多いと思います．上司や関係部署には早く連絡して混乱を招かないようにしましょう．

◆**勤務時間が決められている場合は，時間内に終了できるような計画を立てる**

やむをえない場合を除き，泊まり込みで実験してもよい結果は得られません．

しかし，やむなく泊まり込みとなる場合は，事前に上司，同僚，警備担当者などに知らせて自分がどこの部屋にいるかを明確にしておきましょう．

◆**最終退出者になるときは，カギの確認や警備担当者への連絡を怠らない**

最終退出者になるときは，同僚や上司に告げておきます．最後に行わなければならない火の元の確認，消灯，施錠の確認（自動施錠の場合も）や警備担当者への連絡を怠らないこと．深夜に盗難や火災があったならば，あなたの責任です．

2 暮らしについて

◆**電話がかかってきたときは，速やかに取り対処する**

「おはようございます．○○研究室でございます」などと丁寧に対応します．自分以外の人にかかってきた場合は，相手の名前を聞いて取次ぎます．当該人物が不在の場合は，必要に応じ相手の用件を聞いてメモし，こちらから電話する旨を伝え，あるいは電話してほしい時間を告げてから切ります．メモには，受けた時間，受けた人（自分の名前），用件を記載します．海外からの電話もあるので，英語で対応できるように準備しておきましょう．

◆**休憩時間**

コーヒーなどの飲み物は，談話室など所定の場所で飲み，実験室には絶対に持ち込まないようにしましょう．喫煙者は，危険を伴うため喫煙所以外では絶対にたばこを吸わないようにします．米国では，全館禁煙が普通です．禁煙する努力も必要です．

◆**コピー機など共通の備品**

共用のコピー機を利用する際には，専用カードの使用や，ノートへの記帳など決まったルールがあります．また，研究室のコピー機などの備品やコピー用紙は税金や企業の資金から購入されたものです．私用では使わず，公用のみの利用としましょう．

◆**研究室資料・書類の閲覧**

ジャーナルや図書など自由に閲覧してよいものもありますが，研究費の帳簿や

他のグループの未発表の生データなど閲覧が制限されているものもあります．閲覧可能なものとそうでないものを，見分けておかなければなりません．

◆**貸与されたカギやIDカードは，自己責任で管理する**

カギやIDカードは，盗難や事故に結びつくものです．大学内でパソコンや備品の盗難があり，窃盗犯が逮捕されたという事例も時々あります．万が一，盗難や事故があった場合は，嫌な思いをしますから大切に管理しましょう．また，紛失した場合は，速やかに報告します．

3 共通当番分担作業

以下の作業が共通の分担作業となることがあります．

- **廃棄物処理**：不燃物／可燃物／金属／滅菌処理／医療廃棄物（注射針・メスなど）／毒物・劇物／ガラス，などに分けて廃棄する（施設により，分別方法は異なる）
- **共通試薬の作製**：緩衝液／培地／電気泳動用アガロースゲル，など
- **器具の洗浄と滅菌**：ガラス器具／ピペット／チップ，など
- **掃除**：実験室／動物室／機器室／バイオハザードルーム／RI室
（専門業者やパートタイムで人を雇う場合もあります．しかし，いずれも実験データの質にかかわる問題なので人選には注意が必要です）

また，共通当番分担作業ではありませんが，以下のことも気をつけます．

- 使ったもの（試薬／機器）は，元の場所に戻します
- 試薬は，使い切る前に購入します．在庫がない場合，輸入品では納品に2～6週間かかる場合があります

4 個人分担作業

機器のメンテナンス，液体窒素管理，試薬管理や実験室の火元責任者は，担当者を決めて行います．担当者は，当該機器などの業者担当者とコミュニケーションをよくしておき，トラブルがないように努めます．

5 健康診断

定期的に健康診断があります．特にRI作業従事者は，健康診断が義務付けられていますから，実質的な健康管理のためだけではなく法律的に実験できなくなるので，必ず受けます．

6 ミーティング

研究室で行われる，実験の進捗状況，新着文献の紹介や事務連絡などのミーティングに参加します．実験の進捗状況は，自分が仕事をしてきた"証"として，参加者にわかるように適切なプレゼンテーション（**Q16**）を行いましょう．セミナー

や勉強会などを勤務時間外で行う場合もありますが，積極的に参加して，情報交換を行いましょう．

7 研究室の入籍と退籍

雇用関係や出向・進学など入籍が決まった場合は，雇用契約書や出向許可書などの契約が交わされたのち入籍します．

◆**入籍の場合**
- カギやIDカード，実験ノート，プロトコール，研究室のルールブック，机・実験台・パソコン，などを渡され，仕事を開始します

◆**退籍の場合**
- カギやIDカード，研究室のルールブック，机・実験台・パソコンを返却します

◆**返還する物の他には以下のものを用意し，退籍の際に後継者もしくは上司に実物を提示しながら引き継ぎをします**
- 記載された実験ノート，データを含むデジタル資料，使用検体・細胞一覧と保管場所の表
- 退籍後の連絡先e-mailアドレス，所属先住所・電話番号など

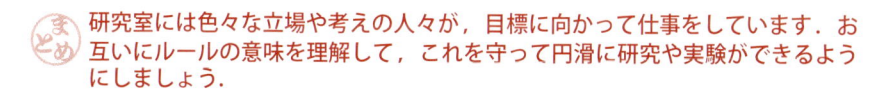

> **まとめ** 研究室には色々な立場や考えの人々が，目標に向かって仕事をしています．お互いにルールの意味を理解して，これを守って円滑に研究や実験ができるようにしましょう．

Question 3
バイオ研究支援企業とは何ですか？

Answer
試薬・機器の供給，受託研究，人材派遣などを通じバイオ研究を支援する企業です．

　　バイオ研究支援企業というと，試薬や機器を搬入してくれる業者さんのことを思い浮かべる人がいるかも知れません．研究やそれに伴う実験を実施するにあたり，必要な試薬，機器の供給はもちろんのこと実験の受託や研究者・実験技術者の人材派遣，さらには業務受託を含めてさまざまな分野があります（**図3**）．試薬，機器についてもメーカーから輸入元，代理店とさまざまです．

　　自分の研究室で，DNA合成やシークエンシング，抗体作製などをいつも行っていればよいのですが，時々しか行わない場合は，機器の費用やランニングコストを考えると外注した方が得になります．さらに，情報収集や設備設計，廃棄物処理さらにはバイオインフォマティクス（**キーワード4**）や情報処理などいわゆるアウトソーシングに属する業界もあります．

　　また，研究コンサルタントなど研究企画の一部をアウトソーシングできる場合もあります．

> **まとめ** バイオ支援企業は，試薬機器の供給のみならず，人や情報の提供など多くの分野で実験にかかわっています．

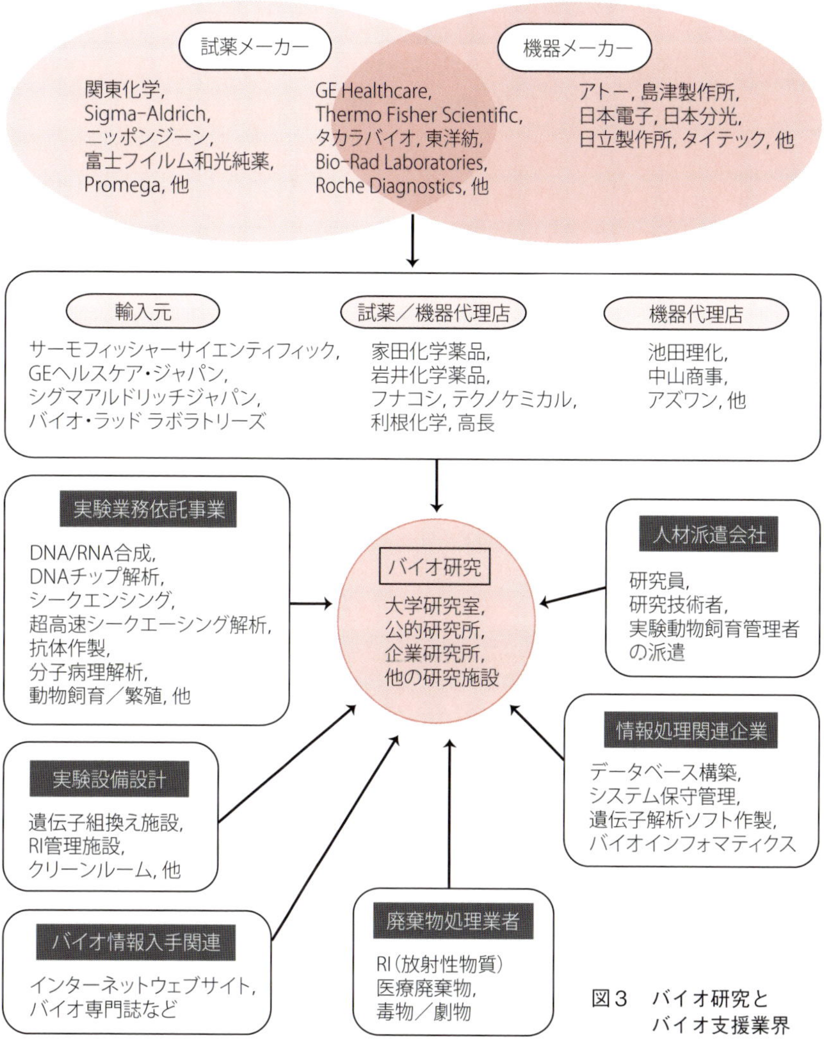

試薬メーカー
関東化学, Sigma-Aldrich, ニッポンジーン, 富士フイルム和光純薬, Promega, 他

GE Healthcare, Thermo Fisher Scientific, タカラバイオ, 東洋紡, Bio-Rad Laboratories, Roche Diagnostics, 他

機器メーカー
アトー, 島津製作所, 日本電子, 日本分光, 日立製作所, タイテック, 他

輸入元
サーモフィッシャーサイエンティフィック, GEヘルスケア・ジャパン, シグマアルドリッチジャパン, バイオ・ラッド ラボラトリーズ

試薬／機器代理店
家田化学薬品, 岩井化学薬品, フナコシ, テクノケミカル, 利根化学, 高長

機器代理店
池田理化, 中山商事, アズワン, 他

バイオ研究
大学研究室, 公的研究所, 企業研究所, 他の研究施設

実験業務依託事業
DNA/RNA合成, DNAチップ解析, シークエンシング, 超高速シークエーシング解析, 抗体作製, 分子病理解析, 動物飼育／繁殖, 他

人材派遣会社
研究員, 研究技術者, 実験動物飼育管理者の派遣

情報処理関連企業
データベース構築, システム保守管理, 遺伝子解析ソフト作製, バイオインフォマティクス

実験設備設計
遺伝子組換え施設, RI管理施設, クリーンルーム, 他

バイオ情報入手関連
インターネットウェブサイト, バイオ専門誌など

廃棄物処理業者
RI（放射性物質）医療廃棄物, 毒物／劇物

図3 バイオ研究とバイオ支援業界

<参考文献>
1) 清水 章/監修："バイオ・創薬アウトソーシング企業ガイド-2006-07-バイオ・創薬・化粧品・食品開発をサポートする"：メディカルドゥ, 2006

Question 4

研究資金はどうやって集めるの？

Answer

科学研究費補助金などの公的研究助成金，民間の助成金などから獲得します．

どんなに重要な研究であっても資金がなければ何もできません．バイオ実験では，試薬・機器が必要です．酵素も買えなければ実験ができません．実験を行うための研究資金には，学内資金である基盤的資金と競争的外部資金があります．

基盤的資金とは，国立大学法人や独立行政法人の公的研究機関の場合，国から配分される「運営費交付金」にあたります．競争的外部研究資金には，科学研究費補助金（いわゆる科研費），各省庁の研究助成金，その他に，民間財団による資金，企業との共同研究資金などがあります．

1 科学研究費補助金とは？

大学等の主要な競争的外部研究資金は，独立行政法人日本科学技術振興会（Japan society for the promotion of science：JSPS　http://www.jsps.go.jp/）の科学研究費補助金で，基盤研究，新学術領域研究，若手研究，挑戦的萌芽研究，特別研究促進費，奨励研究費などに分かれます．助成金額は，数十万から億円単位まで，また個人で申請できるものからプロジェクト単位までさまざまです．申請されたテーマは，分野の近い研究者による書面審査，合議審査およびヒアリングなどのピア・レビュー[注1]を経て採否が審査されます．採択率は分野により異なりますが，20％程度といわれています．

科学研究費補助金の対象となっているテーマや助成金額などは，課題別，研究者別の助成状況データベースKAKEN（http://kaken.nii.ac.jp/）を開くことでわかります．なお，大学の場合，研究費に関する情報は大学の事務に集まるため，回

注1：ピア・レビューとは，同じ専門分野をもつ研究者による審査である．専門性の高い研究に資金援助（言い換えれば「投資」）するかどうかの審査は，きわめて専門性が高く，専門分野が同じあるいは近い人が審査することになる．ちなみに，ピア "peer" は「専門分野の仲間」，レビュー "review" は審査の意味．

覧により情報を収集することが一般的です．また，医療・生物系情報のポータルサイト"UMIN"（http://www.umin.ac.jp/）には，民間の財団を含めた研究助成等の公募情報が掲載されているため参考になります．

2 民間企業の研究資金について

民間企業では，企業ごとにさまざまな形で予算が計上され，研究企画部など研究をまとめる部署で系統的に企画がなされ予算化される場合が一般的です．一方，産学連携で公的研究機関と共同研究を行う場合では，大学・公的研究機関と同様に公的資金が使われます．

研究の実施には資金が不可欠ですが，公的資金は税金により賄われていることを認識し，研究を遂行するために有効に用いなければなりません．また，公的資金で行われた研究は公共性が高く，その成果は最終的に学会発表や論文として公にする必要があります．

3 バイオ実験初心者が知っておくべきこと

大学教員など独り立ちした研究者（principal investigator：PI）は，自ら研究を企画立案し申請して競争的研究資金を獲得して研究を行います．バイオ実験初心者がいきなり研究資金の調達を行うことはないと思います．まず，PIの指導を受けながら実験を行うことになるでしょう．しかし，将来を見据え，どのように研究資金を獲得するかというプロセスに目を向けることは大切です．また，自分で資金調達を行うことを想定し，研究費申請に必要な研究の全体像を見据えた説得力のある研究計画書を作成できる文章力を養う必要があります．

まとめ　実験が中心となるバイオ研究は，さまざまな資金の獲得により実施できます．

<参考文献>
1）塩満典子，室伏きみ子/著："研究資金獲得法～研究者・技術者・ベンチャー起業家へ"：丸善，2008
2）児島将康/著："科研費獲得の方法とコツ"：羊土社，2010

Question 5 論文のレベルはどのように見極める？

Answer

掲載された雑誌のインパクトファクターや論文の引用数が指標になります．

1 インパクトファクターとは？

　　現在，世界中には主要なものだけでも約11,000にも及ぶ専門雑誌が出版されているといわれています．

　　インパクトファクター（impact factor：IF）とはトムソンロイター社が打ち出した専門雑誌を評価する数値です．算出方法は，過去2年間の引用数に基づいている[注1]ことから，研究者が多い分野ではインパクトファクターが高くなる傾向にあります．

　　このため，分野によってはインパクトファクターだけで雑誌を評価できません．新しいジャーナルが出版された場合，早くても3年目以降にインパクトファクターは付けられます．

　　なお，インパクトファクターはトムソンロイター社（**http://science.thomsonreuters.com/**）のJournal Citation Reports（JCR）に掲載されています．

2 論文の引用数とインパクトファクター

　　研究評価の指標として研究内容を発表した論文の引用数を用いることがあります．**引用数**（Times cited）とは，特定の論文がどれだけ引用されているかを表した数です．論文の引用数は，トムソンロイター社と契約している大学等の図書館にて引用索引（citation index：CI）から調べられます．また，google scholar（**http://scholar.google.co.jp/**）で論文を検索すると引用数も表示されます．論文

注1：例えば2008年のある雑誌のインパクトファクターは下式で算出され，2009年に発表されます．
　　A＝2006年，2007年に当該雑誌が掲載した論文の数
　　B＝2006年，2007年に当該雑誌に掲載した論文が2008年中に引用された回数（延べ数）
　　B/A＝当該雑誌の2008年のインパクトファクター

が掲載された雑誌のインパクトファクターで研究を評価することがありますが，インパクトファクターは，その雑誌の平均的な評価であることを念頭に置く必要があります．

Nature, Science, Cell という雑誌の頭文字をとって NSC ということがあります．これらの雑誌はインパクトファクターがきわめて高いため，掲載された論文が多くの人に引用されているといえます．

しかし，論文がインパクトファクターの高い雑誌に掲載されることは，重要ではありますが，研究分野によっては，研究者数が少ないため総引用数が多くない場合もあり，インパクトファクターや引用数が研究の質の全てを表しているとは限りません．

3 論文の筆頭著者とは？

研究論文では，その研究論文に最も貢献した人が筆頭著者となります．最も貢献した人とは，実際に実験計画を立て，実験を遂行しデータ解析した人です．貢献度により，第二著者，第三著者となります．最後の著者は，研究室あるいはプロジェクトの責任者になることが多いです．また問合せ先（correspondence）は，その研究論文に関するあらゆることに責任をもって答えられる人で，筆頭著者の場合もありますが，研究室の責任者あるいはプロジェクトの責任者の場合もあります．筆頭著者が学生の場合は，指導教官が問合せ先になることもあります．

表5　インパクトファクター事例（2009）

雑誌名	IF
Nature	34.480
Cell	31.152
Science	29.747
Proc Natl Acad Sci USA	9.432
Genome research	11.342
Cancer research	7.543
Nucleic acid research	7.479
Clinical chemistry	6.263
Journal of biological chemistry	5.328
Analytical Biochemistry	3.287

インパクトファクターは専門雑誌の評価指標です．

Question 6 将来はどんな進路がありますか？

Answer

研究者・研究技術者はもとより，マーケティング，コンサルタントなどさまざまな分野があります．

　大学院，大学，専門学校などで，生命科学やバイオ実験を学んだ後の進路として，研究者や研究技術者などの研究職があるでしょう[注1]．一方，医師の資格をもち，医科学系の大学院に学ぶ人は，将来，基礎医学研究者あるいは，臨床研究に携わる人が多いと思います．

　ここでは，医師以外の進路について記しましょう．

　大学や公的研究機関の研究者は，国の助成による学術研究や新技術の開発に携わります．民間企業では，多くの場合，製品開発を通じて自分の研究能力や技術を社会に還元します．2004年に国立大学が法人化されて以降，研究，教育，地域連携などの大学の使命が明確化され多様化してきました．このため大学教員の使命も多様化しつつあります．一方，研究職以外の進路には，バイオ研究支援企業のマーケティング，営業職があり，高度な専門知識が必要です[注2]．例えば，販売している商品を用いている研究者や研究技術者に正確な情報を提供するとともに製品や業界の将来性を見通すマーケティングが必要となります．また，弁理士やバイオ書籍の出版，バイオ業界のコンサルティングに携わっている人も少なくありません．また，第3期科学技術基本計画[注3]に「社会・国民に支持される科学技術」が示されたこともあり，サイエンスコミュニケーターやサイエンストランスレーターなど非専門家の人々に生命科学を伝える重要性も認識されてきました．

　このように，生命科学やバイオ実験を学んだ人には，さまざまな活躍の場があります．しかし，2010年現在の日本では，専門性の高い，特に博士号取得者の場

注1：研究者，研究技術者の仕事概要は，Q1参照．
注2：バイオ研究支援企業については，Q3参照．
注3：科学技術基本計画とは，5年ごとに策定される日本の科学技術政策の行動指針です．2006年からの第3期基本計画ではライフサイエンスを含む4分野が重点推進分野となっています．

合，あまり，研究職以外の職種にはついていない現実があります．海外企業をみると Ph. D. さらには Ph. D. ＋ MBA などダブルメジャーを持ち，高度な専門的な知識や研究経験を生かしてマーケティングなど研究開発以外の仕事に就いている人にお会いすることがよくあります．また，バイオ産業が早くから成長している米国では，博士号取得者についての統計を見ると，科学の専門家が行政や政策決定の場についていることもあります．

　日本でも，さまざまな職種で専門性の高い人の必要性が高まってくるものと思われます．バイオ業界とは何か，どのような人材が必要とされているかを早い時期から知ることが必要でしょう．

　そのためには，下記のウェブサイトが役立ちます．
- JREC-IN（http://jrecin.jst.go.jp）：科学技術振興機構（Japan Science and Technology Agency：JST）が運営する研究者人材データベースです
- 日経バイオテク ONLINE（https://bio.nikkeibp.co.jp/）：日経 BP 社が運営する情報収集に役立つポータルサイトです

■ バイオ実験にかかわる資格や検定

　技術士法に基づく国家資格である「技術士」に「生物工学部門」があります．これは，技術コンサルティングができるレベルの知識と経験が求められる国家試験です．また，国家資格ではありませんが NPO 法人日本バイオ技術教育学会が行っている「バイオ技術認定試験」があります．

◆技術士（Professional engineer）

　技術士制度は，文部科学省が所管する資格認定制度であり，「技術士」は，「技術士法」に基づいて行われる国家試験（技術士第二次試験）に合格し，登録した人だけに与えられる名称独占の資格です（http://www.engineer.or.jp）．技術士になるためには，第一次試験合格により「修習技術者」となり，実務経験を経て第二次試験を受験・合格することが必要です．Japan accreditation board for engineering educaiton（JABEE）認定コースを大学や高等専門学校で修了している人は，第一次試験が免除され，実務経験を経て第二次試験を受験できます．詳細は，JABEE の HP（http://www.jabee.org）をご覧ください．

◆バイオ技術者認定試験

　特定非営利活動法人（NPO 法人）日本バイオ技術教育学会（http://www.bio-edu.or.jp/）が行っている検定試験で，上級（大学卒業程度），中級（短大，高等専門学校，専門校学校卒業程度），初級（専門高等学校程度）があります．従来は毎年 2 月に実施されていましたが，2010 年より 12 月実施に変わります．実技はなく筆記試験（マークシート方式）のみとなります．

<参考文献>
1）三浦有紀子・仙波慎太郎/著："博士号を取る時に考えること　取った後できること〜生命科学を学んだ人の人生設計"：羊土社，2009
2）坪田一男/著："理系のための人生設計ガイド"：講談社，2008
3）山本　伸："博士よ白衣を脱ぎ，ラボの外へ出よ〜ノンリサーチ職における博士号の活用法"：科学，ウェブ広場（http://www.iwanami.co.jp/kagaku/S_Yamamoto20100126.pdf）e33-34，岩波書店，210

まとめ 研究職ばかりでなくさまざまな職種があります．また，技術士などの資格制度があります．

コラム●名刺をつくろう

　正式なポジションについている人は，所属機関から名刺が支給されます．しかし，大学院生などの学生も名刺を作ることでネットワークが広がります．例えば，学会に参加した際，他の研究者や技術者との交流，展示会での企業ブースなどでの会話の機会に名刺があると責任をもった発言と理解され，さらに深いディスカッションに繋がります．また，就職活動の第一歩でもあります．しかし，名刺に研究室の名前が記載されたときから，研究室の看板を背負った責任があります．名刺を作成する場合は，必ず研究室の指導教官や責任者に相談しましょう．

```
○○大学大学院□□□　△△研究室
博士課程後期学生

○○氏　△△名

〒000　　○○県△△市
TEL：0000000　FAX：0000000
Email：abcd@efghi-u.ac.jp
```

電子メールアドレスを記しましょう．できれば，学校で正式にもらった"ac.jp"が望ましい．

Question 7

なぜ白衣を着なければいけないの？

Answer

白衣には，自分を危険物から守る役割と，実験系を守る役割があります．

　普段着で実験している人を見かけることがあります．白衣の袖口をまくっている人もいるし，まくっていない人もいます．白衣の役割は何でしょうか？白衣には，自分を試薬，病原微生物などの危険から守る役割と，チリや自分の汗などを実験系に入れない役割があります．さらに，現在実験を行っているので，気を使って欲しいという周りの人へのアピールの意味もあります．しかし，白衣が実験の妨げになっては困ります．白衣を着た場合，前ボタンを閉め，袖を伸ばしてできるだけ体を覆い危険物から身を守る必要があります．しかし，必要に応じて，腕まくりをした方がよいときもあります．

◆**化学実験の場合は，白衣の袖は伸ばします**
　酸・アルカリ，劇物などを用いる場合は，袖は伸ばし定石通りに体を覆います．酸やアルカリが体に触れるのを防ぎます．

◆**遺伝子実験や培養では，白衣の袖はまくります**
①マイクロアッセイの場合，袖がエッペンドルフチューブなどのラックに並んだ小さいチューブを引っ掛けてしまう可能性があります
②手袋をする場合やエタノールでの消毒が必要な場合は，袖がない方が動きやすくなります
③DNAやRNAを直接扱う場合は，ラボ手袋をはめます．またRNAを扱う場合はマスクも着用しましょう．これは，汗や唾液などからのDNA分解酵素（DNase）やRNA分解酵素（RNase）の混入を防ぐことが必要だからです（**Q73**）．このため，ラボ手袋の装脱着がしやすいように腕まくりをします

まとめ 各実験で，白衣が自分を守るのか実験系を守るのか考えながら実験しましょう．

Question 8 実験室にふさわしい身なりとは？

Answer
危険な薬品などから自分を守るだけでなく，実験系を汚さない身なりを心がけましょう

◆実験室でのみだしなみ

　実験室に入るときには長髪は束ねましょう（もちろん男性も）．長髪は，火を用いた場合に引火する可能性があるばかりか，実験中に，チューブにフケやゴミなどが入る可能性があります（**図8 A, B, C**）．実験系に自分のもっている汚れを入れないように手洗いをし，アクセサリーを外し，化粧を落とします（**図8 D, E**）．これは，実験系を守るためです．逆に実験が終わった後は自分を守るために手洗いをします（**図8 F**）．

　マニキュアは，有機溶媒なので溶けて実験系に混入する可能性があります．また，爪を伸ばしていると爪と指の間の粘膜に物が付着しやすく，微生物や危険な薬品に汚染される可能性があります（**図8 G**）．

◆実験室での飲食

　実験室が狭いせいか，ときどき実験台の横で食事をしている人がいます．遺伝子関連実験を行った場合は，エチジウムブロマイドなどの変異原性物質なども扱います．実験後には必ず掃除をするでしょうが，そうした物質が残っているかもしれません．また，掃除が徹底されていないかもしれません．このように飲食物に目に見えない物質が混入する可能性がありますから，飲食物を実験室内に持ち込んで飲食しないようにします．

> **まとめ** 実験の際には，「自分の身を守ること」と「検体を守ること」の両面に注意しましょう．

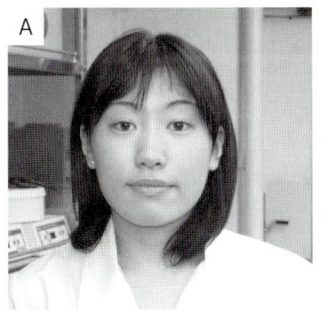

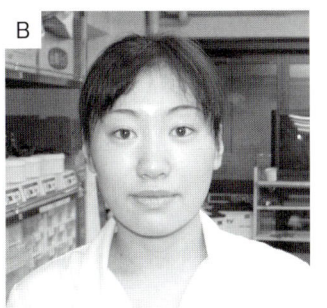

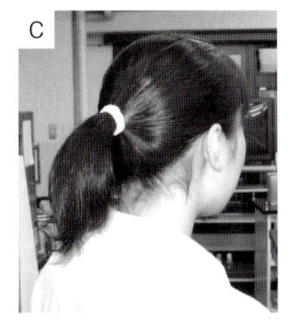

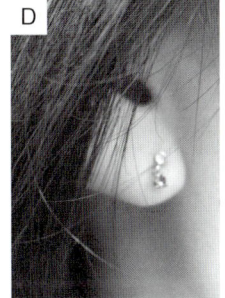

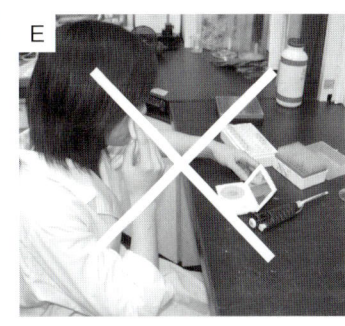

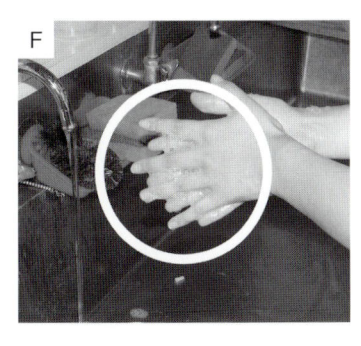

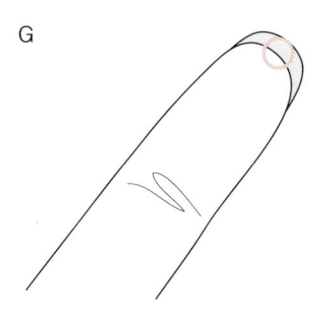

図8 実験室での身だしなみ
A) 〜 C) 長髪の人は髪を束ねましょう. D) E) アクセサリー, 化粧はやめましょう. F) 手を洗います. G) 爪の付け根には物が付着しやすいです

Question 9 実験室では静かにするのが当たり前？

Answer

実験は真剣勝負です．集中力を高めるために静かにするのは当たり前です．

　バイオ実験では，ごく微量の試料を扱ったり，条件が異なる酵素反応を同時に行ったり，実験をしながらもコントロール実験の結果を確かめたりするなど，気の抜けない操作が頻繁に現れます．そのため，集中して操作を行わなければなりません．実験している人の集中を切らさないよう，大声で話すことは控えましょう．

　実験室内は走らないようにします．ホコリが立つことはもちろん，検体を持った人とぶつかるかもしれません．靴音で集中力が鈍るかもしれません．実験中は，音を立てないことが原則です．踵や底が硬く音が立ちやすい靴は，履かないことが基本です．"コツコツ"という音で，実験者の緊張が途切れ，ミスを誘発します．

　しかし，実験には繰り返し作業が大量にある場合もあります．例えば，1日に1,000アッセイを手作業で行わなければならない場合もあります（予算もありルーティン化できる実験ならば，自動分注機を購入するでしょうが）．このような場合は，単調な音楽を低い音量で流す方がスムーズに作業を行える場合もあります．

　また，外国語放送をバックグラウンドミュージックにかけている研究室もあります（図9）．

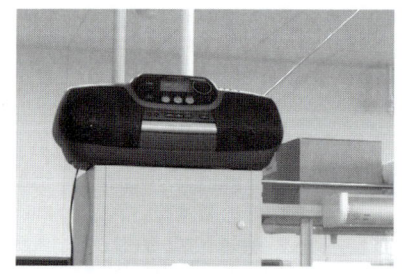

図9　CDラジカセ
やり方が決まった何百本のアッセイを行うルーティンの仕事が多いときは，音楽を流した方が能率が上がります

まとめ　実験中は気持ちを集中して行います．しかし，繰り返し作業が多いときは，音楽や外国語のリズムに乗った方がよいときもあります．

10 Question

実験室で靴を履き替えるのはなぜ？

Answer

ホコリの移動を制限するためです．

　例えば細胞や微生物の培養などを行う際には，ホコリやチリが検体に混入しては困ります．また，DNAやRNAを扱う実験でも同様に注意が必要です．これを防ぐため，外部のチリやホコリを入れないように，靴を履き替えます（図10）．ですから，実験室の内部は，いつも清掃しなくては意味がありません．戸棚にホコリが溜まっていてはきれいなデータは出せません．これは，無菌室ばかりではなく，一般の実験室でも同様です．白衣，無塵衣を着るのもこのためです（企業の研究室では，作業服を着ることもある）．靴には目的に応じ先端に鉄板が入った安全靴からサンダル，デッキシューズなどがあります．

　無菌室，RI管理区域，バイオハザードルームでの履き替えは，以下の理由で行います．
・外のチリを内部に入れて無菌状態を犯さないため（無菌室）
・内部の汚染されたチリを外部に出さないため（RI管理区域，バイオハザードルーム）

図10　靴の履き替え
　実験室では，実験靴やサンダルに履き替えます（左）．また，RI室やバイオハザードルームでも専用の履物（写真ではデッキシューズ）に履き替えます（右）．

> **まとめ** 実験室への出入りの際は，靴を履き替えてチリやホコリの"出入り"がないようにします．

Question 11 ラボ手袋はどんなときに使うの？

Answer

実験者あるいは検体や実験系を保護するときに使用します．

① **実験者を保護する目的で使用するとき**
- 放射性同位元素を扱う場合
- 毒物/劇物を使用する場合
- 感染性の菌やウイルスを扱う場合，など
  実験者に実験系で扱うものが汚染しないようにします．

② **実験系を保護する目的で使用するとき**
- DNA/RNAを扱う場合
  実験者の汗に含まれるDNA分解酵素などが実験系に入らないようにします（この場合は，マスクも着用します）（図11-1）．

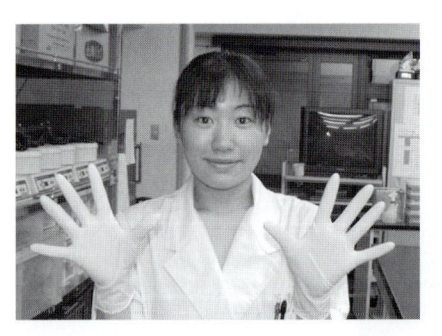

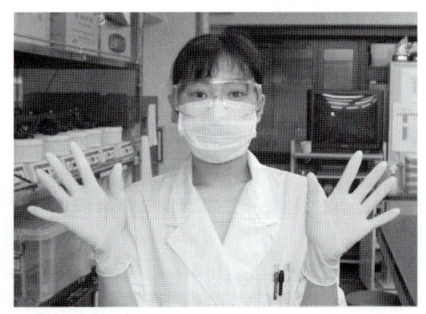

図11-1 ラボ手袋のみ着用（左），手袋・マスク，ゴーグルの着用（右）
フェノールや紫外線を用いるときは，マスク，ゴーグルを着用します

③ **手袋使用の注意点**
- サイズの合ったものを使用します
- ラボ手袋をはめてドアのノブをもつと，手袋の表面に付着した危険物がついてしまい，意味がありません

- 手袋を捨てる際は，手袋の表面を触らないようにします

  例えば，右手で左手の手袋を手首から外し，右手の手袋に丸め込みます．次に左手で右手の手袋を手首からとり丸め込みます．このまま不燃物として廃棄します（図11-2）．

- ラボ手袋を二重にして用いることもあります

  手術用手袋のようにフィットしたものをはめた後に，ビニール手袋のような簡易手袋をはめ，作業ごとに替えていきます．特に危険物を扱う場合は，このようにラボ手袋を自分の手だと思って使い危険を避けます．

  その他，必要に応じ，マスクやゴーグルも用います．ゴーグルは，フェノールを用いるときなど，目に入ると危険な薬や紫外線を用いるときに着用します（図11-1）．

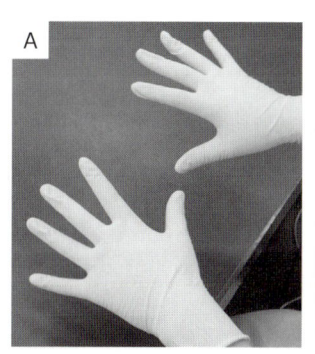

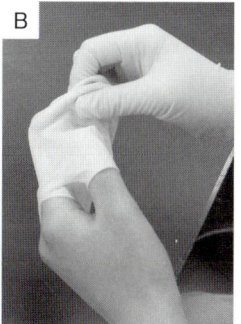

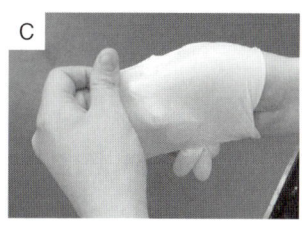

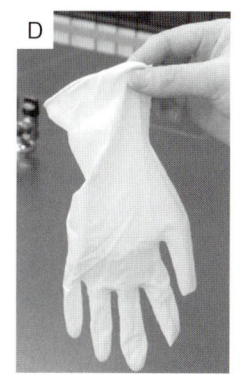

図11-2　手袋の表面に直接触れずに外す方法
A) 手袋を着用した状態．B) 片方の手袋を取り外します．C) Bで外した手袋を丸め込んでからもう一方の手袋を外します．D) 片方の手袋にもう一方の手袋が入った状態で廃棄します

まとめ ラボ手袋は，実験者を保護するときと実験系を実験者の汗などから保護するときに使います．

12 Question 実験をする際に携帯する道具とは？

Answer

実験者の7つ道具，プロトコールシート，実験ノート，メモ用紙，鉛筆，ボールペン，マジックペン，デジタルストップウォッチ，です．

まず，入室IDやRI管理区域に入る際のフィルムバッジなどは必ず身につけなければなりません．その他に，下記の物を持っている必要があります．

① **プロトコールシート**
添加する緩衝液量や酵素量など実験内容を記載したシート．書き込み形式のものがよいです．ルーティンで実験を行う場合は，備考項目があるプロトコールシート自体が，実験ノートの役割を果たす場合もあります（**Q13**）．

② **実験ノート**
秤量結果や試薬ロットなど，前回の実験との違いや気づいたことを記入します．ルーティンで同じ実験を繰り返し行う際も，気づいたことを記入します．これにより，問題が起きたときの解決メモになります．実験がルーティン化していない場合は，実験ノートの内容をもとに決まったフォームのプロトコールシートを作成するように努力をします．

③ **メモ用紙**
「なくなりそうな試薬の注文」「グループのメンバーへの連絡」など，日常的なメモを記載します．付せん紙（ポストイット：3M社）などを机に貼って，忘れないようにすることも大切です．実験ノートにメモを書いた場合は，ノートを閉じてしまうと忘れてしまうので注意しましょう．

④ **鉛筆またはシャープペンシル**
プロトコールシートへの記載やチューブの上部（ザラザラしている場合は鉛筆でも書ける）に一時的に記載する際に便利です．HBまたはBなど濃いものを使用しましょう．

⑤ ボールペン

消えては困る場合に使用します．研究室によっては実験ノートやプロトコールシートへの記載が消えないように鉛筆で書くことを禁止しているところもあります．チューブに貼るラベルに記載する場合にも用います．

⑥ 油性マジックペン

ポリプロピレンチューブに直接記載できるペンとして用います．

⑦ デジタルストップウォッチ

インキュベーション時間の終了を知らせてくれます．ピーピー鳴ったときに気がつくように，必ず身につけましょう．

　他に，カッター（キットの容器を開けたり，制限酵素の発泡スチロールのテープを切ったり，段ボールの処理に使用できる）やビニールテープも便利です．一方，実験室には，試薬の在庫，機器の位置，メンテナンスの方法が載っている管理ノートが必要です．他の施設からの出向者が多いとか，半年や1年単位で人の異動があるラボでは，この管理をしっかりしていないと余分な時間がかかります．

◆試薬管理ノート

試薬名，所在場所（棚や冷蔵庫にも番号をつける），在庫状況を記載します．Excelで作製するとパソコン上で処理できて便利です．

◆機器配置マップ

実験室の配置図に機器の場所を書き込みます．特に扉のついた棚や流しの下など扉で隠れている場所の機器所在を記載します．また，扉の上には中の機材名を記載するようにします．このような管理体制ができたら1人1人が機器のメンテナンスや管理に関心をもちましょう．

・どの人がどの機器に詳しいかを把握します

　研究室には，特定の機器や器具のメンテナンスやコツに詳しい人が必ずいます．どの人がどの機器に詳しいか注意しておきましょう．初めは聞いて自分のものにしましょう．もちろん自分も機器に詳しくなりましょう．

◆実験室管理マナー

・使ったもの（試薬/機器）は，元の場所に戻しましょう．
・試薬は，使い切る前に購入しましょう．試薬業者に在庫がない場合，輸入品では納品に2〜6週間かかる場合があります．ものにもよりますが最後の1本（場合によっては，数本）になったら注文をしましょう．
・管理ノートは常に更新しましょう．

まとめ 実験室に入る前に，実験の7つ道具など必要となる道具を確認しておきましょう．

Question 13

実験の引き継ぎをスムーズに行うには？

Answer

プロトコールシートを作り，実験の情報を共有します．

1 実験データのまとめかた

　　　実験の種類にもよりますが，実験方法が確立したら書き込み用紙（プロトコールシート）を作ることが必要です．管理されたラボでは，各実験項目ごとにプロトコールシートが存在します．書式が一定ですから，実験のやり方や条件の情報をみんなで共有できます．

　　　研究室では緩衝液など主な試薬の調製方法が壁に貼ってあることがあります．誰でも同じように試薬が調製できるようにするためです．

　　　同じように，ルーティン化された実験内容についても書き込み用紙を作ります．例えば，PCR反応や制限酵素反応，形質転換など検体の種類や酵素など試薬の種類が異なるものの，定型化されている実験は，プロトコールシートを用いて実験方法や結果を皆で共有できるようにします．用紙のなかには，実験日，実験番号，試薬のロット，緩衝液のロットなども明記します．また，なるべく定型化できるように実験系を組む努力も必要です（図13）．

　　　このようなプロトコールシートを用いることにより，他の人の実験データと比べるときに，検体の問題なのか，使用した試薬の問題なのかなども明確になります．

2 実験ノートやプロトコルシートに記録しておく情報

◆必ず記録する事項

- 試薬の秤量値を記載する
- 試薬のロットを記載する
- PCRや分光光度計など実験室に複数ある機器には，どの機器か見分けられるように番号を付けて記載する
- インキュベーション温度と時間の実測値を記載する
- その他，実験固有の事項

A ⟶ **DNA amplification (PCR)**　　B　　C
　　　　　　　　　　　　　　　　　　Exp No:　Date:

D ⟶

No.	4		2		3		1	5	Total
	Templete (DNA)		Primer 1		Primer 2		PreMix	Taq DNA polymerase	
	Name	μL	Name	μL	Name	μL	μL	μL	μL
1									
2									
3									
4									
5									
6									
7									
8									
9									
10									

PreMix soln.
　⇒H_2O　　μL, 10×buffer　　μL, dNTP　　μL

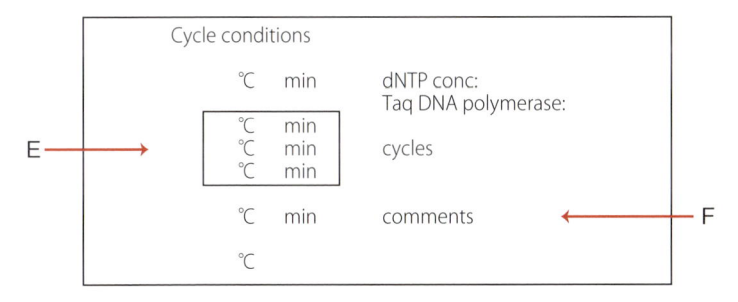

Cycle conditions

　　℃　min　　dNTP conc:
　　　　　　　　Taq DNA polymerase:
E ⟶　℃　min
　　　℃　min　　cycles
　　　℃　min
　　　℃　min　　comments　　⟵ F
　　　℃

図13　プロトコールシートの例
PCR反応のプロトコールシートです．書き込み式になっています．A) 実験名，B) 実験番号 (Q14) を記入，C) 実験を行った日，D) 試薬を加える順番，E) 反応条件，F) コメント：検体の特徴（分注の際に検体の粘度が高かった，とか，試薬のロット番号が変わった，など）も記入しましょう．その他プログラムインキュベータの番号や，プライマーのロット番号など，この実験全体の成否にかかわる事項を記入します．

　他に，試薬の残量が少ないときの注文メモや機器の調子が悪い場合のチェックメモなどを記載しておくことも必要です．ポストイットなどのメモ用紙（**Q12**）に用件を記録し，実験ノートに貼ったり，電話機や机に貼り付けて，施設の担当者や担当業者へ忘れずに連絡できるようにしましょう．

まとめ　実験方法が固まったらプロトコールシートを作り，ラボの誰でもが実験条件の情報を共有できるようにしましょう．必要な記録はその場で実験ノートに記載します．

Question 14 過去のサンプルと実験データを上手く管理する方法は？

Answer
実験番号を用いて管理します．

　　多数のクローンや多くの患者さんの検体を扱う場合などは，実験結果がどのサンプルから導かれたのかがわかるよう，データ，実験プロトコール，途中のサンプル（PCR産物など），検体がリンクしている必要があります．自分以外の誰が見てもわかるようになっていなければ，データを研究室で共有できません．人数が多いラボでは特に管理が必要です．このためには，実験者ごとに実験番号を付けてデータを管理すると便利です．

1 実験番号の付け方
　　実験番号は実験方法，データ，検体を結びつける番号です．
① **実験者ごとに頭文字を決めます**
　　例えば，実験者が田中正則：Masanori Tanakaならば，名前の頭文字でMとします．過去にその研究室にいた人と重複しないようにします．
② **実験を行うごとに通し番号（実験番号）を付けます**
　　同じ実験ならば，日をまたいでも，同じ実験番号にします．1つの実験番号は，DNAの抽出やPCR増幅など一区切りの実験を示します．細胞のストック，電気泳動バンド，サブクローン，PCR産物など何か具体的な"もの"が出たところを一区切りにすると便利です．
③ **実験に用いたプロトコールや実験ノートにも必ず実験番号を記載します**
　　どのような方法で実験を行い，この実験から生まれたサンプルはどこに保存しているのかがわかります．
④ **実験で用いた材料（DNAや細胞など）は，何番の実験で得られたものかわかるよう，プロトコールや実験ノートに実験番号を記載します**
⑤ **実験で得られたサンプルのラベルにもその実験番号を記載します**

2 実験番号の使用例

　臨床検体からDNAを抽出してPCRで増幅した後，RFLP解析（**キーワード15**）で遺伝子多型のスクリーニングを行った例を用い，データの実験番号管理を見てみましょう．

　図14-1にはRFLP解析，PCR反応および抽出DNAと臨床検体のリストと実験番号の記載例を示しました．実験番号M419のRFLP解析で現れた電気泳動バンド（M419-02）は，M411の実験で得られたPCR産物（M411-05）に由来し，これはM98の実験で抽出したDNA（M98-03）に由来し，これは検体組織P03であり，この検体提供者は○▽□さんである．というようにデータと実物の検体チューブが常に対応できる状態にします．

　図14-2では，赤色文字の検体を各表で追っていくと，由来がP03という臨床検体であるとわかります．

　このように，紙上のデータと実物の検体が常に対応できるようになります．

　また，検体とデータがリンクしないという問題は前任者からの引き継ぎを直接しっかり行っていないときに起こりがちです．直接，引き継ぎを行うときに，前任者に前述のように "実験データ" "そのデータの実験方法（プロトコールシート）" を用意してもらい，どの実験で得られたサンプルがどれなのか実物を示してもらい，自分が実験している状態をシミュレートしながら保存場所やデータを確認し

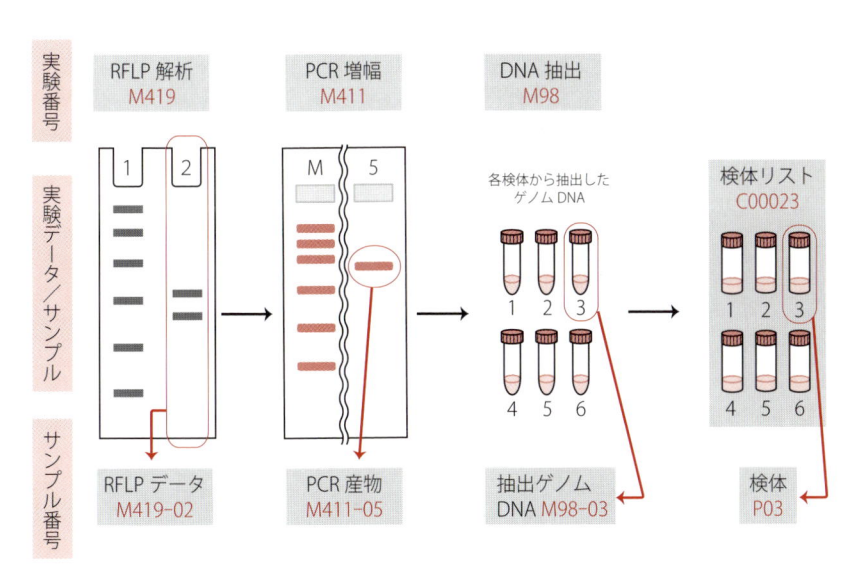

図14-1　実験データ（この場合は電気泳動パターン），実験方法，および実物との対応
実験番号を通じて実物のサンプルとそれが作られた実験方法，実験データを結び付けます

C．効率アップ！実験室での仕事術

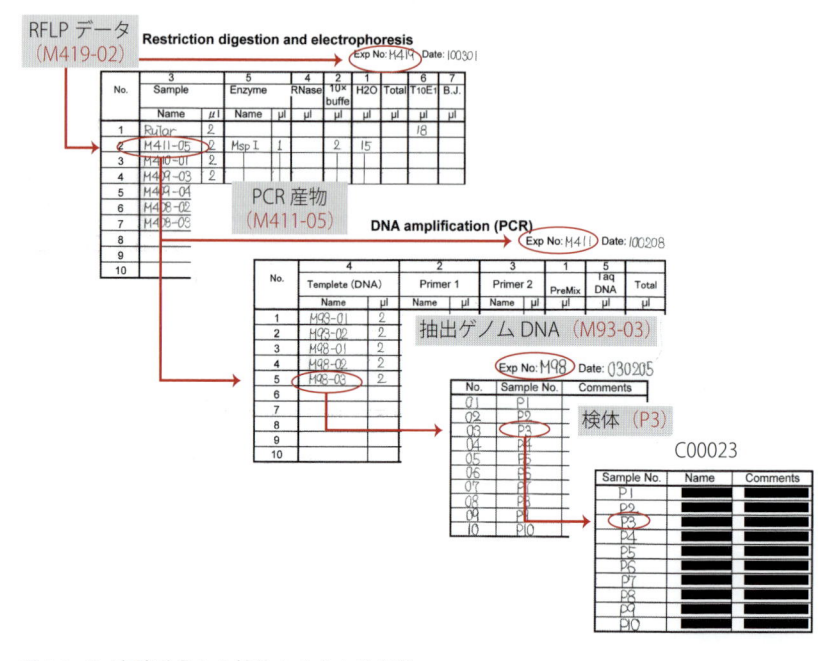

図14-2 実験番号から検体までをたどる例
データの番号から検体の提供者名まで，4つのリストをたどっていく道筋を示します

ましょう．この過程で実験に対する多くの疑問が出てくるはずで，前任者とディスカッションできます．

まとめ 実験内容をどれだけ共有できるかで継続的な実験ができるかどうかが決まります．実験番号を用いてデータ，プロトコール，サンプルをリンクさせて管理しましょう．

15 Question

実験報告書を上手く書くには？

Answer

実験事実なのか，意見なのかを明確に伝える工夫をします．

　　実験の仕事では，毎週，毎月，実験結果について報告書をまとめる必要があります．また大学に限らず，研究室では実験結果のミーティングを色々な単位（グループ内，課内，部内など）で行います．

　　実験報告書には，自分と同じような技術と知識をもつ人ならば，それを読んで，実験が再現できるように書いておく必要があります．報告書自体や図表は，そのまま，もしくは，改良して他の会議で使用する場合もありうるので，適切なソフトウェアでまとめ，保存しておく必要があります．

■ 実験報告書に書くべき各項目と注意事項

- **目的**は，実験の目的と全体の流れのなかのどの位置かを明確に記載します
- **方法**は，フローチャートを用いてわかりやすく書きます．ただし文章も必要です．研究室にプロトコールがある場合は，プロトコール番号も記します．特にルーティンではなく新しい実験方法を用いた場合は，詳細に記しておきます
- **結果**は，図や表を入れ，その図の番号を記載しながら，参照指示性がよい文章とします．結果は，「図3のPAGEレーン8に示されるように，○○遺伝子が発現され分子量○○kDのタンパク質バンドが検出された」というように過去形で書きます
- **考察**や**自分の考え**は，「図2の結果より，低分子の○○が誘導物質になり，△△が発現されたと考えられる」というように推量で書きます．また，実験事実から得られた結論は，「○○である」と断定的に示します．これにより事実か実験者の考えかが判断できるようになります．論文を書く場合でも，時制には注意しますが，報告書の場合も特に注意します

> **まとめ**
> レポートは，自分と同じレベルの知識・技能がある人が読んでその実験を再現できるように書きます．また，事実と実験者の考えを見分けられるように示します．

16 Question
実験結果を効果的に発表するコツは？

Answer
データの絞り込みでわかりやすくします．

　プレゼンテーション（presentation）とは，何かを他の人に「提示」，「提案」，「発表」することで自分の意見を「伝える」技術です．プレゼンテーションでは，論文や資料での発表ばかりでなく，「話すこと」によりわかりやすく物事を「伝える」必要があります．プロジェクトの立案，実験の立案，実験の進捗状況報告，学会等での結果発表，プロジェクトの総括等々，バイオ実験・バイオ研究では，プレゼンテーションの機会が非常に頻繁にあります．

　以下にプレゼンテーションが必要な場面の事例を示します．
1. 研究室での進捗状況報告（5～20人）
2. 研究室での論文紹介（5～20人）
3. 卒業研究発表（20～100人）
4. 学会発表：ポスター，口演（多数）
5. 企業：社内・社外発表
6. 講義・セミナー
7. その他：ワークショップ，シンポジウム

　プレゼンテーションは資料を使うことが多くなりますので準備の基本を示します．ここでは，現在広く用いられているマイクロソフト社のOfficeを用いた方法を例示します．しかし，OHP，手書き，画像データや動画などを含め，さまざまな資料の準備方法が選択できます．

◆**プレゼンテーションの方法**
　配布資料（handout）と口頭発表：Word，Excel，PowerPointなどで作成した配布資料に基づき，口頭で説明します
　スライドと口頭発表：PowerPointで作成したスライドを用い口頭で説明します

スライド，配布資料と口頭発表：PowerPointで作成したスライドならびにプリントアウトしたスライドを配布資料として用い，口頭で説明します

◆プレゼンテーション資料の作成

配布資料（handout）の作成：Word，Excel，PowerPointにて作成します

発表中に参照する資料

・関連した図や表を交え，10.5〜12points以上の大きさの文字を用いてWord，Excel等で資料を見やすく作成します
・発表に用いたPowerPointスライドを印刷配布します（2〜6スライド/A4 1枚：文字が読めるサイズ）

持ち帰り資料：詳しいデータや関連文献のリストなど発表内容をさらに掘り下げるための資料を用意します

◆PowerPointスライド作成のポイント

① スライドの枚数：1枚/1分が目安
② スライド背景：無地（写真等は避ける）
③ 行数：最大8行/1枚が目安
④ 文字の色：2色/スライドが基本[注1]
⑤ 文章は少なめ，図や表で説明
⑥ まとめは，3項目が目安
⑦ "take-home message" を示す（家に持ち帰って欲しい重要なこと＝キーポイント）

◆プレゼンテーションとは何かを再確認しましょう

「自身の考えを他者に発表し伝えること」「プレゼンテーションは，発表者自身の口述が基本であり，それを補うためにスライドがある」ことを忘れないようにします．口頭で「スライドを説明する」のではありません！

◆リハーサルは，十分に行い自信をつけましょう

口語体でゆっくり抑揚をつけて話します．ちなみに，緊張すると早口になると思います．早口になってきたらペースを落とします．ポインターを用い，図や表を丁寧に説明します．

注1：スライドの配色では色覚障害の人に配慮して以下のポイントを検討しましょう．
　　学会発表では，色覚障害の人に配慮した配色を規定している場合があります．
　　① 青緑色を境にして，赤色側と青色側の色を組合わせる．
　　② 赤色側同士あるいは青色側同士を組合わせるときは，組合わせる色同士の間にはっきりとした彩度差か明度差をつける．
　　③ 彩度や明度の低い色同士の組合わせは避ける．
　　参考：色覚バリアフリーなプレゼンテーション方法を解説したホームページ（http://www.nig.ac.jp/color/）

アイコンタクトで参加者を引き付けましょう．「鏡を見ながら自身に話しかける練習」や「仮想の聴衆に向かって話しかける一人芝居練習」が効果的です．

質疑応答の練習のため，スライド作成時に想定質問を考えましょう．また，リハーサルにより適切なスライド枚数や1枚当たりのデータ量も把握できます．リハーサルとスライドの作成を繰り返すことで洗練されたプレゼンテーションにつながります．1人で行わず，できるだけ教室の人たちに聞いてもらいましょう．

◆発表中，発表後の対処を十分に行い次に繋げましょう．

自信をもって発表しましょう．そして，発表後は，自己評価を行いましょう．

アイコンタクトや質疑から聴衆が興味をもったデータを確認します．終了後，質問と返答は記録します．

質疑応答は，プレゼンテーション内容の双方的コミュニケーションとなり，自分の発表内容に対する貴重な情報源です．次の仕事に役立てましょう．

> **まとめ** 自分の実験データや考え方を伝えられるように効果的なプレゼンテーションをしましょう．

＜参考文献＞
1）大隅典子/著："バイオ研究で絶対役立つプレゼンテーションの基本"：羊土社，2004
2）谷口武利/編："改訂第2版 PowerPointのやさしい使い方から学会発表まで〜アニメーションや動画も活かした効果的なプレゼンのコツ"：羊土社，2007
3）西野浩輝/著："5日で身につく「伝える技術」〜ビジネスで成功するプレゼンテーションの奥義"：東洋経済新報社，2005

第2章
バイオ実験で必要とされる基礎知識

A. 実験を始める前に知っておきたい基礎知識 46
B. 実験のために最低限必要な数学・化学の知識 58
C. 実験で苦労しないための勉強法 71

17 Question 実験に使う水の種類と使い分けを教えて！

Answer

水の種類には水道水，純水，滅菌水などさまざまなものがあり，目的に応じ水の種類を変えます．

　　実験に用いる水には，水道水，イオン交換水，蒸留水，純水，超純水，精製水，滅菌水など，色々あります．
　　器具の洗浄は，洗剤を用いて洗い水道水ですすいだ後，イオン交換水などで再度すすぎます．そのとき用いる水の種類は，実験するときにその器具でどのレベルの水を用いるかで決まります．
　　実験で用いる水は，水道水をもとにイオン交換したり，膜を通したりと色々な処理をされています．これに伴い価格も上がります．例えば市販の遺伝子実験用の滅菌蒸留水は，9,000 円/500 mL で市販されています．

1 バイオ実験で用いる水の特徴

①水道水
　　水道局が管理し上水場で浄化され，飲料規格基準値に基づいた品質管理を通り，水道管によって家庭や事業所に供給される水です．実験では，洗剤によるガラス器具の洗浄に用います．塩素が微量含まれていることがあり，銀染色した場合には銀鏡反応することがあります．

②イオン交換水/脱イオン水
　　水道水や蒸留水からイオン交換樹脂によりイオンを除去した水のことです．ガラス器具を水道水で洗浄したあとなどのすすぎに用います．さらに厳密な実験では，純水ですすぎます．

③蒸留水
　　イオン交換水を沸騰・気化させてできる蒸気を冷却して得た水のことで，比抵抗値が，1〜3MΩ・cm[注1] 程度の水です．
　　バクテリアの培養やタンパク質定量，糖の分析など一般的な生化学実験に用い

ます．一般の実験では，この水を用いることが多いです．

④ **純水**[注2]（RO水，MilliQ水）

　Reverse osmosis（RO）膜処理，MilliQ装置処理[注3]，蒸留処理，イオン交換処理などの方法を用いてイオンを除去し，比抵抗値1～10MΩ・cm程度の水を一般的に純水とよびます．酵素反応やHPLC（高速液体クロマトグラフィー），DNA実験などのバイオ実験で広く用いられています．電気泳動や，銀染色でもこの水を使います．

⑤ **超純水**[注2]（RO水，MilliQ水）

　品質管理されたイオン交換樹脂処理，蒸留処理，MilliQ装置処理，Reverse osmosis（RO）膜処理等を組合わせて処理され，比抵抗値17MΩ・cm以上の純水のことを特に超純水といいます．電解質，有機物ともにほとんど含まれていない水です．超純水を滅菌し，動物細胞培養，DNA，RNA実験に用います．特に比抵抗値18MΩ・cm以上の水をオートクレーブ滅菌（**Q95**）すれば，DEPC処理（**Q73**）なしでRNA実験に使用できます．

⑥ **滅菌水**

　純水，もしくは超純水をオートクレーブ滅菌したものです．動物細胞培養などで厳密な無菌操作が必要なときに使います．

2 日本薬局方で定められた医療用の水

① **精製水**

　蒸留，イオン交換超濾過等で精製した水で，日本薬局方により規定されている9項目の純度試験の基準に合格した水のことです（上記の純水，超純水にあたります）．

② **滅菌精製水**

　精製水を蒸留濾過した水です．注射薬の調製に用いる純水です．精製水純度9項目および無菌試験に適合し，エンドトキシン0.25 EU/mL以下であることが必要です．

まとめ 水は実験結果を左右します．目的に応じ使い分けましょう．

注1：Ω・cmは，比抵抗値，すなわち電気の流れにくさを表します．この値が高くなれば，電気が流れにくく，水としての純度が高いことを示しています．

注2：純水，超純水の公的な規格はありません．比抵抗値が高い水を超純水とよび，RNA実験のような厳密な実験に用います．

注3：MilliQ装置とは，MERCK MILLIPORE社の純水作製装置の総称です．装置の型により純水，超純水が作製できます（http://www.merckmillipore.com/）．

Question 18 サンプルは何℃で保存すればよい？

Answer
30℃から−196℃まで，サンプルの種類によってさまざまです．

検体の保存方法は，冷蔵，冷凍など色々あります．保存条件の特徴をまとめてみましょう．

◆ 10〜30℃（室温：RT）
→滅菌した緩衝液，酸／アルカリ溶液，滅菌したバクテリア培養用培地の保存

◆ 2〜8℃（冷蔵）
酵素反応速度が低下する温度，微生物の繁殖速度が低下する温度
→ゲノムDNAの保存[注1]，緩衝液や培地の保存，精製タンパク質の保存[注2]

◆ −20℃（冷凍）
化学反応がほとんど起こらない温度．微生物の増殖が起こらない温度．緩衝液など塩を含む溶液は完全には凍結していないものもある
→遺伝子実験用酵素の保存[注3]，精製タンパク質の保存[注2]，バクテリアの短期保存[注4]

◆ −80℃（ディープフリーザー中）
塩を含む溶液など水溶液が完全に凍結する温度[注5]
→クローン化DNA，RNAのエタノール中での長期保存，抗体の長期保存，バクテリアの長期保存[注4]，細胞の短期保存[注6]など

◆ −196℃（液体窒素中）
水溶液が完全に凍結する温度
→細胞の長期保存[注6]

CO_2を固体にしたドライアイスの昇華温度は，常圧（1気圧）で－79℃です．また，組織を採取し，ただちに凍結したい場合，液体窒素を用いて凍結することが一番ですが，ドライアイス/アセトンで代用する場合があります．ドライアイス/アセトンの温度は－80〜－90℃まで到達します．

まとめ　保存温度の特徴を知って，適した温度で検体や細胞を保存しましょう．

注1：ゲノムDNAは凍結・融解をくり返すと物理的に切れてしまいます．これは，ゲノムDNAは細長い分子であるために，氷ができる際に1つのDNA分子がいくつかの氷の間ですり潰され壊れてしまうからのようです．このため，無菌的に2〜8℃で保存します．
注2：精製タンパク質の保存条件は，安定化剤の種類などにより個々に異なります．
注3：実験に用いる酵素類は，最終濃度50％のグリセロールを含んでいるため－20℃でも凍りません．
注4：バクテリアは15〜20％程度のグリセロール溶液として保存します．貴重なクローンなどは，同じ検体を少なくとも2本分注し，電源が異なる2カ所のディープフリーザーに保存します（万一，停電や故障などで温度が上昇して検体がダメになっても，もう1つが生き残ります）．
注5：緩衝液などさまざまな塩を含む水溶液も－50℃以下で完全に固まります．
注6：培養細胞は，最終濃度10％のDMSO中でゆっくり凍らせて，素早く溶かすのが定石です．このため，－20℃（一晩）→－80℃（数日）→液体窒素とゆっくり凍結し，37℃で素早く溶かして使用します．

Question 19

危険な薬品やゴミはどう処理する？

Answer

各施設のマニュアルや規定に従いましょう．

　実験のゴミや薬品の処理方法を誤ると環境に悪影響を及ぼします．ゴミや廃液の処理を大きく分けると，①一般ゴミとして，ゴミ回収車による自治体での回収，②施設内の処理施設での処理，③廃液や医療廃棄物処理業者への委託処理があります．

　実験を行った後に出てくるゴミや廃液の捨て方は，各施設に規定があるので，それに従って行います．**図19**にゴミ処理の事例を示します．菌が付着している可能性があるものなどは，「**疑わしくはオートクレーブ処理**」の原則，さらに「**わからないものは医療廃棄物へ**」の原則で廃棄します．

　なお，放射性廃棄物の処理は，放射線管理区域の各施設に規定があります．管理区域の放射線取り扱い主任者の管理のもとで，廃棄します．放射性の廃液やゴミは，社団法人日本アイソトープ協会（http://www.jrias.or.jp/）を通じ，処理されます．

　初めて見る試薬を用いるときは，使用方法や試薬の性質について，試薬の説明書や試薬メーカーのホームページを熟読しましょう．また，試薬メーカーは試薬の性質や危険性を記した製品安全データシート（<u>M</u>aterial <u>s</u>afety <u>d</u>ata <u>s</u>heet：MSDS）を提供しています．これを読むことにより試薬の潜在的危険性を知ることができます．関連データが試薬会社のホームページ上に公開されている場合もあります．

■ エチジウム・ブロマイドの扱いについて

　エチジウム・ブロマイド，Ethidium bromide〔EtBr：（$C_{21}H_{20}BrN_3$）〕は，DNA/RNAの蛍光検出試薬として広く用いられていますが，Ames試験[注1]により変異原性[注2]があることが，確認されています[1]．このため，毒物・劇物ではありませんが，使用に際して，試薬調製から廃棄まで各操作で注意して取り扱う必要があります．

```
┌─────────────────────────────────────────────────┐
│ バイオ実験後の廃液                              │
└─────────────────────────────────────────────────┘

- 酸・アルカリ
  ⇒中和してpHをpH試験紙で測定した後,流水中に捨てる
- 有機溶剤(クロロフォルム,フェノールなど)
  ⇒廃液ビンに保管⇒施設内の処理施設または廃液処理業者に処理委託
- 重金属
  ⇒廃液ビンに保管⇒廃液処理業者に処理委託
- 変異原生物質など〔エチジウム・ブロマイド(EtBr)など〕
  ⇒試薬固有の分解反応により処理(例:EtBrの処理)
- 神経毒(アクリルアミドモノマーなど)
  ⇒アクリルアミドモノマーはポリマーに重合させてから不燃物で廃棄
- 液体培地(微生物培養・組織培養)
  ⇒オートクレーブ滅菌後,流水中に流す

┌─────────────────────────────────────────────────┐
│ バイオ実験後のゴミ・固形廃棄物                  │
└─────────────────────────────────────────────────┘

- 可燃物(ティッシュペーパー,試薬の紙容器など)
  ⇒可燃ゴミ
- 不燃物(ポリ容器,エッペンドルフチューブ,チップ,電気泳動ゲルなど)
  ⇒不燃ゴミ
- 割れたガラス(欠けたビーカー,割れた電気泳動ガラス板など)
  ⇒容器に保管し,処理業者に処理を委託
- 金属(機器の壊れた部品など)
  ⇒金属ゴミ
- 医療廃棄物(メス,注射針,注射筒など)
  ⇒医療廃棄物処理業者に委託廃棄
- バイオハザードゴミ(培養や遺伝子組換え実験にかかわった全てのゴミ)
  ⇒必ず実験を行った区域内でオートクレーブ滅菌した後,可燃,不燃,
    ガラス,金属,医療廃棄物として処理
```

図19 バイオ実験廃棄物の主な種類と処理の事例

注1:Ames試験は,サルモネラ変異性試験ともいい,変異原性のスクリーニングに用います[4)5)]. この方法は,ヒスチジン生合成系に欠陥があるサルモネラ菌(ヒスチジンがないと生きられない)をヒスチジンが存在しない培地で調べたい検体とともに培養します.検体中に変異原性物質が含まれていれば,このサルモネラ菌に変異が起こり,ヒスチジンが存在しない培地に生えてきます(復帰突然変異).このため,シャーレに菌が生えたら変異原性があるとわかるのです.通常は数種類のサルモネラ菌株でテストし,どの程度変異原性があるか確かめます.

注2:変異原性物質と発がん性物質
変異原性物質はDNAに損傷を与え,変異を起こす物質です.Ames試験により検出されます.一方,発がん性物質は,細胞をがん化させる物質を指します.発ガン物質は変異原性をもちますが,変異原性物質には発がん性のないものもあります.各々は検査方法の違いで定義していると考えた方がよいでしょう.

◆試薬調製
　粉末を量り取るときに吸い込まないように注意します．ポリエチレンコートされたろ紙（ビニールろ紙）を敷いた上に秤を置いて秤量しましょう．粉末の飛散に注意しながら秤量し，秤の周辺をペーパータオルでふき取ります．なお，市販の溶液（1 mg/mL）を購入することで秤量を避けることもできます．

◆使用時
　直接，皮膚に触れないように手袋を着用します．

◆使用後の廃棄
　EtBrの分解温度は262℃である[2]ため，活性炭（チャコール）に吸着させ焼却廃棄します．処理用のカートリッジが市販されており，これを用いると簡単に吸着・廃棄できます．
　一方，EtBr Destroyer（FAVORGEN社：チヨダサイエンス社取り扱い）という，文字通りEtBrを分解する試薬も市販されています．スプレータイプとティーバッグタイプがあります．2LのEtBr溶液が30分で処理できます．処理後の溶液を用いたAmes試験により変異原性が低いことが示されています[3]．

> **まとめ** バイオ実験は，廃棄物処理で完了します．各々の試薬は適切に処理した後に所定の場所に廃棄し，環境への汚染を防ぎましょう．

＜参考文献＞

1) Singer, V. L., et al.：Comparison of SYBR Green I Nucleic Acid Gel Stain Mutagenicity and Ethidium Bromide Mutagenicity in the Salmonella/Mammalian Microsome Reverse Mutation Assay (Ames Test)：Mutation Res., 439：37-47, 1999
2) Sambrook, J. & Russell, D. W："Molecular cloning (3rd ed)"：Cold Spring Harbor Laboratory Press, 2001
3) Chih-Ying, H., et al.：Remove Ethidium bromide by EtBr destroyer and Mutagenicity of End-products.：The 39th Annual Meeting of the Chinese Society of Microbiology, 2005
4) Bruce, N. A., et al.：An Improved Bacterial Test System for the Detection and Classification of Mutagens and Carcinogens.：PNAS, 70：782-786, 1973
5) Bruce, N. A., et al.：Carcinogens are Mutagens：A Simple Test System Combining Liver Homogenates for Activation and Bacteria for Detection.：PNAS, 70：2281-2285, 1973

Question 20

"コンタミ"って何？

Answer

contaminationの略で「実験系に影響するものが混入する」という意味です．

1 コンタミの種類と分類

コンタミという用語を用いる場面をあげてみましょう．例えば，動植物細胞培養の際に雑菌が混入したときを考えましょう．雑菌は細胞分裂速度が速いために培地のなかで優位に繁殖し，目的の細胞が生育できなくなります．このとき「雑菌がコンタミした」などと言います．コンタミには，どのような種類があるかまとめてみましょう．

① 菌のコンタミ

無菌操作やインキュベーター洗浄操作の徹底により防げます．

② DNaseのコンタミ

器具滅菌の徹底，溶液へのEDTAの添加，実験者の手袋・マスクの着用の徹底により防げます（**Q73**）．

③ RNaseのコンタミ

RNaseは，DNaseに比べ熱に強いために器具滅菌や実験者の手袋・マスクの着用の徹底，さらには実験場所を分けることにより防げます（**Q73**）．

④ 他の検体のコンタミ

PCRに際して，そばで行われている実験系のDNAが空気を介して散乱し，コンタミしたり，検体分注の際の取り違えによりコンタミする場合があります．これらは，実験場所を分けたり，分注方法を改めることにより解消できます（**Q85**）．

⑤ 機器洗浄不足によるコンタミ

HPLCやキャピラリー電気泳動で連続的に分析を行うと，予想しないピークが現れる場合があります．これは，分析後の洗浄が不十分なためにカラムに残っていた成分がコンタミしたためです．分析ごとに十分に洗浄する必要があります．

このように"コンタミ"は，さまざまな実験で起こります．しかし，ほとんどは実験操作の改善で解消できるので"コンタミ"を予想し対応策を考えておきましょう．

2 コンタミを防ぐ方法

コンタミを防ぐには，サンプルを扱う「場所を分ける」，「時間を変える」ことが大切です．

A) 場所を分ける

遺伝子解析実験では，低分子DNAのコンタミを防ぐため実験室を分けます．

基本的には，細胞からのDNA抽出やタンパク質抽出などを行う一般実験室，RNA実験室，PCRの仕込みと増幅を行う実験室，PCR産物の解析を行う実験室です（図20）．PCR産物は低分子DNAであり，空間を介して他のPCRの仕込み中にコンタミする可能性があります．

B) 時間を変える

実験する時間を変えます．例えば，複数のサンプルを同じ実験台で調製する場合，1つのサンプル調製を行った後で実験台を拭いてから次のサンプルを調製するなどの気遣いも考えましょう．

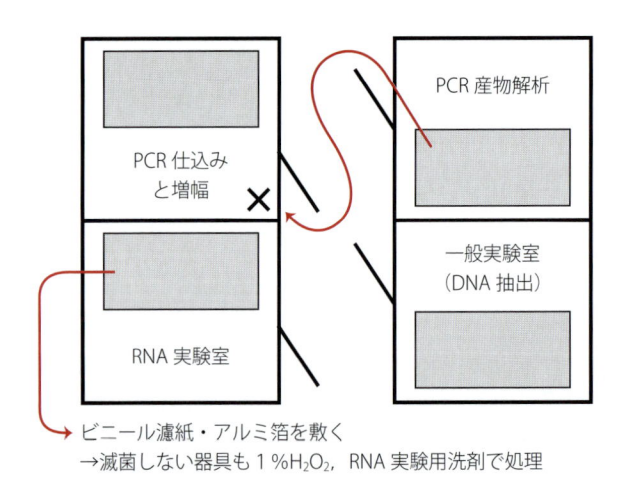

→ ビニール濾紙・アルミ箔を敷く
→滅菌しない器具も1%H_2O_2，RNA実験用洗剤で処理

図20 コンタミ防止のための実験室の構造
コンタミを防ぐ構造とします．PCR産物など低分子DNAのサンプルへの混入を防止．RNAを取り扱う実験室は，RNA分解酵素の混入を防ぐため，部屋を分けることが理想的です

まとめ バイオ実験では，「コンタミ」を想定して対策を考えましょう

Question 21

バイオハザードの物理的封じ込めP1〜4とは？

Answer

遺伝子組換え体の封じ込め方法で，法令で規定されています．

　遺伝子組換え実験[注1]は，「遺伝子組換え生物等の使用等の規制による生物の多様性の確保に関する法律」（通称：カルタヘナ法）という罰則規定を伴う法令に基づいて実施されます[注2, 3]．法令では遺伝子組換え実験を，第一種（屋外での実験），第二種（実験室内の実験）に分けています．ここでは通常のバイオ実験をふまえ，第二種に限って記します．実験を行う際には，安全を確保するため各事業所で規則を作成し，安全委員会を運営するとともに実験室内に組換え体を封じ込め，環境中に拡散しない安全対策をとります．この封じ込め方法には，「物理的封じ込め（P1〜P4）」と「生物学的封じ込め（B1，B2）」があり，これらを組合わせて組換えDNA実験を実施します．さらに詳細は，「遺伝子組換え生物等の使用等の規制による生物の多様性の確保に関する法律」[1] と解説[2〜4] および所属施設の規則を熟読し，指導教官など実験責任者の指示事項を守りましょう．

1 遺伝子組換え体の封じ込め

◆物理的封じ込め（Physical containment）

　物理的封じ込めには，P1〜4のレベルがあります．（Pは，Physicalの頭文字）組換え体が実験室外に漏出するのを防ぐための実験施設レベルです．

・P1レベル

通常の微生物学実験室で，実験中は窓や扉が閉められる区域．

・P2レベル

P1レベルの条件に加え，オートクレーブ，クラスⅡ安全キャビネットが設置さ

注1：1972年，米国カリフォルニアStanford大学のPaul Bergは，初めて組換えDNA分子を作成しました．翌年，同じくStanford大学のCohenとBoyerは，遺伝子組換え体（生物）を作製し，遺伝子組換え技術による物質生産を可能としました．

れ，稼動できる区域．実験中は，"P2レベル実験中"の表示を入り口に掲げる必要があります．

・P3レベル

P2レベルの条件に加え，実験室内を陰圧（空気が出入口から室内の方向に流れる状態）となる区域で，専用の無塵衣に着替えるための前室（他の区域と隔離できるように，前後の扉は同時に開かない構造であること）とエアーシャワーなどが備えられています．また，実験区域の床や天井は容易に洗浄できるようになっている必要があります．

・P4レベル

P3レベルの条件に加え，クラスⅢ安全キャビネット（グローブボックス）を使用します．実験室専用の給排気装置が備えられ，シャワー室も備えられています．

普通の研究所では，P2かP3レベルまでの施設を保有しており，P4は日本国内で限られた施設だけが保有しています．

・・・

注2：法律に至る歴史

組換えDNA実験技術が開発された1973年ごろ，実験のリスクとして「組換えDNA分子が，環境に広まり他の生物種に入り込む可能性」，「組換えDNA分子を含む微生物が，毒性のタンパク質やペプチドを発現し実験者や環境に悪影響を及ぼす可能性」などが考えられました．この問題は1975年，米国カリフォルニア州・アシロマ会議センターでの国際会議（アシロマ会議）で検討され，米国国立衛生研究所（NIH）にてガイドライン（指針）が作製されました．これを契機に日本でも，事業所を管轄する各省庁が作製した実験指針に基づいて実験が実施されてきました．その後，遺伝子組換え生物〔Living Modified Organisms（LMO）〕等の生物多様性への影響を配慮し，輸出入手続き等に関する国際的な枠組みを定めた「バイオセーフティーに関するカルタヘナ議定書」（通称カルタヘナ議定書）が，1999年にコロンビアのカルタヘナで示されました．従来の指針は，組換えDNA実験に関する規定でしたが，法律は，LMO（生物個体）作製を主眼において定められています．

注3：日本でのカルタヘナ法

2003年11月，日本はカルタヘナ議定書を批准し，これに伴い2004年2月19日より「遺伝子組換え生物等の使用等の規制による生物の多様性の確保に関する法律」（通称：カルタヘナ法）が施行されました．現在，遺伝子組換え実験は法律に基づき実施されます．ここで「LMO」とは，「次の技術の利用により得られた核酸又はその複合物を有する生物 ⅰ）．細胞外において核酸を加工する技術 ⅱ）異なる科に属する生物の細胞を融合する技術」（法第2条，第1，2項）と示されています．法律で規定された生物とは，「核酸を移転し又は複製する能力のある細胞等，ウイルスおよびウイロイド」（法第2条，規則第1条）のことで，「①ヒトの細胞等，②分化能を有する又は分化した細胞等（個体及び配偶子を除く）」など「自然条件において個体に生育しないもの」は除外されています．例えば，ヒトの培養細胞，動植物培養細胞などは，この法令では生物とはみなされません．また，「細胞外において核酸を加工する技術」とは遺伝子組換え実験のことで，実験により作製された組換え体が生物個体の場合，LMOとなります．特に組換えDNA分子を含む微生物の培養，さらには個体の飼育もカルタヘナ法にかかわる実験になるので注意しましょう．

◆生物学的封じ込め（Biological containment）
　　特定の培養条件でなければ生育できない生物あるいは，万一，組換え体が実験室外に漏れ出たとしても死滅してしまうような宿主，ベクターを用い，組換え体の拡散を防ぐことです．レベルB1，B2があります（Bは，Biological containmentの頭文字）．

2 遺伝子組換え実験管理規則と安全委員会

　　遺伝子組換え実験を行う施設では，法令に基づいた管理規則をつくり，安全委員会を設置しています．

　　所属している施設にこの規則と安全委員会が存在していることを確かめ，実験内容によってどのように申請や審査を受ける必要があるのかを知っておく必要があります．安全委員会は，遺伝子組換え研究者，他の分野の研究者，人文社会研究者，医学研究者，医師などで事業所ごとに構成されています．

　　ちなみに，PCR実験や制限酵素処理と電気泳動，シークエンシングなど組換えを伴わない遺伝子実験は，この法令にはかかわりません．安全委員会のメンバーや実際に運用している実験者の人に聞きながら実験を進めましょう．

> **まとめ**　物理的封じ込めP1〜4とは，組換え体が実験室外に出ないようにする実験施設の構造の基準です．

＜参考文献・URL＞
1） 遺伝子組換え生物等の使用等の規制による生物の多様性の確保に関する法律
電子政府の総合窓口e-Gov（イーガブ）：https://www.e-gov.go.jp/law/
＊e-Govで検索することで常に最新版を入手可能
2） ライフサイエンスにおける安全に関する取組
http://www.lifescience.mext.go.jp/bioethics/anzen.html#kumikae
3） 吉倉　廣/監修："よくわかる！ 研究者のためのカルタヘナ法解説〜遺伝子組換え実験の前に知るべき基本ルール"：ぎょうせい，2006
4） 丹生谷博：遺伝子組換え実験を行う心構え　"バイオ実験 誰もがつまずく失敗＆ナットク解決法"（大藤道衛/編）：羊土社，2008

A．実験を始める前に知っておきたい基礎知識

22 Question

"モル"の概念を理解したい！

Answer

分子あるいは原子を 6×10^{23} 個集めた量を 1 mol といいます．

1 分子の数の単位（モル：mole, mol）の概念

タンパク質のような高分子であっても，分子は肉眼や普通の顕微鏡では見えないため，分子の数を目算で勘定することはできません．そこでモルという単位を導入して分子の数を表します．

> 1 モル ＝ 6×10^{23} 個の分子（アボガドロ数）
> ＝分子量にグラム（g）をつけた質量（重さ）だけの分子の数

つまり，ビールビン 1 ダースがビールビン 12 本を表すように，分子 1 モルとは，分子の数が 6×10^{23} 個あるということです．

モルとは，分子の数の概念です．質量（重さ）とは違います．

2 グラムとモルの関係

緩衝剤としてよく使われるトリスを例に見てみましょう．試薬ビンのラベルを見ると，トリスの分子量は，121.14 です．つまり，121.14 g のトリスはトリス分子（$CH_2OH)_3CNH_2$ が，6×10^{23} 個ある場合の質量です．

また，アルブミンの分子量は 68,000 ですから，6×10^{23} 個ある場合の質量が 68,000 g（68 kg）となります．

試薬ビンに書いてある分子量は，その分子が，6×10^{23} 個集まったときの質量のことです．

> **まとめ** バイオ実験では，分子を取り扱います．分子レベルでものを扱うときにまず必要な概念は，モルという単位です．

Question 23 「濃度」と「絶対量」の関係は？

Answer
「濃度」表示でも，物質の絶対量を把握しましょう．

「濃度」と「絶対量」の表現があります．しかし，濃度と容量がわかれば，チューブあたりの絶対量がわかります．

〈例〉

① 5 mg/mL アルブミン溶液の 5 μL には，何 μg のアルブミンが入っているでしょうか？

5 mg/mL = 5 μg/1 μL = 5×5 μg/5×1 μL = 25 μg/5 μL

答え：25 μg

② 100 pmol/10 μL のプライマー溶液がありますが，チューブあたり 5 pmol を加えたいとき，何 μL の溶液が必要でしょうか？

100 pmol/10 μL = 100 pmol÷20/10 μL÷20 = 5 pmol/0.5 μL

答え：0.5 μL

③ 2 M Tris/HCl（pH 8.0）緩衝液と 100 mM EDTA 溶液が母液としてありました．$T_{10}E_1$ を 1 L 調製するには，どうしますか？

水 1 L 中に，Tris/HCl（pH 8.0）10 mmol と EDTA 1 mmol が入った溶液が $T_{10}E_1$ です．2 M Tris/HCl（pH 8.0）は，2 mol/1 L = 2 mmol/1 mL の溶液ですから，5 mL とれば，Tris/HCl（pH 8.0）10 mmol です．100 mM EDTA は，100 mmol/1 L = 0.1 mmol/1 mL の溶液ですから，10 mL とれば，EDTA 1 mmol です．

以上より，2 M Tris/HCl（pH 8.0）5 mL と 100 mM EDTA 10 mL を水に加えて 1 L とします．

> **まとめ** 実験では，チューブあたりの物質の量や母液からの試薬調製など，濃度から絶対量をいつも把握しましょう．

24 Question
覚えておくべき量の単位とは？

Answer
SI 単位を覚えましょう．

　現在，正式な国際単位は SI 単位であり，論文での表現でも SI 単位を用いることがほとんどです．論文の投稿規程に単位の表し方も記載されています．SI 単位は，SI 基本単位と SI 誘導単位，SI 接頭語などからなっています．これは，メートル法単位系に基づく国際単位系で，SI とは "Le Systeme International d'Unites"（フランス語）の略号です．SI 単位では，異なる単位をもつ２つの量をかけ合せたり（積），割ったり（商）した場合に，その単位も，元の単位の積あるいは商だけから導くことができます．

1 SI 基本単位

　全ての単位は，下記の基本単位に基づいています

表 24-1　SI 基本単位

物理量	名称	記号
長さ	メートル	m
質量	キログラム	kg
時間	秒	s
物質の量	モル	mol
熱力学的温度	ケルビン	K
電流	アンペア	A
光度	カンデラ	cd

2 SI 誘導単位

　上記の基本単位を組合せて物理量を表す単位を SI 誘導単位といいます．このうち，バイオ実験によく登場するものを示します．

表24-2 単位で表した定義

物理量	単位の名称	記号	原形	誘導単位
振動数	ヘルツ	Hz	s^{-1}	—
力	ニュートン	N	$kg\,m\,s^{-2}$	$J\,m^{-1}$
エネルギー	ジュール	J	$kg\,m^2\,s^{-2}$	$N\,m$
圧力	パスカル	Pa	$kg\,m^{-1}\,s^{-2}$	$N\,m^{-2}$
仕事率	ワット	W	$kg\,m^2\,s^{-3}$	$J\,s^{-1}$
慣用温度	度(摂氏)	℃	℃ = K − 273.15	—

3 SI接頭語

単位が大きすぎたり小さすぎたりする場合,ゼロをたくさんつけて表現することになり間違いや混乱の原因となります.これを避けるため,その単位の記号の前に接頭語をつけます.基本的には単位が1,000倍または1/1,000倍になるごとに接頭語を変えていきます.

例えば,0.000005 molは5 μ molと書き,14,400 mは14.4 kmと書きます.

表24-3 バイオ実験でよく用いられるSI接頭語

大きい単位			小さい単位		
倍率	接頭語	記号	倍率	接頭語	記号
10^1	デカ	da	10^{-1}	デシ	d
10^2	ヘクト	h	10^{-2}	センチ	c
10^3	キロ	k	10^{-3}	ミリ	m
10^6	メガ	M	10^{-6}	マイクロ	μ
10^9	ギガ	G	10^{-9}	ナノ	n
10^{12}	テラ	T	10^{-12}	ピコ	p
10^{15}	ペタ	P	10^{-15}	フェムト	f
10^{18}	エクサ	E	10^{-18}	アット	a

接頭語とSI単位の記号の間には,すき間も,点や終止符も入れません.一方,誘導単位を構成するSI基本単位の間には空間をおき,さらに,はっきりさせるために,文字の中ほどに点を打つことがしばしばあります.

例:ms = millisecond (ミリ秒) = 10^{-3}s
m・s = metre × second (メートル×秒) = m × s

4 SI単位と並行して用いられる単位

慣用的に使われている単位はSI単位と並行して使われます.

①リットル（L）

体積に対するSI単位はm^3です．しかし，リットル（L）も用いられています．リットルは1立方デシメートル（1デシメートル＝10^{-1}m＝dm）に等しくなります．

1,000 リットル	＝ 1 立方メートル	＝ m^3
1 リットル（L）	＝ 1 dm^3	＝ $10^{-3} m^3$
1 ミリリットル（mL）	＝ 1 cm^3	＝ $10^{-6} m^3$
1 マイクロリットル（μL）	＝ 1 mm^3	＝ $10^{-9} m^3$

②グラム（g）

質量の基本単位でキログラムに対して新しい名称が採用されるまでは，素単位として，現在では μg，mg 等の接頭語と結合して用いられています．

③時間

秒（s）に対して分，時間，年のような馴染み深い時間の単位は用いられます．例えば，「5,400 s インキュベーション」と書かれていても，"ピン" ときませんが，「1.5 時間インキュベーション」と書いてあればわかりやすいでしょう．

5 数に関する接頭語

1....mono, uni	11....hendeca, undeca	21....heneicosa
2....di, bi	12....dodeca	22....docosa
3....tri, ter, tris	13....trideca	23....tricosa
4....tetra, quadra, tetrakis	14....tetradeca	30....triaconta
5....penta, quinque, pentakis	15....pentadeca	31....hentriaconta
6....hexa, sexi	16....hexadeca	32....dotriaconta
7....hepta, septi	17....heptadeca	33....tritriaconta
8....octa, octi	18....octadeca	40....tetraconta
9....nona, novi	19....nonadeca	100....hecta
10....deca, deci	20....eicosa	123....tricosahecta

これは，オリゴマーの表現でよく用います．例えば，19塩基（19 mer）のオリゴヌクレオチドは，nonadecamer といいます．

まとめ 基本的には，SI単位の表現を覚えましょう．しかし，L（リットル）や g（グラム），時間などは並行して用います．

25 Question

濃度の単位にはどんなものがある？

Answer

色々な単位がありますが，バイオ実験では％濃度とモル濃度を用いることが多いです．

まずはじめに溶質・溶媒・溶液という用語の使い方を確認しましょう．例えば食塩水を例にすると，

溶質（溶けている物質）はNaCl
溶媒（溶質を溶かす媒体）は水
溶液（溶媒に溶質を溶かしたもの）は食塩溶液

ということです．

1 濃度の単位

◆モル濃度（mol/L）

単位体積の溶液中に存在する溶質分子のモルで表す濃度のことです．

1モル濃度（mol/L）[注1] とは，1 Lの溶液に溶質が 1 mol 入っていることを意味しています．そこで，この溶液 1 mLをとると溶質 1 mmolが手に入るということもわかります．

◆パーセント（％）濃度

％濃度を指定する場合は，通常，厳密な濃度は要求されません．したがって通常は，秤量は0.1〜0.01 g程度の精度で，また測容器はメスシリンダーで構いません．

例えば，2％酢酸溶液の場合[注2]，

w/w：溶液100 g中に2 gの酢酸
w/v：溶液100 mL中に2 gの酢酸
v/v：溶液100 mL中に2 mLの酢酸

注1：mol/Lは，これまでM（大文字のエム）という記号で表してきましたが，SI単位ではmol/Lとなりました．
注2：W＝重量（weight），V＝体積（volume）

B．実験のために最低限必要な数学・化学の知識

のいずれかを示します．%濃度で指定がない場合は，w/vを指しています．w/v以外の%濃度や，特別に内容を指定して表示する場合は，1％（w/w）というようにカッコで示します．

◆**重量濃度（g/L，mg/L，μg/L など）：単位体積中の重さで表す**

タンパク質や核酸のように，精製度によって一定の組成をもたない物質または不明な物質の場合に用いられます．体積の単位はLがよく用いられ，濃度はg/L，mg/L，μg/Lなどで表します．2％（w/v）溶液は，20 mg/mLと同じことです．

2 その他関連する用語

濃度に関連して溶液調製では，比重と含有量という用語がよく出てきます．これらについて説明しましょう．

◆**比重**

1 cm^3 = 1 mL（1 cc）の重さをg単位で表したものです．

例えば，比重1.23の溶液1 L（= 1,000 mL）の重さは1.23 g/mL × 1,000 mL = 1,230 gとなります．

◆**含有量**

例えば「もの」の含有量（含量）35％とは全体の重量のうちに「もの」が占める割合が35％ということです．したがって，1,000 gのうち，砂糖の含有量が35％とは，1,000 g中に砂糖が，1,000 × 0.35 = 350 g含まれているということです．

> **まとめ** モル濃度は，分子の数を反映します．%濃度と重量濃度は同じように扱いますが，タンパク質やDNAの溶液では，重量濃度（mg/mL）がよく用いられます．

26 Question

DNA, RNAの大きさはどうやって表すの？

Answer

塩基対（bp：base pair）や塩基（b：base）などで表します．

DNAやRNAは，情報である塩基の数（情報の量）に注目した表現方法がとられています．

- 二本鎖DNA（dsDNA）の場合は，塩基が対になっているので
  塩基対：bp（base pair）
- 一本鎖DNA（ssDNA）および，RNAの場合は塩基が対をなしていないので，
  塩基：b（base）

と表現します．また，必要に応じ，これにk（kilo），M（mega）などを付けて表現します．

ちなみに，アデニン，グアニン，シトシン，チミンの分子量の平均は約330なので，これらが対をなした1塩基対（1 bp）の平均分子量は，約660です．

一方，ヌクレオチド[注1]の数に着目した表現もあります．

- 合成オリゴヌクレオチド：mer（数に関する接頭語：**Q24**）
- 一本鎖DNA（ssDNA）/RNA：nt（nucleotideの略）

＜表現例＞

① PCRのプライマーとして20 merのオリゴヌクレオチドを合成し，PCR反応により，325 bpのDNA断片が増幅した
② pUC19は約2.7 kbpのプラスミドで，大腸菌のゲノムサイズは約5 Mbpである

> **まとめ**
> DNA/RNAの大きさの表現には，分子量はあまり用いられず，塩基対数やヌクレオチド数による表現が使われます．

注1：ヌクレオチドとは，塩基と糖が結合したヌクレオシドがリン酸エステル結合したDNA（RNA）の1単位のことです（塩基－糖－リン酸）．

Question 27

バイオ実験で統計的な方法が必要になるのはどんなとき？

Answer

実験データの特徴を捉え，結果を客観的に評価するときに必要です．

　バイオ実験の結果は，常にコントロールとの比較です．しかも実験は，誤差やバラツキを含む可能性があります．そこで実験結果に意味があるかどうかを客観的かつ数量的にまとめるための一番すぐれた方法が統計学です．不確かさを数値化することで真実を推定する方法論といえます．統計学は，帰納的な推測が必要な経済学などの社会科学でも必須の学問です．統計学に基づき具体的なデータを解析するさまざまな統計的な手法があります．統計的な手法は不確定要因をもつさまざまな尺度のデータを解析するための共通言語ともいえます．以下に実際にどのようなことができるか記しましょう．

◆収集したデータの特徴や傾向を捉えられます

・データの平均値，分散，標準偏差などを計算し，データの特徴を捉えます

例1：実験者同士のデータのバラツキを調べます

例2：タンパク質Aを異なる方法B，Cで定量しました．B法とC法の測定値に差があるかどうかを検定することで，実験手法間の差を調べます

・実験によって得られたデータから全体像を推測できます

　一握りのデータ（標本）から全体（母集団）を推定するために仮説をたてて検定します．

例1：ある疾患に罹患している人と健常者で血清中に含まれるタンパク質Aの濃度に差があるかどうか検定します

例2：ある遺伝子型と特定の疾患との間に意味のある関係があるかどうか検定し（有意差検定），さらに遺伝子型によりその疾患に罹患する可能性がどれくらい違うかを推定します（odds比）

◆統計学と統計的な手法

・統計学
　データから数学的に（数式を用いて）真実を推定するための方法論を作り出す学問.

・統計的な手法
　統計学から生まれたさまざまな方法論を選択し現実のデータから真実を推定する手法.

　言い換えれば，統計的な手法はもっているデータを要約し「データの間で違い（有意差）があるか？」，「データからどのような全体像を推定できるか？」を調べる手段です．一方，統計学での論理展開法は，違いがあることを実証したいときにはまず「間違いがない」という仮説をたて，「違いがないことを否定する」二重否定の証明法を用いるため，非日常的で「とっつき難い」一面があるかもしれません．しかし，Excelをはじめ目的にかなったソフトウェアを用いて実験データを解析できます.

参考文献

1) 今野秀二，味村良雄/著：" 医学・薬学系のための生物統計学入門 第2版 "：ムイスリ出版，2008
　→基本的な統計的な手法がまとまっています
2) 石村貞夫，他/著：" やさしく学ぶ統計学 Excelによる統計解析 "：東京書籍，2008
　→Excelを用いた統計的な手法が具体的に示されています
3) 能登 洋/著：" 臨床統計はじめの一歩Q&A〜統計のイロハから論文の読み方，研究のつくり方まで "：羊土社，2008
　→一通り統計学や統計的な手法を学んでから読むと，統計的な考え方や意味づけがよくわかります

まとめ 実践的にはソフトウエアを使い統計的な手法を使いましょう．

Question 28

単位変換をスムーズに行う方法を教えて！

Answer

「単位の物差し」が便利です．

　例えば25 ng/mLのオリゴヌクレオチドを希釈して10 pg/μLの溶液を調製しようとしたときには，頭の中で25 ng/mL＝25,000 pg/mL＝25,000 pg/1,000 μL＝25 pg/μLと変換し，25/10＝2.5「ああ〜2.5倍すればよいのだ」と考えると思います．このときには，頭の中で単位変換を行っています．そこで**図28**のような変換の物差しを活用しましょう．基本的にわれわれは指で数えられる自然数の方がわかりやすいので，小数が出てきたら，単位変換して自然数になるようにして計算しましょう．

単位の物差し

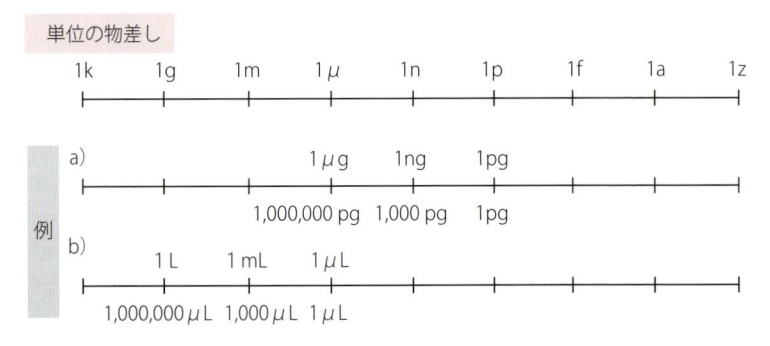

```
  1k    1g    1m    1μ    1n    1p    1f    1a    1z
──┼─────┼─────┼─────┼─────┼─────┼─────┼─────┼─────┼──

例 a)                 1μg   1ng   1pg
  ──┼─────┼─────┼─────┼─────┼─────┼─────┼─────┼─────┼──
               1,000,000 pg  1,000 pg  1pg

  b)   1L   1mL   1μL
  ──┼─────┼─────┼─────┼─────┼─────┼─────┼─────┼─────┼──
       1,000,000 μL  1,000 μL  1μL
```

図28　単位の物差し
単位は，1,000を1単位とした物差しで換算します．例えばプラスミドDNA（25 μg/mL）から5 pg/μLの溶液を調製するとします．単位の物差しで調製したい単位に合わせます．a），b）より，25 μg/mL＝25・1 μg/1 mL＝25・1,000,000 pg/1,000 μL＝25・1,000 pg/μLです．b）より5 pg/μL＝5・1 pg/μLです．25/5＝5倍，1,000 pg/1 pg＝1,000倍なので，プラスミドDNAを5,000倍希釈すればいいのです

まとめ 頭の中で暗算で行うことを物差しで確認しながら行えば，間違いはありません．

29 Question

データの有効数字はどのように決める？

Answer

測定に用いた機器により異なります．

バイオ実験では，メスピペットから分光光度計，電気泳動のピーク面積や定量PCRまで，定量的な測定をアナログ，デジタルの測定機器を用いて行うことが多々あります．

有効数字とは，測定器具・機器で測定しうる量の有効な桁数の数字です．日本工業規格（JIS）K0211では，「測定結果などを表す数字のうちで位取りを示すだけのゼロを除いた意味のある数字」[注1] と規定され，最小桁は，誤差を含むとされています．例えば，測定値で有効数字 "32" とは，"2" には誤差が含まれ，"3" は信頼できることを意味します．実際には，有効数字32と表した量をaとすると，aは，31.5 ≦ a < 32.5 に存在することになります．

◆ **測定機器による違い**

有効数字は，測定機器がアナログかデジタルかにより異なります．

アナログ表示の測定器では，最小目盛りの1/10を有効数字とします．

〈例〉最小目盛りが1 cmの物差しでは，有効数字が1 mmとなります．1.4 cmと読んだ場合，有効数字は2桁ですが，"4" には誤差が含まれます．

一方，**デジタル表示の測定器では，表示の最小桁まで測定可能であり，原則として最小桁を有効数字と見なせます．**この最小桁は，アナログ表示でいえば最小目盛りの1/10を読んだことになりますから，誤差が含まれます．

◆ **有効数字の表し方**

数値をべき数で表すことにより，有効数字が明確となります．

例：$1,006 = 1.006 \times 10^3$（4桁），$0.0234 = 2.34 \times 10^{-2}$（3桁）

2,500は，2.5×10^3ならば2桁，2.500×10^3ならば4桁．

注1：日本工業規格 JIS K0211：分析化学用語（基礎部門）を参照のこと．

◆数値の丸め方[注2]

　数値の丸め方の代表的な方法は四捨五入です．

　通常，数値を小数第n位に丸めようとするとき，小数第（n＋1）位の数字により四捨五入します．しかし，四捨五入では「四捨」（0，1，2，3，4），「五入」（5，6，7，8，9）であるため，数値を大きく見積もる可能性があります．このため，実験データを扱う場合，切捨てと切上げの割合を均等にするために，小数第（n＋1）位以下の数値を見て判断する方法が広く使われています．

> 小数第（n＋1）位の数字が5以外のときは，通常の四捨五入を行います．
> 小数第（n＋1）位の数字が5のときは，以下の場合分けを行います．
> ・小数第（n＋2）位の数値が0でない場合は，通常の四捨五入により切り上げます．
> ・小数第（n＋2）位の数値が0で，小数第n位が偶数のときは切り捨て，小数第n位が奇数のときは切り上げます．

例：小数第2位で丸めたい．このため小数第3位を四捨五入する．

小数第（n＋1）位の数字が5以外のとき通常の四捨五入をします．

1.23<u>4</u>→1.22

1.23<u>6</u>→1.24

小数第（n＋1）位の数字が5のとき

①小数第（n＋2）位の数値が0でないとき

1.2356→1.24　切り上げ

②小数第（n＋2）位の数値が0であるときは，

nが奇数の場合切り上げる　1.2350→1.24　切り上げ

nが偶数切り捨てる　1.2450→1.24　切り捨て

まとめ　有効数字を明確にするためには，べき数で表示します．

注2：日本工業規格 IS Z8401：数値の丸め方を参照のこと．

Question 30

バイオ実験に必要なパソコンのスキルとは？

Answer

書類作成，メール交換，データベースの検索ができれば大丈夫です．

　日常生活でパソコンが必需品であるようにバイオ研究や実験でパソコンは必須です．デスクトップ型，ノート型，小型で出張などに便利なモバイル型などさまざまな機種が市販されています．パソコンのOSは，WindowsとMacintoshが一般的です[注1]．どちらを用いても構いませんが，バイオ研究室ではMacintoshを好む人も多数います[注2]．

　研究室でパソコンを使用する場面は，以下のようなものがあげられます．

①分析機器の操作と解析データの保存（デジタルデータ）
②実験データのまとめ
③プレゼンテーション，論文作成での図・表の作成
④電子メールを含めたネットを通じた情報交換・収集
⑤データベース検索
⑥試薬管理や経費管理などの事務処理

　まず，マイクロソフト社のWord，Excel，PowerPointやインターネットメール，ブラウザを使いこなせることが必要です．

◆ パソコンやデータの管理

　施設レベルのセキュリティー：現在では，実験データや研究資料はパソコンで管理するのが一般的です．このためパソコンの持ち込みや，フラッシュメモリー

注1：サーバーに用いられるOSには，LinuxなどのUNIX系やWindows Serverなどがあります．
注2：今では普通になっているマウスでパソコンを操作するGraphical User Interface（GUI）は，Windows95が現れる以前の1980年代からMacintoshで使われていました．また，当時の分析機器に付属するパソコンは，Macintoshが一般的であり，グラフィクス系に強く，1つのソフトウエアを扱えるようになれば，どのソフトも似たような操作で扱えることから，Macintoshは研究室でのパソコンの主流でした．

C．実験で苦労しないための勉強法

でのデータの持ち出しに制限をかける場合があります．パソコンを持ち込む場合は，施設の担当部署（者）にまず相談し，規則に従いましょう．

パソコンのセキュリティー：パソコンを使う際には，セキュリティーソフトをインストールしセキュリティー対策を十分に行います．セキュリティーソフトは日進月歩です．

データのバックアップ：従来の実験では，生データの保存は原則として紙ベースのアナログデータでした．現在では，分析機器での解析やソフトウエアで解析した生データなどは，デジタルデータとして保存するのが一般的になってきました．デジタルデータは，すぐに他のソフトウエアで解析したり，プレゼンテーションや論文の資料として使えるなど多くの利点がありますが，パソコンのハードディスクが破損した場合，失われることがあります．このため，必ずデータのバックアップが必要です．生データを保存する場合，ファイル名に日時，実験番号，実験内容を明記して系統的に保存しましょう．このように整理したデジタルデータは，最低2カ所の異なるバックアップを作製します．また，必要に応じてパスワードを設定し管理することもよいでしょう．

データの保存場所：パソコン本体のハードディスク，外付ハードディスク，サーバーなど複数のバックアップをとりましょう．

データの持ち運び：フラッシュメモリーや小型のハードディスクは持ち運びに便利ですが，紛失したら大変です．管理には十分に注意しましょう．

図30　パソコンと周辺機器

> **まとめ**　パソコンは全然扱えなければ困りますが，最低限のことを身につけていれば仕事をしながら使いこなせるようになってきます．

Question 31

バイオ実験に英語力はどの程度必要？

Answer

試薬の説明書を読む．Emailを書く．学会や展示会での情報収集を行う（聞く，話す）．ことが理想です．

　生命科学研究，バイオ実験の標準語は英語であるといっても過言ではありません．論文も英文で書き，海外の人とのコミュニケーションは英語で行うことが多くなります．しかし，日本人のわれわれが外国語に慣れるには努力が必要です．まず，高等学校レベルの英文法や単語は復習しましょう．それを踏まえて，日々の実験のなかでも英語が必要な場面を想定して勉強しましょう．

◆読む

①試薬の説明書を読む
②学術雑誌の新製品紹介を読む
③論文のmaterial and methodを読む
④論文本体を読む

　わからない単語は辞書を使って確認します．しかし，専門用語は普通の辞書には出ていませんので，専門用語辞典の英文索引を活用しましょう．

- 緒方宣邦・野島　博/著："遺伝子工学キーワードブック 改訂第2版"：羊土社，2000

日ごろから英文の実験書も使いましょう．

- Sambrook, J. & Russell, D.："Molecular cloning：A laboratory manual" 3rd ed.：Cold Spring Harbor Laboratory press, 2001

英文の高校生物学教科書を読破するのも一案です．

- Campbell, N. A. & Reece, J. B.："Biology" 8th edition：Benjamin Cummings, 2007
- Leonard, W. H. & Penick, J. E.："Biology A community context"：South-Western Educational Publishing Cincinnati, OH, 1998

◆書く

①Emailで問い合わせる
②挨拶文を書く
③論文を書く

　論文を数多く読み，多数の事例に触れることは書くことにつながります．また，生命科学論文で特有の表現をまとめた書籍も役立ちます[注1]．Emailでのやり取りは，指南書を参考にしながら取り組みましょう[注2]．論文や報告書をまとめたときは当該分野の論文を書けるネイティブの人に見てもらいましょう[注3]．

◆聞く

①海外の展示会で製品の紹介を聞く
②国際学会で講演を聞く

　生命科学を話題とした生の英語を数多く聞くことが大切です．市販のCD[注4]やPodcast[注5]を活用しましょう．

◆話す

①展示会で製品の紹介を聞く質問する
②学会で質問する．ディスカッションする
③研究室のネイティブスタッフ，留学生と話す

　展示会や学会では，キーになる専門用語を確認してから臨みましょう．
　ポスターセッションなどで積極的に質問しましょう．会話に自信がないときは，

──────────────────────────────

注1：河本　健/編：ライフサイエンス辞書プロジェクト/監："ライフサイエンス英語類語使い分け辞典"：羊土社，2006
注2：英文Emailや手紙を書くときの指南書
　　　高橋　弘/著："生命科学者のための 実践！英文e-mail講座"：羊土社，2002
　　　黒木登志夫，F.ハンター．藤田/著："科学者のための英文手紙の書き方"：朝倉書店，1984
注3：論文では専門用語や論文特有の言い回しがあるため当該分野の論文を書けるネイティブの人に見てもらいましょう．なお，論文の英文校正を専門に行っている会社もあります．
注4：学会発表などの生の英語がまとまっているCDを含む書籍
　　　山本　雅/監，田中顕生/著，F.Whittier Robert/著・英文監修："国際学会のための科学英語絶対リスニング～ライブ英語と基本フレーズで英語耳をつくる！"：羊土社，2005
　　　→基礎的な用語に始まり，研究者による実際の発表事例をCDで聞くことができます．発表事例はスライドの図や文面が含まれているため，テキストを見ながら繰り返し聞くことで聞き取りの効果が表れます．CDを聞いたとき速くて聞き取れない場合は，80％くらいに速度を落として聞きます．少しずつ速度を上げて聞けるように練習します．iPodなどの機器も活用しましょう．
注5：科学記事のPodcast
　　　Nature podcast：http://www.nature.com/nature/podcast/
　　　Science podcast: http://www.sciencemag.org/about/podcast.dtl
　　　Scientific American podcast：http://www.scientificamerican.com/podcast
　　　実験医学podcast：http://www.yodosha.co.jp/jikkenigaku/podcast.html

資料を準備し，メモ用紙も用意し筆談も想定しましょう．

ネイティブの研究室スタッフとも，日常的に実験の手法や研究内容について話しましょう．

その他：ビジネス英語を学べる環境をつくりましょう．英会話学校や英語喫茶などを利用する場合には，前者ではビジネス会話などのコースを，後者では技術者やビジネスパーソンが集まる場所を探しましょう．

まとめ 英語の学習は毎日少しでも続けることが大切です．

コラム●バハマの生物の教科書を見たことがありますか

　筆者は，カリブ海のバハマのナッソーに何度か行きました．1965年の「007：サンダーボール作戦」という映画のロケを行った場所としても有名です．海はきれいでイルカも泳いでいます．バハミヤンの人々は皆穏やかな人です．現在の産業資源は観光が中心です．バハマの中学校の教科書を紐解いてみたところ，大変実用的でした．生物の教科書は，人が生まれる所から始まります．妊娠のしくみから始まり，子供の抱き方，成長に必要な栄養のこと，運動のことが出てきます．最後は，死ぬ直前の人の食事や水の飲ませ方まで，書いてあります．一連のストーリーの中に生物学の内容が盛り込まれています．人の一生がストーリーになっているので，きっと興味をもって生物学を勉強するのだろうと思います．日本の生物学の教科書も，身の回りのことから入れば面白いのではないでしょうか．

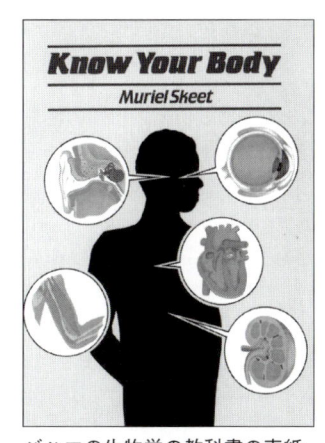

バハマの生物学の教科書の表紙

Question 32

文献検索や情報収集のコツを教えて！

Answer

まず，インターネットを活用しましょう．

1 文献を調べる

◆英語の文献の場合

インターネットを通じて文献検索を行うのが簡単です．文献を調べたいときは，PubMedが便利です（図32）．

PubMed：http://www.ncbi.nlm.nih.gov/PubMed/

これは，NCBIのポータルサイト（http://www.ncbi.nlm.nih.gov/）から入ることができます．

自分が調べたい文献のキーワード（英語）を入力すると，筆者，題名，雑誌名，巻，ページ，発行年度，関連文献および短編でなければサマリーが出てきます．サマリーを読んで，本文をすべて見たければ，そのままリンクを通じてダウンロードするか図書館を通じて入手できます．ある程度目的の文献を絞り込んでから入手した方が効率的です．

文献検索のキーワードとしては，

- **タンパク質や遺伝子の名前**：GFP, TGF-β, ALDH2, など
- **病気の名前**：familial adenomatous polyposis など
- **生物の名前や学名**：mouse, human, saccharomyces cerevisae など

図32　PubMedの表紙ページ

- **現象を表す用語**：point mutation，SNP，deletion など
- **実験手法**：capillary sequencer，microarray，PCR など
- **筆者の氏名**：筆者名は，名前 – 姓（Michiei Oto）を，姓 – 名前のイニシャル（Oto M）で表す
- **雑誌名**

などが用いられます．キーワードは英語で入力して下さい．

◆日本語の文献の場合

日本語の文献を含めて検索する場合は，J-Global（http://jglobal.jst.go.jp）が便利です．J-Globalは，科学技術振興機構（Japan Science and Technology Agency：JST）が運営するポータルサイトです．

Google scholar：http://scholar.google.co.jp/ も大変便利です．Google scholarでは，その文献の引用数も示されています．使い方は，普通のGoogleと同じように，キーワードを入力します．また，Google scholarの場合は，関連したプロトコールやさまざまな記事に到達することもできます．

2 プロトコールを調べる

文献ではなく，プロトコールやチェックナック（実験のコツなど）を調べたいときは，Goole, Google scholar や Yahoo! などの検索エンジンで上記と同様にキーワード検索します．現在，国内外の多くの研究室では役立つプロトコールを作成し公開しています．

なお，ウェブ上のプロトコールの評価は自分で行わなければなりません．インターネット情報は多種多様ですが，誰でも掲載できますから評価は自ら行う必要があります．

- Google：http://www.google.co.jp/
- Google scholar：http://scholar.google.co.jp/
- Yahoo!：http://www.yahoo.com/
- Protocol Online：http://www.protocol-online.org/

> **まとめ**
> 文献はPubMedで検索してサマリーを読みましょう．必要ならばダウンロードや図書館で閲覧しましょう．

Question 33 バイオ実験の勉強はどのようにしたらよい？

Answer
本，インターネット，講習会などを利用しましょう．

バイオ実験の仕事に携っている人は，医学・生物・化学系の大学院，大学，高等専門学校，専門学校などを卒業していると思います．さらに仕事に直結したことを学ぶには下記の方法があります．

1 本で学ぶ

◆バイオ実験の全体像入門

- 大藤道衛／著："最適な実験を行うためのバイオ実験の原理"：羊土社，2006
  実験操作のコツや実験結果の解釈，さらには新たな実験法の開発や既存の実験法の改良には，原理や成り立ちを知ることが早道です．本書は，生命科学研究に登場する各種実験法を，分子生物学的，化学的，物理的原理ごとに分類・整理し，横断的に原理をまとめた実験入門書です．

◆遺伝子実験入門マニュアル

- Green, M. R. & Sambrook, J.："Molecular cloning：A laboratory manual" 4th ed.：Cold Spring Harbor Laboratory press, 2012
  これが遺伝子工学実験の原点．遺伝子工学実験プロトコールのバイブルとして，第1版は1980年代初頭に全ての遺伝子工学研究者が活用．第4版も試薬の調製方法から，ベクターの構造まであらゆる実験プロトコールが含まれています．さらに，マイクロアレイや次世代配列解析技術についても触れています．最近は，多くの実験書が市販されていますが，平易な英語で書かれているこの本はやはり遺伝子実験のバイブルでしょう（http://www.molecularcloning.com/）．
- 田村隆明／編："無敵のバイオテクニカルシリーズ 改訂第3版 遺伝子工学実験ノート 上 〜DNA実験の基本をマスターする"：羊土社，2009
- 田村隆明／編："無敵のバイオテクニカルシリーズ 改訂第3版 遺伝子工学実験ノート 下 〜遺伝子の発現・機能を解析する"：羊土社，2009
  DNAの抽出，クローニング，RNAの扱い方，PCR，電気泳動，シークエンシングからマイクロアレイまで，多数の模式図やプロトコールを用いてわかりやすく解説された本．実験原理からトラブルシューティングまで何でも答えられる入門書．

- 田村隆明/著："バイオ試薬調製ポケットマニュアル～欲しい溶液・試薬がすぐつくれるデータと基本操作"：羊土社，2004
  よく用いる試薬の調製方法が網羅されている一冊．

◆PCR法

- 佐々木博己/編："ここまでできるPCR最新活用マニュアル"：羊土社，2003
  PCRの原理から実施に際して機器の選定方法から系の組み方，変異・多型解析を含めたPCRの入門書．変異・多型解析やクローニングなどの応用実験が具体的なプロトコールとトラブルシューティングでまとめられています．PCR実験に必須の1冊でしょう．

- 北條浩彦/編："原理からよくわかる リアルタイムPCR実験ガイド～基本からより効率的な解析まで必要な機器・試薬と実験プロトコール"：羊土社，2007
  バイオ実験で広く用いられているリアルタイムPCRによる定量の原理，解析方法，実験を組む際のプライマーデザイン，さらに発現解析，遺伝子多型タイピング，遺伝子量解析の最新プロトコールまで，詳細に解説されています．

◆RNAの取り扱い

- Farrell, R. E. Jr.："RNA methodologies"：Academic press, 1993
  RNAの取り扱いに特化した実験書です．古い本ですが，実験原理から実験手法と注意点まで図や写真を含め解説されています．参考文献も豊富です．

◆タンパク質

- 岡田雅人，宮崎 香/編："無敵のバイオテクニカルシリーズ 改訂第3版タンパク質実験ノート（上・下）"：羊土社，2004
  タンパク質の抽出，タンパク質定量方法，カラムでの精製，電気泳動，ペプチドマッピングでの評価方法，組換えタンパク質の精製方法などについて，多数の模式図やプロトコールを用いてわかりやすく解説された本です．

- 戸田年総，他/編："タンパク質研究なるほどQ&A～ポイントが身につく基礎知識＋失敗のなぜと成功のコツ！"：羊土社，2005

◆電気泳動法

- 高木俊夫/著："バイオサイエンス最前線 '97増刊号 電気泳動の歴史"：アトー株式会社，1997
  チゼリウスの電気泳動からPAGEそしてヒアテンによるキャピラリー電気泳動の開発など，電気泳動の歴史が振り返られます．このなかで電気泳動の各コンポーネントの意味付けがわかります．またSDS処理したタンパク質分子の"つちのこ"モデルや電気泳動でゲルに期待された機能の模式図など感覚的にわかるモデルなどわかりやすい内容です．

- 大藤道衛/編，日本バイオ・ラッドラボラトリーズ/協力："そこが知りたい！電気泳動なるほどQ&A改訂版"：羊土社，2011
  電気泳動の原理，電気泳動を用いてどのような情報が得られるかなどの基本から，ゲルが固まらないなど日常的なトラブル解決，さらには電気泳動応用技術まで，さまざまな電気泳動に関する内容をQ＆Aで網羅している電気泳動入門書．

◆バイオ実験のトラブル解決法

- 大藤道衛／著："バイオ実験トラブル解決超基本Q&A"：羊土社，2002
  実験初心者を対象に，クローニングや遺伝子解析実験トラブル解決の定石を解説した後，具体的な組換えDNA実験や遺伝子解析実験で起こったトラブルと解決方法をQ&A方式にて解説．
- 大藤道衛／編："バイオ実験誰もがつまずく失敗＆ナットク解決法"：羊土社，2008
  遺伝子解析，タンパク質解析，分子病理，動物実験等，幅広い実験から失敗事例をあげて，その原因を解説．身近な実験手技の原理やコツが学べます．

◆ゲノム科学

- 中村祐輔／著："これからのゲノム医療を知る～遺伝子の基本から分子標的薬，オーダーメイド医療まで：羊土社，2009
  ゲノム解析からオーダーメード医療まで，ゲノム医学についてわかりやすく解説されています．

◆無菌操作，培養

- 安藤昭一／編著："図解 微生物実験マニュアル"：技報堂出版，1992
  バクテリア，カビ，酵母などの微生物に関する基礎的内容から，無菌操作や培養方法など微生物取り扱いの基本が実験操作の豊富な写真を用いてわかりやすく解説されています．
- 井出利憲，田原栄俊／著："無敵のバイオテクニカルシリーズ 改訂 細胞培養入門ノート"：羊土社，2010
  動物細胞培養に必要な無菌操作や培養方法，さらには実験ノートやプロトコールの作成方法まで，これから動物細胞を扱う人には必須事項がすべて盛り込まれた本です．細かい実験操作は，写真やわかりやすい図を折り込み丁寧に解説してあります．

◆用語辞書

- 緒方宣邦・野島　博／著："遺伝子工学キーワードブック 改訂第2版"：羊土社，2000
  遺伝子工学に関する用語・概念の辞書です．遺伝子実験に必要な概念が，模式図を適切に使われていて"みるみる"解ってきます．
- 武部　啓／編著："ゲノム・疾患用語ハンドブック"：メディカルレビュー，2002
  LOHやゲノム刷り込みなど主に遺伝子診断に関連する用語の解説書です．1つの用語に1ページをさき，図や模式図を用いて詳しく解説されています．これを読めば専門用語もすぐに理解できます．

◆英語，プレゼンテーション，一般常識

- 山本　雅／監，田中顕生／著 Robert F.Whittier／著・英文監修："国際学会のための科学英語絶対リスニング～ライブ英語と基本フレーズで英語耳をつくる！"：羊土社，2005
- 黒木登志夫，F．ハンター．藤田／著："科学者のための英文手紙の書き方"：朝倉書店，1984
  論文投稿の際のレフリーとのやりとり，招待状の返事など科学者が遭遇するさまざ

まな文例が多く出ているために英語で手紙を書く場合に役立ちます．

- 高橋　弘/著："生命科学者のための 実践！英文email 講座"：羊土社，2002
ヘッダーと本文というE-mailの基本的な書式作成に始まり，実験マテリアルや細胞の譲渡依頼，学会抄録送付，投稿論文送付など実際に研究現場で起こる事例が多く掲載されているすぐに役立つ一冊です．

- 谷口武利/編："改訂第2版 PowerPointのやさしい使い方から学会発表まで〜アニメーションや動画も活かした効果的なプレゼンのコツ"：羊土社，2007
PowerPointの基本操作から始まり，試験管など簡単な図形の作成から図・表データ，スキャナー・デジタルカメラ画像の取り込みなどのスライド作成方法が操作画面を見ながらできるように説明されています．最後に，プロジェクターでの発表手順も示され，この一冊でスライド作成からプレゼンの基本まで修得できます．

- 大隅典子/著："バイオ研究で絶対役立つプレゼンテーションの基本"：羊土社，2004
なぜプレゼンテーションを行うのか．効果的なプレゼンテーションの具体的な方法などが実例を交えてわかりやすく示されています．

- PHP研究所/編："ビジネスマン情報ハンドブック2010年版"：PHP研究所，2009
言葉遣いや人間関係，社内文書，報告書の書き方，さらには政治や経済の基本まで，研究室の仕事でも社会との接点は常にあります．社会の常識を忘れないための一冊です（毎年更新されます）．

- 西野浩輝/著："5日で身につく「伝える技術」"：東洋経済新報社，2005
ビジネス向けの書籍ですが，自分の仕事を発表するための表現力や仕事の段取りの超基本を一般向けにわかりやすくまとめています．伝える技術＝口頭や資料を用いたさまざまなプレゼンテーションと仕事の段取りについて具体的に示しています．

◆データベースを利用しバイオインフォマティクスの視点を知りたい

- 広川貴次，美宅成樹/著："できるバイオインフォマティクス"：中山書店，2002
演習問題を通じ，ゲノム配列，タンパク質立体構造，代謝経路などの公共の生物情報データベース活用方法の基本を体得できる入門書．

- 中村保一，他/編："改訂第2版 バイオデータベースとウェブツールの手とり足とり活用法〜遺伝子の配列・機能解析，タンパク質解析，プロテオミクス，文献検索，検索エンジン…etc．真に役立つサイトを使い倒す！"：羊土社，2007
NCBIポータルサイトをはじめ，ウェブ上にはバイオ実験に役立つデータベースやツールが数多くある．本書は，具体的な画面に沿って1つ1つ解説されているので，使い方を系統的に学び，自分の実験に活用できる．

- 高木利久/監，大藤道衛，高井貴子/編："これからのバイオインフォマティクスのためのバイオ実験入門"：羊土社，2002
バイオインフォマティクス研究者・技術者向けのゲノム解析実験法の入門書．DNA解析・タンパク質化学・組換えDNA実験の体験実習プロトコール．専門用語の解説は模式図やデータにて詳しく解説．

2 講習会に参加する

◆大学,財団等が行う講習会

- 例：東京農工大学 学術研究支援総合センター 遺伝子実験施設（http://web.tuat.ac.jp/~idenshi/）
「遺伝子工学実習講座　DNAコース」,「遺伝子工学実習講座　タンパク質コース」などの実験講座が定期的に行われています．

◆講習会企画会社が行っている講習会

- 例：学際企画：http://www.gakusai.co.jp/
講習会には,講義のみの場合と,実習を合わせて行う場合がありますから,事前に問い合わせて下さい．

◆学会主催の講習会

- 例：日本電気泳動学会：http://www.jes1950.jp/
電気泳動の実習を含む基礎技術講習会を実施しています．

3 その他

- 科学技術振興機構（Japan Science and Technology Agency：JST）が運営するポータルサイトJ-Global（http://jglobal.jst.go.jp）
基礎研究,創薬をはじめ応用研究の現状,バイオ系求人情報．
- 日経バイオテクONLINE：https://bio.nikkeibp.co.jp/
日経BP社のwebサイト．バイオ講習会,バイオ支援系企業ホームページ,バイオ系求人情報など,さまざまな情報が得られます．

まとめ 自分に合った勉強法で知識や技術を身につけましょう．

34 Question

遺伝子組換え操作を一通り学ぶには？

Answer

大腸菌のサブクローニング実験は，基本的な手技を頻繁に使うので一通りの操作を身につけられます．

　大腸菌のサブクローニングを行ってみましょう．この実験のなかには，遺伝子組換え実験の基礎がすべて盛り込まれています．

　サブクローニングとは，すでにクローニングされベクターに入っているDNA断片の一部を切り出し，別のベクターに再度クローニングすることです．

　プラスミドが入った大腸菌を手に入れた状態からスタートする場合を例示し，実験の各ステップでどのような技術をおさらいできるか見てみましょう（**表34**）．

　これは，クローン化されたプラスミドDNAの一部を発現ベクターなどの他のベクターにサブクローニングするベクター交換にあたる実験です．

　それぞれの実験ステップでは，おのおののプロトコール作成，ピペット操作や電気泳動など基本的な操作を体験できます．また，表34の❺，⓭などのステップでは，途中の電気泳動により実験の進行状況，および，自分の操作が正しいかどうかを確認しながら進められます．電気泳動や酵素反応などのマイクロアッセイがたびたび出てくるために，操作の練習にもなります．

表34　大腸菌のサブクローニング実験のステップと習得できる技術

実験ステップ	習得できる技術
❶大腸菌の培養	無菌操作・培養
❷プラスミドDNAの大スケール抽出	母液を含めた緩衝液調製，EDTAとDNaseの不活化，フェノール取扱いなど
❸CsCl-EtBr密度勾配超遠心分離によるプラスミド精製	EtBrの取扱い，超遠心機の扱い
❹制限酵素によるプラスミドの消化	マイクロアッセイ，酵素の扱い
❺電気泳動によるインサートの分離	アガロースゲル電気泳動：実験途中確認
❻インサートのゲルからの切り出しと精製	ゲルからのDNA精製
❼制限酵素処理によるベクターDNAの消化	マイクロアッセイ，酵素の扱い
❽ベクターDNAの脱リン酸化処理	マイクロアッセイ，酵素の扱い
❾インサートとベクターの連結反応	マイクロアッセイ，酵素の扱い
❿コンピテント細胞の調製	市販品のコンピテント細胞を使用してもよい
⓫組換えDNA分子による形質転換	マイクロアッセイ
⓬コロニーの観察（実験途中確認）	
⓭組換えDNA分子（プラスミド）のミニプレップ，小スケールDNA抽出	マイクロアッセイ，酵素の扱い，アガロースゲル電気泳動：実験途中確認
⓮制限酵素処理と電気泳動によるインサートの確認	マイクロアッセイ，酵素の扱い，アガロースゲル電気泳動
⓯複数の制限酵素による消化からの制限酵素地図の作成	マイクロアッセイ，酵素の扱い
⓰インサートDNAのPCRによる増幅	マイクロアッセイ，酵素の扱い
⓱増幅産物の電気泳動での確認	マイクロアッセイ，酵素の扱い：実験途中確認

まとめ　バイオ実験の基本を確かめるには，サブクローニング実験をおすすめします．

第3章

機器・試薬の取扱いのコツ

A. 1人前になるための試薬調製・取扱いのコツ …… 86

B. 正確なデータを出すための機器・器具取扱いのコツ
　　……………………………………………………………… 113

35. 緩衝液の役割とは？ どんな種類があるの？

Answer

溶液のpHを安定させる役割をもつもので，リン酸緩衝液系，トリス緩衝液系などがあります．

1 バッファーの基本的な原理

緩衝液（バッファー：Buffer）は，多少の酸やアルカリが入ってきてもpHが変動しにくい溶液です．酵素タンパク質やDNA，RNAなど生物由来の試料で実験を行う場合には，生体内に近いpH条件がなければ酵素が失活したり不具合が起こります．このため，バイオ実験では，緩衝液を頻繁に用います．緩衝液は，共役酸と共役塩基が等量程度含まれている溶液です．具体的には，弱酸（弱塩基）とその塩が混ざった溶液です．

例えば，酢酸緩衝液は，酢酸（CH_3COOH）溶液と酢酸の塩である酢酸ナトリウム（CH_3COONa）溶液を混合した溶液です．

ここで，酢酸溶液（A）および酢酸ナトリウム溶液（B）を考えてみましょう．

A：$CH_3COOH \rightleftarrows CH_3COO^- + H^+$

Aの溶液の中では，酢酸は，ほとんど解離せずにCH_3COOH（共役酸）の状態です．

B：$CH_3COONa \longrightarrow CH_3COO^- + Na^+$

Bの溶液中では，酢酸ナトリウムはほとんど解離してCH_3COO^-（共役塩基）の状態です．

このため，A, Bの混合液中では，下のような平衡状態になります．

$$CH_3COOH \underset{H^+}{\overset{OH^-}{\rightleftarrows}} CH_3COO^-$$

ここに少量の酸が混入しても共役塩基であるCH_3COO^-が処理してくれます．また，アルカリ（塩基）が混入すると共役酸であるCH_3COOHが処理してくれます（図35-1A）．このようにして，pHが保たれます．また，酢酸緩衝液の緩衝能力は，

A 緩衝液　　　　　　　　　　**B** pHを調製した溶液

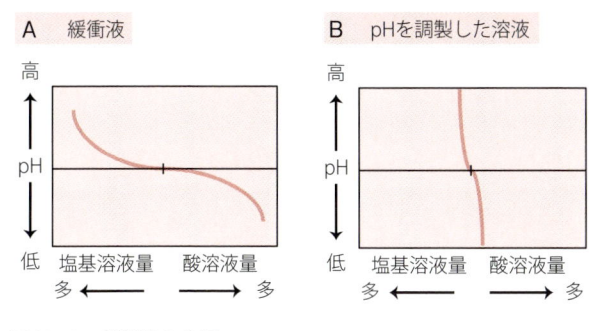

図35-1　緩衝液の作用

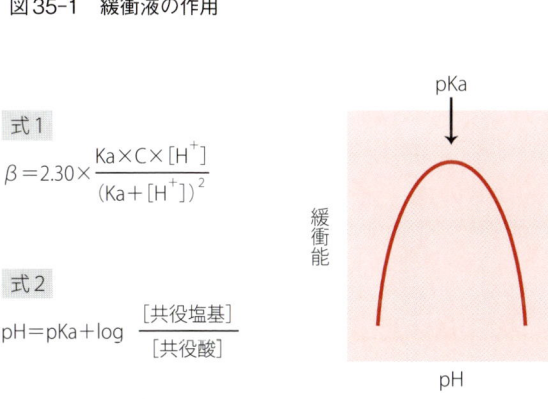

式1
$$\beta = 2.30 \times \frac{Ka \times C \times [H^+]}{(Ka + [H^+])^2}$$

式2
$$pH = pKa + \log \frac{[共役塩基]}{[共役酸]}$$

図35-2　pKa値と緩衝能

4.8（酢酸のpKa値[注1]）付近で強くなります（酢酸緩衝液は酸性側で用いる緩衝液です）．なお，試しに，pHを合わせただけの水溶液を調製し，この溶液に酸または塩基を少量加えたとします．この場合，水素イオン濃度がすぐに変わり，pHは変化してしまいます（**図35-1B**）．

2 pKa値と緩衝能[1)2)]

　　緩衝能は，Van Slykeの緩衝値（β）で示されます（**図35-2式1**）．
　　式中のCは，弱酸もしくは弱塩基の濃度（緩衝液の濃度）を示しています．pH

注1：Ka値は，電離定数といいます．弱電が電離して平衡状態になっている場合，Ka値は下記のように定義されます．
　　　$HA \rightleftarrows H^+ + A^-$　　$Ka = [H^+] \times [A^-] / [HA]$　　（HA：共役酸，A^-：共役塩基）
　　　Ka値は，反応温度などにより変化するため，測定した条件を明記する必要があります．この式を変形すると　$[H^+] = Ka \times [HA] / [A^-]$，さらに両辺の符号を変えて対数をとると　$-\log[H^+] = -\log Ka - \log[HA]/[A^-]$　すなわち$pH = pKa + \log[A^-]/[HA]$（Henderson-Hasselbalchの式：図35-2式2）となります．

表35-1 主な緩衝液系とpHの守備範囲

緩衝液名	pKa	使用可能なpHの範囲
グリシン塩酸	2.4	1.9 ~ 2.9
酢酸	4.8	4.3 ~ 5.3
リン酸	7.2	6.7 ~ 7.7
トリス塩酸	8.3	7.8 ~ 8.8
グリシルグリシン	8.2	7.7 ~ 8.7
ホウ酸	9.2	8.7 ~ 9.7

表35-2 Goodのバッファー

略号	化学名	pKa (20℃)
MES	2-(N-Morpholino)ethanesulfonic acid	6.15
ADA	N-(2-Acetamido)iminodiacetic acid	6.6
PIPES	Piperazine-N, N'-bis(2-etanesulfonic acid)	6.8
ACES	N-(Acetamido)-2-aminoethanesulfonic acid	6.9
MOPS	3-(N-Morpholine)propane sulfonic acid	7.15
BES	N, N'-Bis(2-hydroxyethyl)-2-aminoethanesulfonic acid	7.15
TES	N-Tris(hydroxymethyl)methyl-2-aminoethanesulfonic acid	7.5
HEPES	N-2-Hydroxyethylpiperazine-N'-ethanesulfonic acid	7.55
TRICINE	N-Tris(hydroxymethyl)methylglycine	8.15
BICINE	N, N'-Bis(2-hydroxyethyl)glycine	8.35

がpKaとなるとき,緩衝能が最大となります(**図35-2グラフ**).また,この式から,緩衝液濃度Cが高ければ緩衝能も高くなることがわかります.ここで,pHとpKaとの関係はHenderson-Hasselbalchの式(**図35-2式2**)により示されます.

このように緩衝液は,どの範囲のpHでも同じような緩衝能力があるわけではありません.ここでVan Slykeの緩衝値(β)に示されるKa値は,緩衝液に含まれる共役酸と共役塩基の組合せにより決まります(**表35-1**).一般に緩衝液を,pKa±1.0の範囲内(できれば±0.5)で調製すれば,十分な緩衝能が得られます.

3 主な緩衝液系

バイオ実験では,リン酸緩衝液系,トリス緩衝液系などがよく用いられます.
主な緩衝液系とpHの守備範囲を**表35-1**に示します.

◆Goodのバッファー

バイオ実験で最も必要な中性付近の緩衝液としてよく用いられるリン酸緩衝液

は，Mg^{2+} などの金属イオンと錯体を形成するなど酵素のアッセイなどでは使いにくいことがありました．今から40数年前，Goodらは，金属錯体をつくらずpKa値をpH6～8にもち，中性付近で緩衝能が高い12種類の緩衝液系を発表しました[3]．これらは，Goodのバッファーといって酵素アッセイなどバイオ実験で広く用いられています．**表35-2**には，Goodのバッファーの名称とpKa値を示します．

4 緩衝液調製上の注意事項

緩衝液調製においては，次のような点に注意しましょう．

① pHメータの調整は，測定するpHをはさみ込むように調整します．
　例えばpH8.0のトリス緩衝液を調製する場合は，pH6.86とpH9.18の標準液を用いて調整します．
② pH，pKaは温度によって変化します．
③ pHは溶液の濃度で変化します．緩衝液濃度が低くなれば，緩衝能は落ちてきます．母液を調製する際に気をつけましょう．
④ pHは空気中の炭酸ガスにより変化することがあります．

> **まとめ** 緩衝液は，pHが変化しにくい溶液です．緩衝能力はpHがpKa値と一致したときに最も高く，使用したいpH範囲により緩衝液の種類を選びます．

＜参考文献＞

1) 日本生化学会/編："生化学実験講座「酵素研究法」"：東京化学同人，1975
2) 堀尾武一，山下仁平/編："蛋白質・酵素の基礎実験法"：南江堂，1981
3) Good, N. E., et al. : "Hydrogen ion buffer for biological research"：Biochemistry, 5：467-477, 1966

36 Question

緩衝液の略号を教えて！

Answer

TE, TAE, TBE, SSC, MOPS などがあります．

主なものを系統的に並べてみましょう．

- **A**：Acetate
- **B**：Borate
- **E**：EDTA
- **N**：NaCl
- **P**：Phosphate
- **S**：Saline（生理食塩水：137 mM NaCl）
- **T**：Tris

① **TE（ティーイーバッファー）または $T_{10}E_1$（ティーテンイーワン）**

組成：10 mM Tris/HCl（pH 8.0），1 mM EDTA ◆ DNA分解酵素阻害剤のEDTAを含むトリス緩衝液．DNAの保存溶液や電気泳動でのサンプル希釈に用います．pHが7.5の場合もありますので注意してください．

$T_{10}E_1N_{100}$：10 mM Tris/HCl（pH 8.0），1 mM EDTA，100 mM NaCl

② **TAE（ティーエーイーバッファー）**

組成：40 mM Tris/Acetate（pH 7.8），1 mM EDTA ◆ アガロースゲル電気泳動の泳動緩衝液です．50×TAE（50倍濃縮TAE）など

③ **TBE（ティービーイーバッファー）**

組成：89 mM Tris/Borate（pH 8.3），2 mM EDTA ◆ ポリアクリルアミドゲル電気泳動の泳動緩衝液です．5×TBE（5倍濃縮TBE）など

④ **その他**

- **SSC**：Standard sodium citrate（pH 7.0）◆ ハイブリダイゼーションの基本溶液です．10×SSC など
- **MOPS**：3-(N-Morpholine) propane sulfonic acid（RNAのアガロースゲル電気泳動で用いる泳動緩衝液）など略号を用いる場合が他にもあります

ちなみに，緩衝液の母液の表記でよく見かける「10×」とは，10倍濃い濃縮液のことです．希釈系列をつくるときの×10は，10倍希釈を意味しますから混同しないようにしてください．

まとめ：系統的な略号は，覚えておきましょう．

37 Question
「トリス塩酸緩衝液」の特徴とは？

Answer

トリス緩衝液は，調製が簡単で中性付近で使用できる便利な緩衝液です．

1 トリスとは

トリス ：Tris（hydroxymethyl）aminomethane
分子式 ：$(CH_2OH)_3CNH_2$
別名 ：TRIZMA BASE
分子量：121.14

2 トリス緩衝液とは

トリス溶液は塩基性で，ここに酸を加えることにより，共役酸が形成されて緩衝液となります．

トリス緩衝液の緩衝能は，pH 8.3（20℃）で最高となりますから pH 8.3±1（±0.5）で用います（**Q35**）．

$$HOH_2C-\underset{\underset{CH_2OH}{|}}{\overset{\overset{CH_2OH}{|}}{C}}-NH_2 \xrightarrow{H^+} HOH_2C-\underset{\underset{CH_2OH}{|}}{\overset{\overset{CH_2OH}{|}}{C}}-NH_3^+$$

3 色々なトリス緩衝液

バイオ実験でよく用いるトリス緩衝液をあげてみましょう．

① Tris/HCl バッファー

酵素アッセイから DNA 保存まで広く用いられる緩衝液です．
（$T_{10}E_1$，TE バッファーなど）

② **Tris/Borate バッファー**
　　主にDNAのポリアクリルアミドゲル電気泳動で用います.
　　（TBEバッファーなど）
③ **Tris/Acetate バッファー**
　　DNAのアガロースゲル電気泳動に用います.
　　（TAEバッファーなど）
④ **Tris/Glycine バッファー**
　　タンパク質のポリアクリルアミドゲル電気泳動（PAGE）に用います．さらにSSCPなどでDNAのPAGEの分離能を上げる際にも用います．

> **まとめ** トリス緩衝液は，トリスに塩酸を加えることで溶液中に共役酸ができるために緩衝能を発揮します．

コラム●手作りできる微量溶液のバッファー交換

　電気泳動できれいなバンドを得るために脱塩するときや，酵素や抗体の活性測定などで，微量溶液でのバッファー交換が必要なときは，半分に切った試験管に透析膜を貼って行いましょう．

＜用意するもの（図A）＞
　透析膜，試験管，やすり，輪ゴム，スターラーバー，スターラー，割り箸など
＜方法＞
　①透析膜を，蒸留水中で5分間煮沸した後，蒸留水に浸し（この状態で滅菌水に入れておけば，数カ月保存可能）ウェットな状態にします
　②試験管をやすりで切り，管状にします
　③試験管の口に透析膜を輪ゴムで括り付けます．試験管の口は，やや広がっているので輪ゴムが引っかかりやすくなります（図B）
　④2本の割り箸で挟んで試験管を固定できるようにします
　⑤透析膜を貼っていない側から，サンプル溶液をマイクロピペットで加えます（図C）
　⑥この試験管を透析したい緩衝液100 mLの入ったビーカーに突っ込みます
　⑦このままスターラーバーで撹拌します（図D）
　⑧2～3時間透析します．あまり長時間行う必要はありません
　⑨再度，マイクロピペットでサンプル溶液を回収します

このように手作り透析器具を使って，微量のバッファーを2～3時間で交換できます．

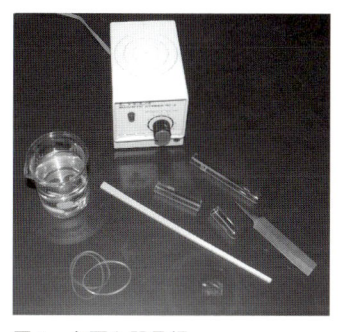

図A　必要な器具類

図B　透析膜の装着

サンプル溶液

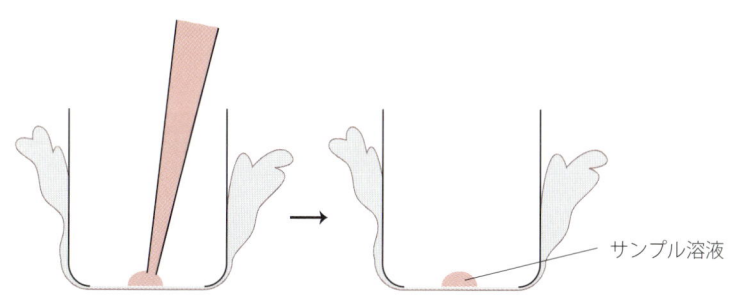

図C　透析膜上へのサンプル溶液の添加

図D　スターラーでの撹拌

A．1人前になるための試薬調製・取扱いのコツ

Question 38

緩衝液に含まれる成分の役割とは？

Answer

反応を促進（抑制）し，実験を安定に保つ役割があります．

緩衝液には，緩衝能を起こす成分ばかりでなく，塩，キレート剤，界面活性剤，金属などを含んでいることがよくあります．これらの成分は，実験を安定に保つために必要なものです．以下に遺伝子工学実験でよく用いる成分とその役割を示します．

◆緩衝剤

酢酸とその塩（酢酸緩衝液），リン酸1ナトリウムとリン酸2ナトリウム（リン酸緩衝液），トリスと塩酸（トリス緩衝液，Q37）他

◆界面活性剤

界面活性剤には，非イオン性界面活性剤とイオン性（陽イオン，両性，陰イオン）界面活性剤があり，さまざまな役割をもっています．

タンパク質と細胞膜の疎水結合の形成を弱める作用により膜系のタンパク質を溶出させることができます．

◆キレート剤

代表的なものにDNA分解酵素の阻害剤であるEDTAがあります．

◆還元剤

ジチオスレイトール（DTT），2-メルカプトエタノール（2-ME）などがあります．タンパク質のS-S結合を還元して切断，タンパク質の変性を促進します．SDS-PAGE（電気泳動）において，高次構造（立体構造）をもったタンパク質の変性に界面活性剤とともに寄与します．

◆金属

酵素の活性化には金属が必要なことがあります．

Mg^{2+}：制限酵素，DNAポリメラーゼの活性化．DNA分解酵素も活性化されます．

K⁺：いくつかの制限酵素の活性化を起こします[注1]．
Na⁺：いくつかの制限酵素の活性化を起こします．

制限酵素反応に Mn^{2+}，Cu^{2+}，Co^{2+}，Zn^{2+} などの金属イオンが加わるとスター活性が起こることがあります．

◆グリセロール

酵素タンパク質の制限酵素の保存溶液には最終濃度50％のグリセロールが含まれています．これは，保存中のタンパク質の安定化を図るものです．

◆ホルムアミド

ハイブリダイゼーション溶液に加えることがあります．見かけのTm値を下げ，低い温度（42℃）でのハイブリダイゼーションを可能にします．

◆BSA（bovine serum albumin）

低濃度の酵素タンパク質溶液にBSAを加えることで，チューブに加えた全タンパク質の濃度を上げて酵素タンパク質のチューブへの吸着を防ぐことができます．他に，ポリビニールピロリドンなどのポリマーを用いることもあります．

◆グアニジンチオシアネート

タンパク質の変性剤で，RNAの抽出におけるRNA分解酵素（タンパク質）の阻害剤として用いられます．

◆尿素

タンパク質や二本鎖DNAの変性剤です．サンガー法によるDNAシークエンシング実験の電気泳動で一本鎖DNAの状態を保つために用います．

　初めて実験を行う場合は，成分の至適濃度を検討する必要があります．しかし，多くの実験は先人のデータが文献に掲載されているため，文献の条件を踏襲することがあります．できるだけ，原著論文を参照し，成分を加えた理由や濃度決定の根拠を確認しましょう．成分の意味を知ることで実験の問題解決や実験系の改良に役立ちます．

まとめ 実験における各成分の役割を知ったうえで実験に臨みましょう．

注1：制限酵素緩衝液に含まれる金属の至適濃度は，各酵素の説明書か各メーカーのカタログに記載されています．通常は，酵素を購入すると適切な緩衝液（含：金属イオン）が添付されるか推奨されます．

Question 39 試薬や消耗品の選択方法を教えて！

Answer

万が一のトラブルに備え出所が確かな情報に基づき選択します．

■ 情報の収集項目と具体的な対処方法

① 過去に誰かが行った実験にかかわる場合は，カギになる試薬を，論文や他の研究者や実験者の情報から入手します
- → 論文の "Materials and Methods" のところに記載されている試薬名とメーカー名は，必ずチェックします

② 消耗品や試薬の新しい情報は，代理店から入手したカタログでチェックします
- → いたずらに価格やキャンペーンにまどわされないようにしましょう
- → 複数のメーカーを扱っている代理店の場合は，どれが売れているかの情報も聞いてみましょう．単価，割り引き率などを確かめましょう
- → 営業担当者とのコミュニケーションが上手くいっていれば正しい情報が得られるでしょう
- → 融通がきく，また，情報が多く得られる業者（営業担当者）を選ぶようにします．選定方法としては，例えば，新しい業者の営業担当者に「○○の2抗体法EIAの系を組みたいが，第2抗体はどれがよいか」など（自分が知っている内容）を問い合わせ，メーカー選定，納期，価格などについてどのように対応してくれるかで評価してみるとよいでしょう

③ インターネットウェブサイトで情報を入手することも大切です
- → 必要な試薬や酵素名をキーワードにして，GoogleやGoogle scholarなどの検索エンジンやPubMedなどを利用し関連文献や情報を得ます．遺伝子関連は，米国のウェブ上に詳細が出ている場合が多いので，検索エンジンは英語で検索します．なお，メーカーのホームページには新製品やキャンペーン情報が載っていますが，代理店から入手するカタログと大差ない場合がありますので，ウェブでなければ得られない情報を探しましょう

④ **製品についてトラブル対策も調べます**

→有名なバイオ研究支援企業だからと安心して購入しても，当該製品はOEM（他のメーカーのものを自社ブランドとして販売しているもの）で詳しい製品担当者がいない場合もあります．高価な試薬や大量購入の場合は，メーカーの学術部に直接問い合わせ，トラブルシューティングしてくれるサービスがあるかどうか自分で評価した方がよいです

⑤ **酵素など大量購入する場合は，念のため必ず先行サンプルを要求します**

→酵素や培養用の血清など，ロット差や製品差があるものは事前にチェックします．例えば，同じ*Taq* DNA ポリメラーゼであってもメーカーによって増幅効率や非特異的増幅の度合いが異なる場合があります．メーカーによっては，先行サンプルを用意していない所もありますが，状況を説明し，交渉してサンプルをもらう努力をします．

施設によって異なりますが，試薬や消耗品の購入は，資材部や用度係を通じて行う場合や，直接注文する場合があります．

また，試薬や消耗品はメーカーから直接購入するのではなく代理店を通じて行うのが通例です．融通がきく業者を選ぶことがまず必要です

まとめ 試薬や消耗品の情報は多々あります．情報を集め，メーカーや代理店の勧めを聞く際に自分で内容を評価できるようにしましょう．メーカーの営業担当者と仲良くなるのも大切です．

Question 40 試薬の正確な分子量を知る方法とは？

Answer
試薬のラベルを確認しましょう．

　緩衝液や酵素の基質などモル濃度で指定された溶液を調製するためには，溶質化合物の分子量が必要です．分子の分子量は，構成原子の原子量を足して求めます．分子式から分子量を計算するわけです．しかし，実験では，試薬の容器ラベルに書いてあるものを用います．例えば，リン酸-1-ナトリウムといっても色々な水和物があります．実際に用いるビンの試薬自体をどのような分子量としたらよいかは，試薬ビンのラベルに書いてあります．その他，試薬のラベルには，不純物など色々なデータが含まれています．特にタンパク質製剤の場合は，グレードの違いやロット差がある場合があるので，ラベルには特に注意を払いましょう．

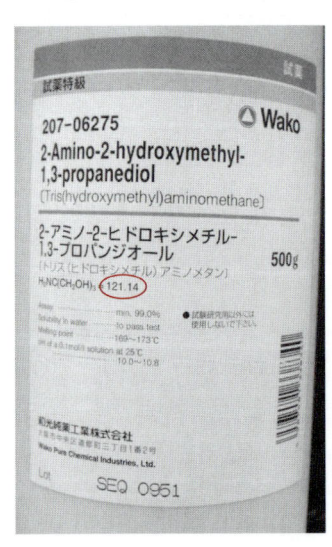

図40　試薬ラベル
○で囲んだところが分子量です

まとめ　試薬ラベルには色々な情報が入っています．

Question 41 一度にどのくらいの量の試薬をつくればいい？

Answer
使用必要量，値段，保存場所が判断材料になります．

試薬調製は，以下のステップを踏んで算出します．

ステップ1：全体の使用必要量を算出する
　実験に必要な試薬の量です．しかし，ここでいう実験とは，本日の実験という意味ではなく，同一ロットで行う必要のある一連の実験を指します．そこで，プロトコールを振り返り必要な量を合計してだいたいの目安を出し，不足が出ないようにします．

ステップ2：調製しやすい量を考える
　例えば1回の実験で0.1 mL使用する緩衝液があったとします．多めにと思って，0.2 mLを調製しようと思っても，その量の溶液ではpHメーターの電極を差し込むこともできません．pHを調製するには，最低でも20～50 mL程度はあった方が正確に合わせられます．緩衝液のような，安い試薬を調製する場合は，調製しやすい量で行いましょう．

ステップ3：試薬の値段
　タンパク質や酵素などは，1 mgで何万円もするものがあります．高価な試薬を使用するにあたっては，必要最小量になるように考えましょう．

ステップ4：保存しやすい量
　ロットを一定にするために50 Lの緩衝液をつくっても置き場所に困ります．このような場合は，濃縮液（母液）をつくりましょう（**Q42**）．

まとめ 試薬調製では，必要量に加えて値段や保存場所も考えましょう．

Question 42

試薬はなぜ母液をつくって保存するの？

Answer

試薬のロットを統一できるとともに，保存場所を節約できるからです．

母液をつくるメリットとして以下のことがあげられます．
　1）毎回希釈して使用しますが，希釈の誤差は少ないため同一条件で実験できます．2）濃縮してあるので保存場所をとりません．
　この理由には，以下のようなことがあげられます．

①大量に使う緩衝液などは毎回，あるいは一連の実験ごとに希釈して使用する方が，長い間ロット差が少なくて済みます．これは，希釈による誤差は試薬調製に伴う誤差よりも少ないためです

②濃縮液の方が保存場所を取りません．50×TAEの500 mLは，1本のボトルで25 L分の緩衝液を保存したことになります

③高濃度ならば，微生物が生えにくく長期保存が可能になります

④色々な試薬溶液を混ぜるだけで調製でき，試薬調製の手間と誤差を少なくできます

④については，下記の例を見て下さい．

- **T**　：2M Tris/HCl（pH 8.0）
- **E**　：0.2M EDTA（pH 8.0）
- **N**　：4M NaCl
- **S**　：10% SDS
- **A**　：10M NaOH
- **SC**：20×SSC

　以上6種類の母液を1Lずつ調製しておきます．すると，
- ●DNAを溶解する：TEバッファー 1L＝5 mL **T**＋5 mL **E**＋990 mL 水

- プラスミド抽出に用いるリゾチームを溶かすための Sucrose 溶液：
 （25 mM Tris/HCl pH 8.0, 10 mM EDTA）10 mL
 ＝ 0.13 mL **T** ＋ 0.5 mL **E** ＋ Sucrose 2.5 mL ＋水で 10 mL にメスアップ
- アルカリブロッティングに用いるアルカリ溶液
 （0.5M NaOH, 1.5M NaCl）100 mL ＝ 5 mL **A** ＋ 37.5 mL **N** ＋水でメスアップ
- ハイブリダイゼーション後の洗浄に用いる洗浄液
 （0.1 × SSC, 0.1 × SDS）1L ＝ 100 mL **SC** ＋ 10 mL **S** ＋ 890 mL 水

という具合に，混ぜるだけのわずかな誤差で色々な溶液が用事調製できます．

　このように，濃縮溶液は，誤差を減らし実験条件を一定にするばかりでなく，保存にも便利です．しかし，緩衝液の種類によっては，高濃度にすると塩が析出し，不均一になることがあるため注意を要します．また，pH は濃度により変化するため，高濃縮溶液の場合は希釈後の pH も一度は測定しておく方がよいでしょう．市販品の場合は希釈してちょうど目的の pH になるようになっています．
　一方，粉末で市販され溶かすと目的の緩衝液になる試薬や培地も市販されています．これらも事実上ロット差や保存場所を小さくすることができます．目的や価格が見合えば，省力化に一役買います．
　主だった緩衝液は濃縮液として市販されています．
　50 × TAE，5 × TBE，10 × TBE，20 × SSC などがこれにあたります（**図42**）．

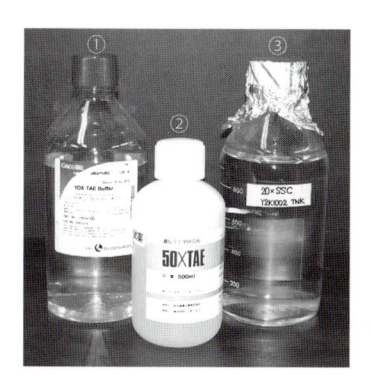

図42　市販の濃縮緩衝液（①，②）と自作濃縮液（③）

> **まとめ**　母液をつくることにより，保存場所を取らないばかりか，色々な溶液を少ない誤差で調製できます．

Question 43
試薬調製で生じる誤差を減らすには？

Answer
再現性のよい実験をするために，なるべく同じ方法で調製しましょう．

　緩衝液は，高濃度の濃縮溶液[注1]を希釈した場合，pHがわずかに動くものもあります．また，調製した温度によってもpHは動きます．pHを合わせてあるからといって，以前と同じ緩衝液ができたと考えてはいけません．再現性のよい実験を望むならば，試薬調製方法は，細かいことも含めできるだけ同じ条件で行うことが大切です．

　緩衝液は，いつも同じ方法で調製し，それを希釈して使用します．同じ調製方法で行えば，希釈によるpHの誤差も毎回同じ誤差になり，再現性が保てます．緩衝液に限らず，試薬調製は同じ手法で調製するように心掛けることが大切です．研究室では，よく使う試薬についての調製方法をまとめたファイルを用意するか，秤量室の壁に貼ったりします．

●例： $T_{10}E_1$ （10 mM Tris/HCl pH 8.0, 1mM EDTA）　1Lの調製

2M Tris/HCl pH 8.0（母液）　　　　　5 mL
0.2M EDTA pH 8.0（母液）　　　　　 5 mL
↓
精製水を加えて1Lにメスアップ　→ $T_{10}E_1$　1L 完成

まとめ 大量調製する試薬は，複数の実験で共通に使います．電気泳動の緩衝液やSSCなど常に使う試薬は，一定の調製方法でつくりましょう．

注1：遺伝子工学実験のバイブル的プロトコールである Sambrook, J. & Russell, D. : "Molecular cloning : A Laboratory Manual（3rd ed）" では，濃縮溶液をつくり，これを希釈したり混ぜたりして用いるように指導しています．

Q44 液体を混ぜるときに必ず知っておくべきことは？

Answer

劇物＋水＝危険，タンパク質＋水＝溶けにくい，などの組合わせを覚えましょう．

バイオの実験は，溶解と混合の連続です．この際，①混ぜると危険な事態となる，②上手く混ざらない，ということがよく起こります．

1 混ぜると危険な事態となる

- **硫酸（劇物）と水**

  水に溶かすと激しく発熱します．希釈の際には多量の水に硫酸を撹拌しながら少しずつ加えていきます．

- **NaOH（劇物）と水**

  水に溶かすと発熱し，ガラスを侵すことがあります．このため高濃度の溶液を調製する場合は，水にNaOHを少しずつ溶解します．

2 上手く混ざらない

- **タンパク質と水**

  タンパク質を水や緩衝液に溶解するときは，水の表面にタンパク質を少量ずつ加えて溶かします．多量のタンパク質をビーカーに入れてから水を加えるとタンパク質が固まりになり溶けにくくなります（Q46）．

- **グリセロールと色素**

  ゲルローディングバッファーの調製（Q92）では，水に粉末の色素を溶かしておき，最後に粘性の高いグリセロールと混合します．

> **まとめ** 液体を混ぜる順番を間違えると事故の原因になりかねません．見慣れない試薬を使う場合は，性質を確認してから使いましょう．

45 Question

使いかけの古い試薬に新しい試薬を混ぜて使用しても大丈夫？

Answer

新しく調製した方がよいですが，ロットが同じなら大丈夫です．

　基本的に，試薬は一連の実験で使用する量だけをあらかじめ調製しておくことが大切です．ロットが変われば，別のものです．しかし，溶液の種類によっては，成分が高価なものもあります．一連の実験で異なるロット[注1]のものをやむをえず使用する場合は，事前に混ぜて均一にしてから使用します（図45）．例えば，過去に調製した酵素反応緩衝液が少なくなったので，実験の途中で新しい緩衝液を調製しなければいけない場合を考えてみましょう．このような場合，異なるロットの緩衝液を混ぜて用いても大丈夫かと心配する人がいます．

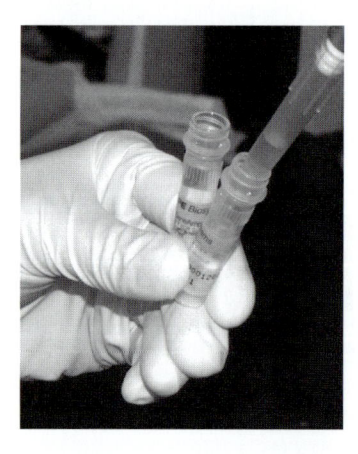

図45　制限酵素の2本の緩衝液を混合して一連の実験を行う

注1："ロット"とは"一度に作ったもの"という意味で，工場で製品を作る際に同じ材料から一連の作業で製造したものを1ロットとして，ロット番号（製造番号ともいう）を付けます．購入した試薬にも必ずロット番号が記されています．自分で試薬を調製した場合も一度に調製したものを1ロットとします．

バイオ実験は常に何かとの比較です．調べたい条件以外は，すべて一定にして実験する必要があるのです．

　アガロースゲル電気泳動で使用するTAE緩衝液のようにいつでも大量に使用する溶液についても，ゲル中の緩衝液と泳動用緩衝液はなるべく同じロットを用います．

　緩衝液などは同じプロトコールで調製していれば，まず実害はないと思いますが，しかし，考え方としては常に1ロットにして実験します．

　細胞培養の血清など，ロット差が大きい試薬は事前に複数のサンプルのロット検定を行ったうえで大量購入します．具体的には，先行サンプルを入手して，培養を行い，最も培養に適したロットを注文します．こうして，1ロットで一連の実験を行うことができます．

　制限酵素や*Taq* DNA ポリメラーゼなどは，メーカーにより製法や種類（遺伝子組換えでつくられたものと抽出したもの）は異なります．いくら高価だからといっても異なるメーカーや，異なる製品を混ぜるのはやめましょう．

まとめ 実験の条件を一定にするためには，同じロットの溶液を用います．一連の実験でやむをえず異なるロットを使う場合は，溶液を事前に混ぜて均一にして使用できます．

Question 46

タンパク質を上手く溶かすコツは？

Answer

タンパク質の種類によって適した方法は異なります．

　タンパク質には，疎水性タンパク質，親水性タンパク質など色々な性質のものがあり，さらに親水性タンパク質でもアミノ酸組成により溶解度は異なります．このため緩衝液にタンパク質を溶かした場合，スターラーで撹拌したら玉のような固まりになって上手く溶けないことがあります．

　また，タンパク質は，真水よりも低濃度の塩があった方が水によく溶けます．これを塩溶といいます．逆に高濃度の塩の中では溶けにくく沈殿します．これを塩析といいます．タンパク質精製に用いる硫安分画は，この塩析を利用して，タンパク質を沈殿させています．なお，タンパク質は，等電点（pI値）[注1]付近では溶けませんからpI値よりも高いか低いpHの溶媒に溶かします．普通は，中性付近のpHの緩衝液に溶かします．

①大量にタンパク質を溶かす場合

　凍結乾燥したタンパク質を，アッセイの保護剤やブロッキング剤として大量に溶かすとき，スターラーで激しく撹拌すると固まりになります（**図46-1**）．溶媒の液面にタンパク質を乗せて低温室でスターラーをゆっくり回すか，スターラーを用いずに静置してオーバーナイトで溶解します．完全に溶解した後で，メスアップします（**図46-2**）．

注1：タンパク質は，アミノ酸が連なったポリマーです．アミノ酸には，中性アミノ酸や疎水性アミノ酸の他に，NH_2基（アミノ基）をもったリジンなど中性付近で正電荷をもつ塩基性アミノ酸と，COOH基（カルボキシル基）をもったグルタミン酸など中性付近で負電荷をもつ酸性アミノ酸があります．そのため，1つのタンパク質は全体として固有の電荷をもっており，溶液のpHにより電荷の度合いが変わります．色々なpHの溶液にタンパク質を溶かした場合，電荷が±0になり沈殿したときのpHを等電点といいpIで表します．このように電荷が±0となりタンパク質が沈殿することを等電点沈殿といいます．

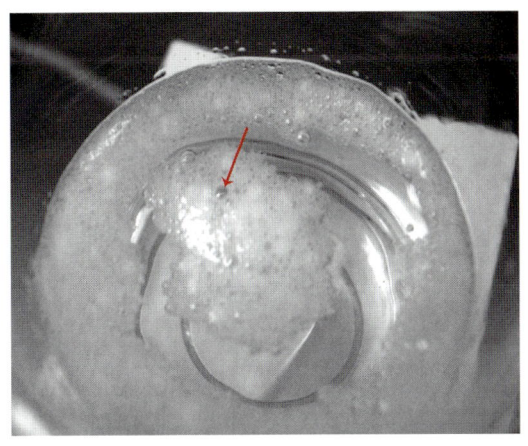

図46-1 タンパク質の撹拌溶解
タンパク質が固まりとなってかえって溶けにくくなります．溶液の上部が固まったタンパク質（→）

これから溶かすタンパク質

図46-2 タンパク質の温和な溶解
静置もしくはスターラーでゆっくり撹拌し溶解すると上手く溶けます．左の写真ではスターラーでゆっくり撹拌している様子，右の写真はタンパク質がよく溶けている状態を示しています

②少量のタンパク質やペプチドを溶解する場合

精製タンパク質の低濃度微量溶液を調製する場面では，溶媒にタンパク質を加えて放置して溶かします（**Q47**）．短いペプチドの場合は，構成するアミノ酸の種類により，希塩酸など酸性溶液の方がよく溶けることがあります．

> **まとめ** タンパク質の溶解は，静置してゆっくり行うと均一に上手く溶けます．

47 Question

少量の溶液に溶質を溶かす場合，メスアップは必要？

Answer

溶質が微量な場合は直接溶かし込んでも大丈夫です．

溶液を調製する際に，溶質を溶媒に溶かすとボリュームが変化します．これは，溶質を溶媒に溶かす場合，溶質分子の種類により溶媒分子への混ざり込み方が異なるため，同じ質量の溶質を加えても容量の増え方が異なるためです．このため，通常，溶液調製を行う場合は，あらかじめ少ない溶媒に完全に溶かしてから，メスアップします．しかし，精製タンパク質の1 mL溶液を調製する場合などでは，溶解してからメスアップすることは，難しくなります．

例えば1 mg/mLのグロブリン溶液をつくる必要があった場合，1 mLの緩衝液に秤量した1 mgのグロブリンを加え溶かします．しかし，グロブリン1 mgの容積は，1 mLに対し0.1％と十分少なく誤差も少ないため，毎回この調製法で行えば，再現性よく調製できて実験を行ううえで問題ありません．

図47　バイアル中での溶液の調製

まとめ 容量が少なく，しかも溶質の量も少ないため十分誤差が少ない場合は，直接溶かし込みます．

Question 48
微量の溶液を撹拌するときのコツは？

Answer
エッペンドルフチューブと「指先」を上手く使いましょう．

1 指を使った撹拌

エッペンドルフチューブでの溶液の混合は，
① 利き手ではない手の親指，人さし指および中指で，チューブのフタの下のあたりを持ちます
② 利き手の中指の腹をチューブの先端付近に当てます
③ 中指の腹を当てて弾くようにチューブ内の溶液を混ぜます（図48）[注1]

2 エッペンドルフチューブの壁面についた液体はどうする？

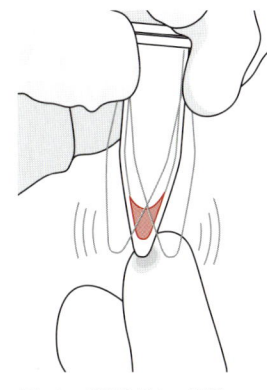

図48 微量溶液の撹拌

マイクロアッセイの際に指で撹拌して，チューブの内壁に溶液が飛んだ場合や，冷蔵庫や恒温槽に入れていた溶液も，開封前には必ずチビタン[注2]で1～2秒遠心します．これは内壁やフタの内面に付着している液体を落とすためです．凍結していた微量サンプル溶液もフタを開ける前に必ず遠心しましょう．

> **まとめ** 微妙な指使いで溶液を均一に混合できます．練習しておきましょう．液が飛んだら軽く遠心して落とします．

注1：撹拌の際に，利き手でない方の指の押さえを強くし，利き手の中指の腹で強く弾くことにより，粘性の高い溶液を混ぜることができます．また，指の押さえを弱くし，中指での弾きかたも穏やかにすることにより泡立ちを防ぐことも可能です．
注2：小型低速遠心機（MILIPORE社）

Question 49 濃塩酸を扱ったら，実験室に霧が….

Answer 高濃度の酸やアルカリはドラフト内で扱います．

　2Mの高濃度トリス塩酸緩衝液を作製する際などでは，濃塩酸を使ってpHを合わせる必要があります．濃縮緩衝液を調製する場合，緩衝能が高くなるために高濃度の酸やアルカリを用います．濃い塩酸は揮発しますから，一般の実験室で操作すると毒性の塩化水素ガスが出て危険です．濃塩酸でpHを調製する場合は，面倒くさがらずに空調がついたドラフト内にpHメーターを持ち込み，調製を行います．その他，アンモニアや"濃○○"という酸やアルカリを用いる場合は，ドラフト内で操作しましょう（**図49**）．

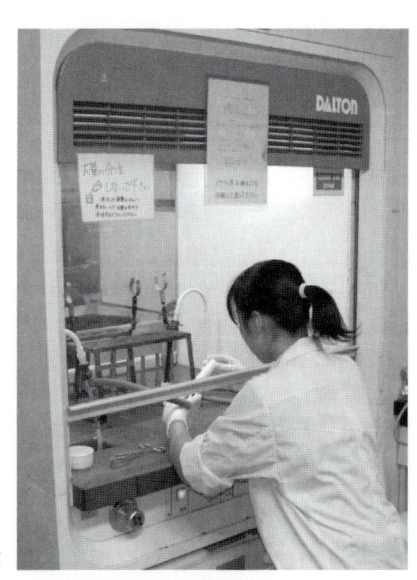

図49　ドラフト内での作業

まとめ　揮発性の溶液や毒性のある溶液，危険な溶液を用いる場合は，ドラフト内で行います．

Question 50 遮光や低温条件で保存すべき溶液とは？

Answer

粉末や原液が，低温保存や遮光保存してあれば，その溶液も低温保存や遮光保存する必要があります．

　保存条件は，溶質や溶媒の性質によって決まります．無機物・有機物に関しては，"Merck index" などで調べる必要があります．しかし，バイオ実験で用いる酵素や培地などは，試薬ビンのラベルまたは包装紙に保存条件が書いてありますから，必ずチェックしてください．

■ 保存に気をつける溶液や培地

① 遮光ビンに入っている試薬が成分に入っている溶液
　　遮光します．ただし，濃度や保存期間にもよります．例えば，酢酸は遮光ビンに入っていますが酢酸緩衝液は遮光の必要はありません．

② 低温保存の粉末を溶解して作製した溶液
　　低温（2〜8℃）または凍結（−20℃）で保存します．

③ 酵素溶液
　　凍結乾燥品，溶液ともに低温（2〜8℃）または凍結（−20℃）で保存します．市販で溶液の酵素類は，グリセロールを含んでおり−20℃保存では凍りません．

④ バクテリア懸濁液
　　16〜20％グリセロール中で，1カ月以内の短期保存の場合は−20℃で，長期保存の場合は−80℃にて行います．

⑤ 培養細胞を含む培地
　　10％DMSO（dimethyl sulfoxide）中で，1カ月以内の短期保存は−80℃にて，長期保存は液体窒素中で行うようにします．

まとめ 溶液のラベルや由来をチェックしましょう．

Question 51 凍結保存した溶液を解凍する際のコツとは？

Answer
溶液を完全に解凍し，撹拌して均一にしてから使用します．

　凍結した溶液を解凍して使う場合は，解凍後，使用前によく撹拌することが大切です．凍結した緩衝液を解凍してすぐにアッセイに用いると結果にバラツキがみられることがあります．凍結中，溶液は均一に凍結されているわけではありません．塩が析出し濃度が不均一になっている場合があります．溶液の温度を下げると塩が析出しますが，凍結するということは，これが起こりながら固まったわけです．そのため，解凍の際には，とにかく必ずよく撹拌し液を均一にします．凍結の際に，溶媒である水分子と溶質は，均一に凍っていない場合が多いため，よく見ると解凍直後には，不均一な部分に"もやもや"が見える場合があります．

　そこで解凍後にもう一度よく撹拌します．微量チューブの場合は，**Q48**の要領で撹拌します．血清など大きなボトルの場合は振るだけでもかまいません．少量（エッペンドルフチューブ）の検体の場合は，撹拌とともに必ずちょっと遠心しましょう．これには，チビタンのような小型低速遠心機が便利です（**Q65**）．

　なお，凍結方法は，バクテリアや培養細胞などの生き物でなければ，直接，目的温度（－20℃や－80℃）に入れて冷却，凍結してかまいません．

まとめ 緩衝液や蛍光プライマーなどは1回使用分ずつ分注し凍結保存しておくと便利です．

Question 52

キムワイプとティッシュはどう使い分ける？

Answer

キムワイプは紙の繊維を残したくないときに使います．

　キムワイプ[注1]は，繊維が抜け出ない薄い紙です．このため，実験の際に水分を拭う場合に用います．主に下記の場合などに用います．

- ピペットに付着した水滴を拭う
- pHメーターの電極に付着した液体を拭う
- 分光光度計のセル（キュベット）の水を拭う

　ティッシュペーパーに比べるとチリがきわめて出にくいため，微量分析や無菌操作の際に利用できるのです．ティッシュペーパーに比べ，キムワイプの値段が高いのはこのためです．また，ホコリを被せたくない器具をちょっと置いておくときなどに利用できます．

　キムタオルは，キムワイプと同じメーカーから市販されているペーパータオルです．キムワイプ同様に，チリが出にくく，吸収力に優れています．

　キムタオルとティッシュペーパーは，サザン・トランスファーやノーザン・トランスファーにおいて毛細管現象で水を吸い上げる際にも用いられます．

　ちなみに，実験室で常備しておく必要がある紙や備品などには，以下のようなものがあります（図52）．

①**キムワイプ**：上記のように使用します
②**ティッシュペーパー**：こぼれた溶液を拭ったりするのに用いる
③**ペーパータオル**：濡れた手を拭ったりするのに用いる
④**パラフィルム**：試験管やビーカーの口を被ったり，チューブやプレートの口を覆うために用いる
⑤**アルミホイル**：オートクレーブ滅菌の際にビンの口を覆う，アガロースゲル電

注1：キムワイプ（kimWipe）は，Kimberly-Clark Corporationの製品で，日本では，日本製紙クレシア株式会社が製造販売しています．

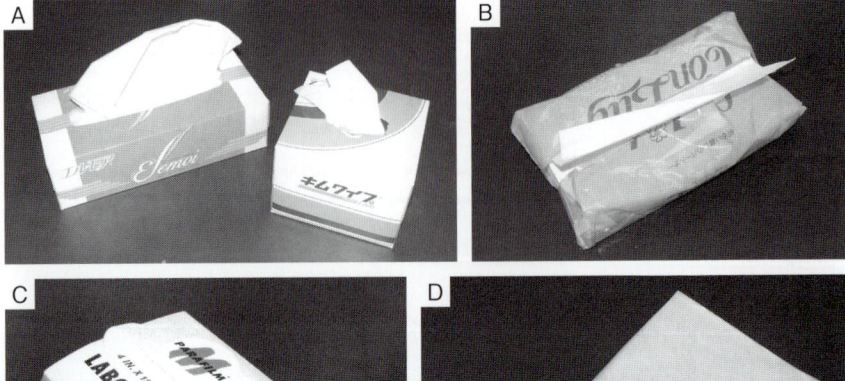

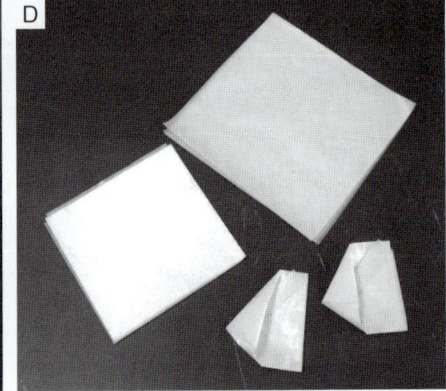

図52 A) キムワイプとティッシュペーパー，B) ペーパータオル，C) パラフィルム，D) 薬包紙

　　気泳動の泳動中の遮光などに用いる
⑥ **サランラップ**^{注2}：アッセイ中のチューブラックなどにチリが入らないように覆ったりするために用いる
⑦ **薬包紙**：試薬を秤量する際に用いる紙．表面に試薬が付着しにくくなっている

　よいデータを出すためには，実験環境をよくする必要があります．さり気なく使っている実験室の常備品にも利点や理由があります．

> まとめ　キムワイプは，チリがきわめて出にくいものです．このため実験に直接かかわる器具に使用できます．

注2：サランラップは旭化成ホームプロダクツ社が販売している食品用ラップフィルムです．

53 Question

メスシリンダーの正確な使い方を教えて！

Answer

溶液の調製自体はビーカーで行い，メスアップと最後の撹拌をメスシリンダーにて行います．

分析化学の教科書を見ると，「メスシリンダーは，容器から出した液の量，メスフラスコは，容器に入っている液の量を測る器具です」と書いてあります（図53-1）．しかし，バイオ実験で緩衝液などの試薬を調製する際には，ビーカーで粉末の試薬を溶解しpHを調製した後，メスシリンダーでメスアップすることが一般的です．メスフラスコは，食品成分の分析や水質検査など試験方法が決まった定量分析の標準溶液を調製する際，また，溶液濃度のファクター（力価）を求めるため正確な量が問題となる場合にも用います．バイオ実験では，濃度調製を行う回数が多いため，メスアップが容易で再現性がよいことが大切となります．すなわちこの目的では，メスシリンダーを用いたメスアップで十分です．すなわち，緩衝液調製の際はメスシリンダーでのメスアップで問題ありません．

図53-1　メスフラスコ（左）とメスシリンダー（右）
10 mL程度から2 Lの大容量まで色々あります

◆具体的な試薬の調製法

1 Lや2 Lなどのメスシリンダーで緩衝液を調製する際に初めからメスシリンダーに試薬の粉末を加えて調製している人がいますが，この場合はビーカーでまず試薬を溶かしましょう．溶解でスターラーバーを用いると，ガラスが傷つくことがあります．このため，メスフラスコやメスシリンダーは，メスアップのときに用います．

例えば，保存用の母液に用いる1Mトリス緩衝液pH 8.0を1L調製してみましょう．
① トリス粉末121.14 g（1 mol）を直接天秤で量ります
② 1Lビーカーに量った試薬を入れます
③ 水（蒸留水，RO水など：**Q17**）を700 mL程度加えます
④ スターラーバーを入れて，スターラーで撹拌し，完全に溶かします
⑤ 標準液（この場合は，pH 6.86とpH 9.10を用いる）でpHメーターを調製します
⑥ ドラフト内で濃塩酸を加えながらpHを8.0に調製します
⑦ pHが合ったら，さらにスターラーでよく撹拌します
⑧ 1Lのメスシリンダーに移します
⑨ 500 mLのビーカーに入れた水で1Lにメスアップします
⑩ 最後の正確な水の添加は，10 mLの駒込ピペットで微調整します（**図53-2**）
⑪ メスシリンダーのトップ部分に，サランラップまたはパラフィルムを被せて，手で押さえて逆さまにしたり戻したりして（転倒混和）（**Q65**）撹拌します（**図53-3**）
⑫ 耐圧ガラスビンにラベルを貼ります
⑬ 耐圧ガラスビンにメスシリンダーから溶液を移します
⑭ 必要に応じて[注1]念のため，pHを測定します
⑮ オートクレーブ滅菌してから保存します

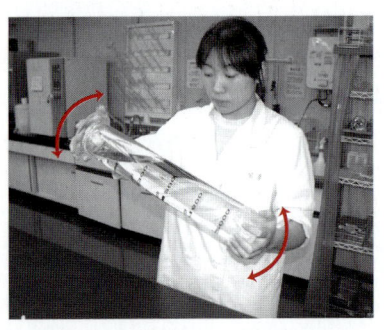

図53-2 メスアップ　　図53-3 メスシリンダー撹拌

まとめ 容量を測る器具の使い分け方を身につけましょう．

注1："必要に応じ"というのは，緩衝液の場合は，希釈，温度さらには撹拌の不徹底などによりpHが変化する場合があるからです．初めて調製する試薬などでは，最後に確認をします．

54 Question

ガラス器具を洗浄する際の注意点とは？

Answer

容量を計るものと，そうでないものとを分けて洗浄しましょう．

　ガラス器具の洗浄方法は，器具の種類により異なります．メスフラスコやメスシリンダーなど容量を計るものは，内部に傷がつくと容量が微妙に変わってきます．そのため洗浄に際し，ブラシを用いないようにします．ビーカーや保存ビンなどは，ブラシで洗ってもかまいません．ガラス器具は微妙な傷が蓄積し突然壊れることがあります．洗浄に際しては，傷をよく見るように注意してください（図54）．

　最近は，洗浄にかかる（アルバイトやパートタイマーの）人件費を考えて，使い捨てチューブを用いる施設もあります．

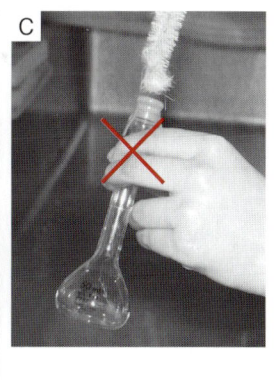

図54　ガラス器具の洗浄
A) ビーカーや保存ビンはブラシで丁寧に洗浄します．B) C) メスフラスコやメスシリンダーなど定容に用いる器具はブラシを用いてはいけません．洗剤を加えた後，丹念に水洗いを繰り返しましょう

> **まとめ** 容量を計るメス○○と名がつく器具は，ブラシで洗わないようにしましょう．

55 Question

培地をとるために口でピペットを吸っていたら注意されてしまった．なぜ？

Answer

一般の定量分析などでは口で吸い，培養では安全ピペッターを使います．

　食品分析や水質分析で，中和滴定や酸化還元滴定による分析を行なう際にはサンプルや試薬をガラスピペットを使って口で吸うことが多いです．一方，細胞培養実験では，滅菌したガラスピペットや使い捨て滅菌済プラスチックピペットを用い安全ピペッターで操作します（図55）．これは実験者の呼気からマイコプラズマなどの細菌が，培養系にコンタミするのを防ぐためです．

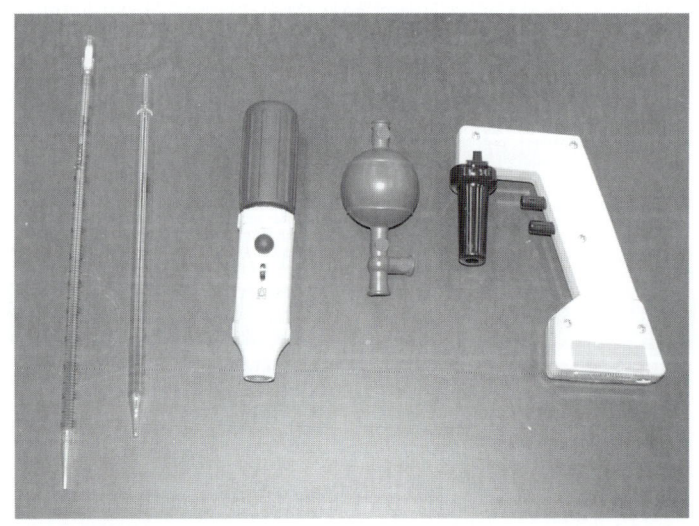

図55　滅菌済使い捨てプラスチックピペット（左端），ガラスピペット（左から2番目），ならびに安全ピペッター
安全ピペッターには，ゴム球式（右から2，3番目）とモーター内蔵の電動式（右端）があります．クリーンベンチや安全キャビネット内では，電動式を用います

バイオ実験では，変異原性物質も用います．また，実験の種類によっては病原微生物を扱う場合もあります．このため，実験者を守るという面でもピペットは，口では吸わないで常に安全ピペッターを用います．

　唾液には，DNA/RNA分解酵素が入っていますから，遺伝子実験にかかわる場合，ピペットを口で吸い口腔内と直接接することはやめた方がよいです．検体を守る意味でも，口では吸わない方がよいです．

　プラスチックピペットとガラスピペットも使い分けます．DNA/RNAなどガラスに吸着しやすい物質を含む溶液をとる場合は必ずプラスチックピペットを用います．一方，有機溶媒などプラスチックを溶かす溶媒をとる場合はガラスピペットが有効です．また，培養に用いるガラスピペットは洗浄後，再使用でき，手間はかかりますが綿栓をつめて乾熱滅菌後何度も使用できます．

　器具の使用に際しては，"実験者の安全"と"検体や実験系の保護"の両面を常に考えましょう．

　なお，マイクロピペット（**Q56**）は直接口で触れずに溶液を採取できるため安全ピペッターの一種です．

まとめ バイオ実験では，なるべく安全ピペッターを用いましょう．

Question 56

マイクロピペットとガラスピペット どちらが正確？

Answer

ガラスのホールピペットが一番です．

　マイクロピペットは，多数回再現性よく溶液を採取できるピペットです．
　これに対し，ガラスピペットは正確な量を取れます．しかし，100～1,000回と多数回採取するには不適切です（**図56-1**）．

1　2種類のピペットの特徴と溶液採取のコツ

①マイクロピペット

　マイクロピペットにはGilson社のピペットマンなど1検体ずつ採取できるものから，96ウェルプレートに対応した8連式のタイプのものまであります．ガラスピペットに比べると正確な容量よりもバラツキが少なく，再現性よく採取することを目的としています．また，ガラスピペットでは採取できない1 μL, 10 μLといった少量の溶液でも採取することができます．

②ガラスピペット

　正確な容量を計ることを目的としたピペットです．

- **ホールピペット**：1 mL, 5 mLなど特定の容量を正確に採取できます
- **メスピペット**：一定容量を採取できます
- **培養用メスピペット**：一定容量を採取できるが，安全ピペッター（**Q55**）を使用することを前提として吹き出し式となっています

　通常の溶液を正確に1 mL採取するには，ガラスのホールピペットが一番正確です．しかしDNA溶液などガラスに吸着しやすい物質を含む溶液や，グリセロールなど粘性が高い物質の採取には不適切です．DNAを含む溶液を1 mL採取する場合，使い捨てのプラスチックピペットかマイクロピペットを用います．粘性が高い物質を1 mL採取する場合，マイクロピペットのチップの先端を切断すれば吸い込みやすくなります（**図56-2**）．採取後，チップごと溶媒の中に入れると採取し

図56-1　①メスピペット，②ホールピペット，③マイクロピペット（各1 mL採取用）

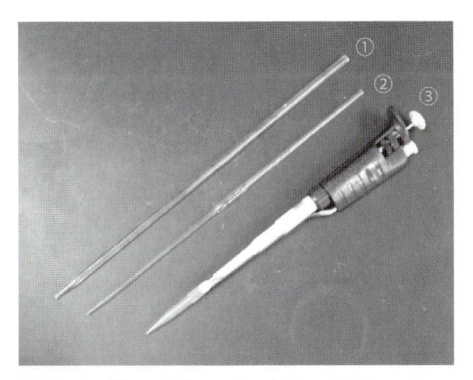

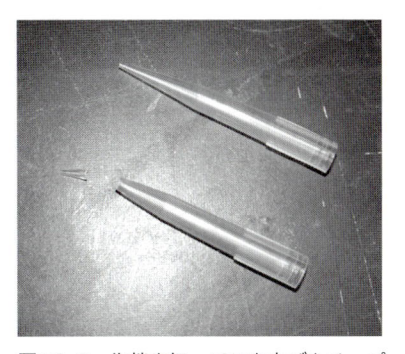

図56-2　先端を切って口を広げたチップ

たものがよく溶けます．毎回同じ方法で行うことにより試薬調製の再現性を保てます．

2 マイクロピペットの簡易検定

　簡易検定とは，自分が使うマイクロピペットの精度を特別な器具を用いずに調べる方法です．ピペットの故障を簡単に見分けられます．100〜200 μLマイクロピペットでは，水をマイクロピペットで20回チューブに加えていきます．この重さを測定し，予想される2〜4 gに対し±1％程度のバラツキならば合格です．1〜20 μLのマイクロピペットでは，1 μLの水を20回チューブに加えた後，同じピペットで18，19，20 μLと取り出してみます．18〜20 μL採取できれば合格です．この範囲を超えている場合は，練習が足りないかピペットが故障しているかです．他の人と交代して確かめましょう．

> **まとめ** 正確に1 mLを定量するにはホールピペットがよいですが，場合によって適当なピペットはさまざまです．まず，ピペットの特徴を頭に入れましょう．

B．正確なデータを出すための機器・器具取扱いのコツ

Question 57

色々な種類のチップはどう使い分ける？

Answer

採取する量や実験の目的によって使い分けます．

主なチップの種類と使用用途をまとめてみましょう（**図57-1**）．

① **標準的なチップ**：白色（10μL以下），黄色（10〜200μL）や青色（200〜1,000μL）．アッセイや分注一般に用います
② **綿栓付きチップ**：PCRの仕込みや無菌操作に用います
③ **先が細い，平べったいチップ**：電気泳動へ添加する際に用います
④ **8連式のチップ**：96ウェルプレートに分注する際に用います

用途によって色々なチップがありますから使い分けましょう．大量購入の場合は，自分のピペットに合うチップかどうかあらかじめ確認します（**図57-2**）．

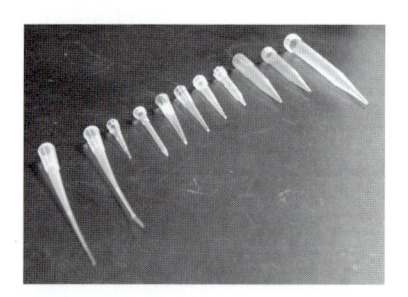

図57-1　色々なチップ

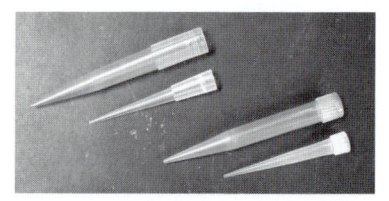

図57-2　Gilsonピペットマンのチップ（左）とeppendolfマイクロピペットのチップ（右）

> **まとめ** チップにも用途に応じた種類があります．その実験の作業に適したものを選びます．

Question 58

プラスチックチューブの特徴と使い分けを教えて！

Answer

素材や形状の特徴によって使い分けます．

よく使われるチューブの材質には，ポリプロピレン（PP）とポリスチレン（PS）があります．すべて滅菌済みで市販されています．

①ポリプロピレン（Polypropyrene：PP）

半透明で熱や有機溶媒に強い材質です．エッペンドルフチューブ，FalconやCorningの遠心管はこの材質です．

②ポリスチレン（Polystyrene：PS）

透明で中がよく見えます．透明なFalconやCorningの遠心管がこの材質です．中が見えてよいのですが，熱，有機溶媒ともに弱く．オートクレーブ滅菌には適しません．動物細胞の培養容器などはPS製です．

◆それぞれのチューブの特徴と使用上の注意点

PPチューブは半透明でPSチューブは透明で中が見えます（**図58-1**，チューブ②③比較）．**図58-1**①よりPSチューブをオートクレーブにかけると変形して小さくなってしまうことがわかります．そのため，PP以外のプラスチックは，滅菌する必要があるときには用いません．

また，アッセイ用やサンプル保存用のPP材質のチューブも大きさによってさまざまな形態があります（**図58-2**）．昔は，エッペンドルフチューブ（1.5 mLの微量遠心管），Falconチューブ，Corningチューブ（15, 50 mLの遠心管）が多く使われましたが，今では多くのメーカーから同様の製品が市場に出ています．アッセイや抽出に用いる場合は，オートクレーブ滅菌できるかどうか，と有機溶媒に耐えられるかどうか，が要ですから，材質をチェックして購入しましょう．メーカーによっては，色々なカラーのエッペンドルフ型チューブや，倒立できる50 mLの遠心管などもあります（**図58-3**）から，カタログを入手して決めましょう．また，

B．正確なデータを出すための機器・器具取扱いのコツ

代理店に依頼すれば,サンプルセット(色々なチューブがセットになっているもの)を入手できますから,使い勝手も調べられます.

図58-1 オートクレーブ処理した後のチューブ(Falconチューブ)
①PSチューブのオートクレーブ滅菌後,②PSチューブのオートクレーブ滅菌前,③PPチューブのオートクレーブ滅菌前,④PPのフタをゆるめてオートクレーブ滅菌後,⑤PPチューブのフタを閉めてオートクレーブ滅菌後.PSチューブは,変形して小さくなっています(左端のチューブ)

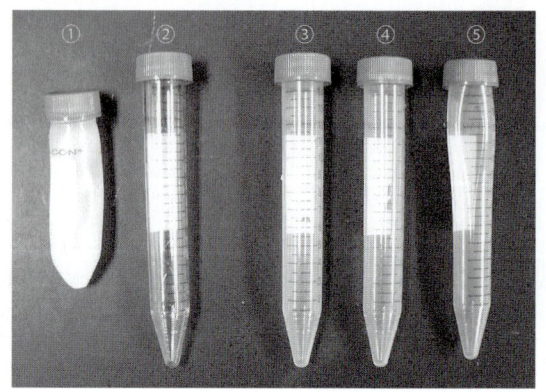

図58-2 さまざまなエッペンドルフ型チューブ(PPチューブ)
フタの種類や先端の形状も色々あります.下段:スクリューキャップ付チューブ.サンプルの保存に用います.先端の形状により,突出して遠心しやすいものや倒立できるものもあります.また,遮光できるもの(左端)などがあります

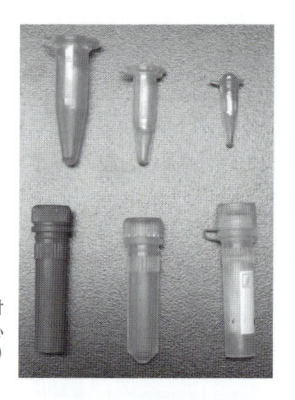

図58-3 50 mL 遠心管
左:普通のPPチューブ,右:倒立できるPPチューブ

> **まとめ** 使用目的に合わせて材質を選びます.滅菌すると変形するものもあるのでよく調べてから使いましょう.

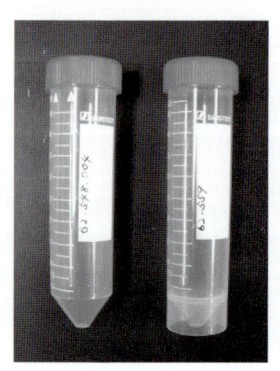

59 Question

pHメーターとpH試験紙はどう使い分ける？

Answer

pHメーターは正確に測定したいとき，pH試験紙は簡単に測定したいときに使います．

1 pHメーターでの測定

pHメーター（図59-1）は，2つの電極をもっています．一方の電極（比較電極）は，セラミックを通じて直接溶液に接し，もう一方の電極（ガラス電極）は，ガラス膜を隔てて溶液に接します．このガラスの膜は，水素イオンを選択的に通るため，両極に電位差が生じます．この電位差は，水素イオン濃度の対数に比例するため，同様に測定した標準溶液の電位差との比較によりpH（$\log \frac{1}{[H^+]}$）が測定できます．このため，あらかじめpHが確かめられている標準溶液で校正した後に測定しなければなりません．

2 pH試験紙での測定

pH試験紙（図59-2）は，pHに依存し，色が変化する色素を紙に吸着させた試験紙です．pHにしたがって色が変化しますから，色の比較表と比べてpHを測定します．

3 pHメーターとpH試験紙の違い

pHメーターでの測定値は，標準溶液との比較でpHを測定しますので，その意味では，相対値です（pHがデジタル表示されるために，きわめて正確な印象を受けますが，校正しなければ意味がありません）．一方，pH試験紙は，溶液に浸した色の変化を直接見ますから絶対値です．校正なしに，少量でも測定できますから大変便利です．ただし，色を見て判定するわけですから正確さには欠けます．

現実には，試薬廃棄のpH測定や調製試薬のpHの，おおよその測定の際にpH試験紙を用い，緩衝液調製の際のpH測定など正確に測定する際には，pHメーターを用います．ちなみに，pHメーターでの測定値に疑問を感じたら，pH試験紙で確かめましょう．

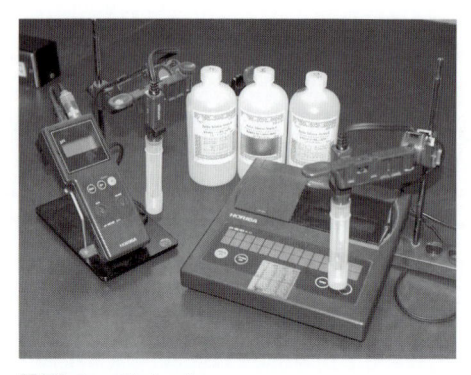

図59-1　pHメータ
右は標準型，左は移動しやすい簡易型，後ろの3本のボトルはpH校正用標準溶液（pH 4付近，pH 6.8付近，pH 9.2付近の3種類）

図59-2　pH試験紙
pH 1〜14の広い範囲でおおよそのpHを測定できるユニバーサルタイプ（中央丸型）と限られた範囲のpHを測定できるタイプがあります

4 pHメーターで正確に測定するためのステップ

①標準溶液のpHは，温度により変化しますから，実験室の温度による校正が必要です．温度によるpH変化が標準溶液のラベルに記載されています

②測定したい値を挟み込むように標準溶液で校正します．例えば，pH 8付近を測定するには，pH 6.8とpH 9.2の標準溶液で校正します

③測定の際には，先端のガラス電極とセラミックの部分（比較電極）の両方を測定したい溶液に浸るようにします

④比較電極の溶液が減ってきたら交換します

まとめ　pHメーターは，校正という手間がかかりますが正確に測定できます．簡便にpHを測定するには，pH試験紙が便利です．

60 Question

トランスイルミネーター使用の注意点は？

Answer

必ずゴーグルを着用しましょう．

トランスイルミネーターにより紫外線を発生させEthidium bromideを励起させてその蛍光による電気泳動後のDNAバンドを検出します．これは最もポピュラーなDNA/RNA検出方法です．結果は，CCDカメラで撮影し画像をデジタル化して保存します．

一方，DNA断片の精製では直接トランスイルミネーター上でバンドを観察して目的バンドを切り取る必要があります．この場合，以下の3点に注意しましょう．
①写真撮影で感度を上げるためには，波長254 nmを照射します
②DNA断片の精製の場合は，305 nmにて検出し，素早く切り出します
③紫外線から目ばかりでなく首も守りましょう．ゴーグルやフェイスシールドをかけた場合も首が出ていることがあります（後で，首が痛くなることがあります）（図60）

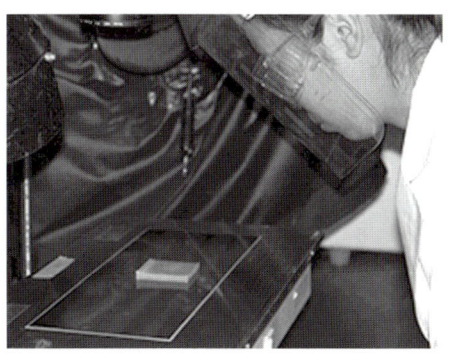

図60　ゲルの観察
強力な紫外線ですから，ゴーグルまたはフェイスシールドを着用して直接目で見ないようにします

まとめ 紫外線が皮膚や目に悪影響を及ぼすことは言うまでもありません．紫外線が当たりそうなところはすべて保護するぐらいに考えましょう．

B．正確なデータを出すための機器・器具取扱いのコツ

Question 61

遠心分離で使う"rpm"と"g"の違いは？

Answer

回転数は"rpm"で遠心力は重力加速度"g"で表します．

プロトコールなどを見ると遠心の強さをrpm（revolutions per minute：回転数）で表現されている場合もあります．同じ回転数でもローターの半径によりgが異なりますから，本来は回転数とローターの半径を知らなければ意味がありません（図61-1）．

$g = mr\omega^2$

　g：遠心力
　m：検体粒子の質量（グラム）
　r：遠心機の回転軸から遠心管底までの距離（cm）
　ω：回転の角速度（2π rps：2π/60 rpm）

つまり，遠心力gは，質量，距離が一定ならば，回転数の2乗に比例します．

ただし，実際には，図61-2示した遠心力と回転数の換算表を用います．遠心分離機のメーターはrpm表示ですから，プロトコールや文献が，"g"表示ならば，rpm表示に換算して回転数を決めます．逆にrpm表示の場合は，回転半径を知るためにプロトコールの遠心機やローターの種類が何かを確かめます．

ただし，微量冷却遠心機の場合は，どの機種もローターの半径がほぼ同じなので，g表示でもrpm表示でもあまり問題とはなりません．

図61-1　色々なローター
チューブの種類に応じたさまざまなローターがあります

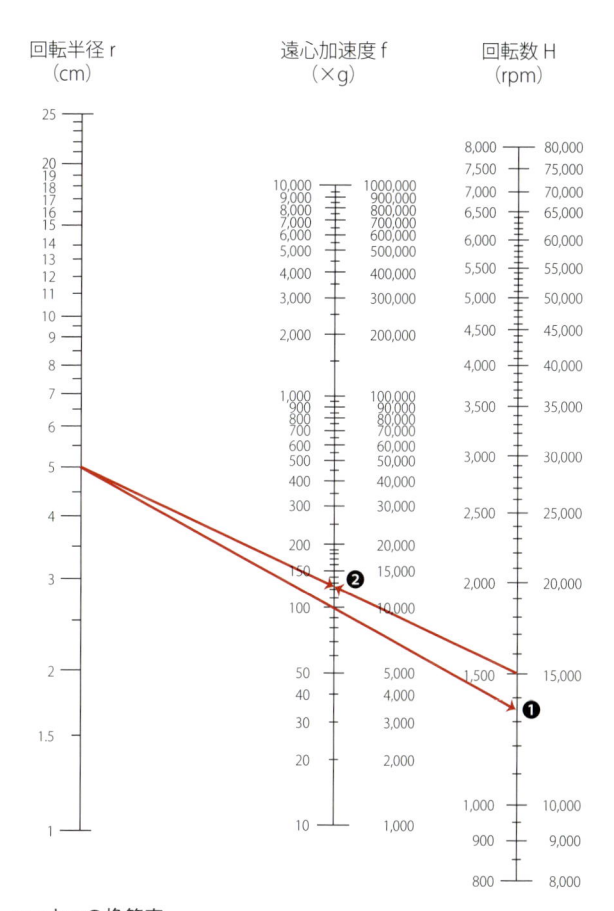

図61-2　rpmとgの換算表

実験プロトコールを見ると"10,000 gで遠心する"とか"〜という遠心ローターで15,000 rpmで遠心する"などと書いてあります．このため，実験するときはrpmとgとの換算が必要です．
例：❶遠心加速度（g）が指定されているときの回転数を設定したいとき，半径5 cmのローターを用い10,000 gで遠心した時の回転数は13,500 rpmとなります．❷回転数（rpm）が指定されているときの遠心加速（g）を知りたいとき，半径5 cmのローターを用い15,000回転で遠心するときの遠心加速度（g）は12,500であるとわかります．

まとめ　rpmとgの両方が使われていますので間違えないようにしましょう．

Question 62
機器を使って安定したデータを出すには？

Answer
実験機器のメンテナンスを十分に行いましょう．

　機器も生き物です．まず，各機器（シークエンサーや，超遠心器などの大型機器を想定しています）ごとに実験を行う人のなかから管理担当者を決めます．この人が飼い主です．機器の管理担当者になったら，常に以下のことを心がけます．

① そのメーカーの営業担当者やメンテナンス担当者と会っておきましょう．
　メーカーの人とコミュニケーションを密にして仲よくしておくことによりマニュアル以外の情報も電話で聞いたりできる場合があります．また，そのメーカーのメンテナンス能力もある程度わかります．一方，メンテナンス契約についても調べておきます

② 故障した場合，簡単な調整や修理は自分でも行いましょう．機械の原理もわかるし愛着も湧きます（壊したらその人の責任ですが）

③ 機器は長期間（1年以上）使用しないと，再立ち上げする場合に故障を起こすことが多いです．使わない機器でも最低半年に1回は動かして調子をみましょう．
　一方実験する人は，以下のことに注意します

A) 毎回コントロール実験を必ず行い，自分で機械の信頼性を確かめながら実験します

B) 実験中に予想されるリスクを考えながら使いましょう（オーバーナイト実験では停電するかもしれない，など）

まとめ 担当者を決めメンテナンスを定期的に行い，毎回の実験でも状態をチェックしながら使用しましょう．

第4章
実験の原理とテクニック

A. できる人はここが違う！ 実験の考え方 ………… 132
B. DNA、RNA、タンパク質実験のコツ ………… 153
C. 目からウロコの遺伝子実験必須テクニック …… 176
D. コンタミにさようなら！ 滅菌方法，
　　無菌操作のコツ ………………………………………… 205

Question 63 対照実験（コントロール）が必要な理由は？

Answer
対象実験をおいた実験結果だけが意味があるものだからです．

1 対照実験（コントロール）の重要性

　実験は，それを実施することが目的ではなく，出てきた結果から試験管や細胞の中で何が起こっているのかを読み取らなければなりません．実験書を読むと，「研究において，仮説を立て，この仮説が正しいか否かを検証する手段が実験である」と書かれています．

　このため実験は，いつも何かと比較をして評価しながら進めます．この比較の相手が，対照，コントロール，ブランクなどといわれる実験です．例えば，形質転換実験を行った場合は，プラスミドを導入した系と導入しない系（コントロール）を比較します．プラスミドを導入した系でのみ起こった現象がプラスミドに含まれる遺伝子により引き起こされた現象といえます（例えば薬剤耐性など）．

　吸光度による酵素活性の測定でも，酵素を加えた系と酵素の代わりに緩衝液を加えた系（ブランク）を比較して測定します．酵素を加えた系とブランクの吸光度の差が活性です（非特異的に基質が吸光度をもつこともあります）．また，PCRで増幅を行う際に，鋳型DNAを加えない系でも増幅していたら何かがおかしいのです（例えば，試薬にすでに増幅したPCR産物が混入したかもしれません）．

　対照実験に対して差が出ているときに，実験データに意味が出ます．そこで，実験で調べたいことは何か，それに対応する対照実験は何かをいつも考えるようにします．対照実験を上手に組める人だけが，実験で真実に近づける人です．対照実験を置いて管理されたデータから導き出された結論でなければ，意味がありません．

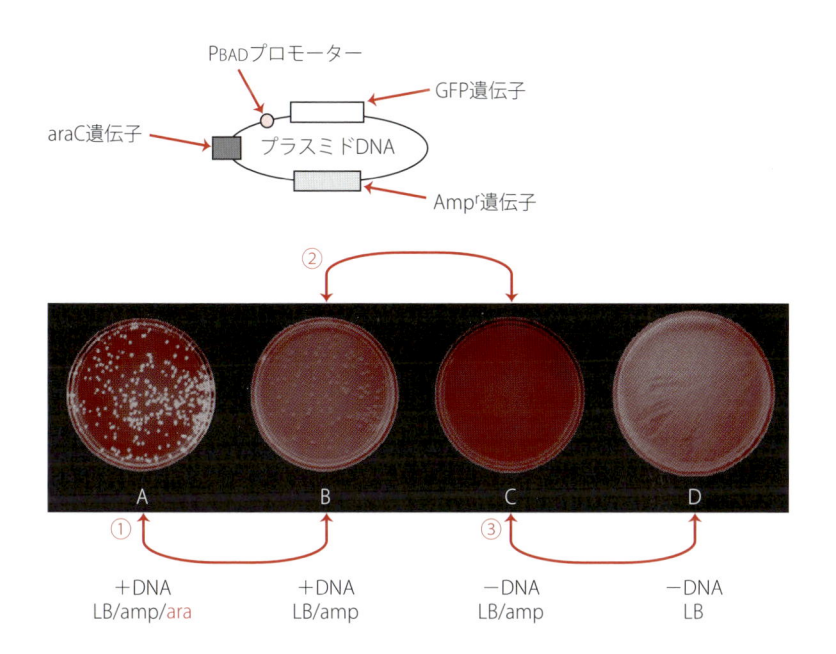

図63-1 コントロールの設定（プラスミドDNAによる形質転換）

＜形質転換実験の例＞

　これは，アラビノースオペロンを利用したGFP遺伝子を含むプラスミドDNAを大腸菌に導入して発現させる実験です．

　図63-1の4枚のプレートはプラスミドDNAの導入により大腸菌で起こっていることを調べるためお互いのプレートがコントロール実験になっています．

① プレートA vs B（コントロール）：GFP遺伝子発現がアラビノースにより誘導されたか否か

　アラビノース（ara）の有無で，GFP発現のON/OFFがなされている．

② プレートB vs C（コントロール）：アンピシリン耐性を獲得したか否か

　このプラスミドを導入することにより β–lactamase（Amp^{r}遺伝子産物）が発現し，アンピシリン耐性を獲得していることがわかる．なお，プレートBにはGFPの遺伝子（遺伝子情報）は導入されているが，アラビノースで誘導されていないためにGFPは作られていない．

③ プレートC vs D（コントロール）：コンピテント細胞にアンピシリン耐性があるか否か

　コンピテント細胞はアンピシリン耐性をもっていないことがわかる．

A．できる人はここが違う！ 実験の考え方

1：全て新ロット
2：プライマー（旧ロット）他は新ロット
3：dNTP（旧ロット）他は新ロット
4：水（旧ロット）他は新ロット

PCR反応成分（鋳型DNA, プライマー, dNTP, 緩衝液, 水, 酵素）

図63-2　コントロールの設定事例2（試薬の検定）

　4枚のプレートはお互いにコントロール実験となり，①GFPの遺伝子発現，②アンピシリン耐性の獲得，③元の大腸菌はアンピシリン耐性をもっていない，ことを示しています．

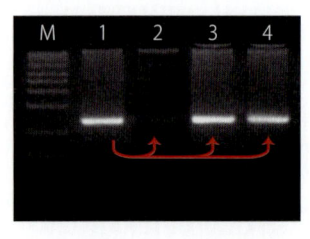

2 日常茶飯事の対照実験

A）検出キットを用いるときには，キットに添付されているPositve control（必ず上手くいくもの），Negative control（必ず上手くいかないもの）の実験を自分の検体の他に行います．自分の実験でキット自体が機能していることを確認しながら実験を行います．データが上手く出ないときに，検体の問題か，キットの使い方の問題か，そもそもキット自体が上手く機能していないのかを区別できるような実験系を組みます．対照実験がなければ，問題が起こったときにキットのメーカーに問い合わせやクレームをつけられません．

B）動物細胞の培養では，血清のロットによる生育を比較し一定のロットで実験します．新たに血清を購入する場合は先行サンプルを入手し，従来のロット（コントロール）との比較をします．

C）試薬を購入した際には，今まで使用した試薬をコントロールとして実験を行い比較します．問題があった場合，比較データがあればクレームをつけることができます．

> **まとめ**　実験は常に何かとの比較です．自分が見たい実験を分節化して各ステップごとに必ず対照実験を入れて意味のあるデータをつくりましょう．

Question 64

実験の「再現性」や「正確さ」ってどういうこと?

Answer

再現性とは何回実験しても同じ値が出る確実性のことをいいます.

コントロールとの差をみてはじめて実験結果に意味が出てきます. 一方, 1回の実験で偶然, コントロールとの差ができただけでは, 真実かどうかわかりません. 繰り返し同じ実験を行い同じ結果が得られるか否か, それが再現性 (reproducibility) です. データの評価で再現性と並び重要な指標は, 正確さ (accuracy) です. 正確さとは, 真実にどれだけ近いかの度合いです.

1 再現性

再現性にも色々あります. 下記の表現は, 酵素反応などのチューブアッセイを想定するとイメージしやすいかもしれません. 他の実験でも考え方は同じです.

① 測定内再現性 (Intra-assay deviation)

例えば n = 10 で連続的に 1 人の人が行いバラツキ[注1]を評価するものです

② 測定間再現性 (Inter-assay deviation)

例えば n = 10 で行うアッセイを, 10回行ってそのバラツキを評価するものです

③ 測定者間再現性 (Person-to-person deviation)

例えば n = 10 で行うアッセイを, 10人で行ってそのバラツキを評価するものです

すべての実験で, これら3種類の再現性を厳密に管理できるとは限りませんが, できるだけ再現性を評価しながら実験します.

注1: バラツキの評価は, CV (%) = 標準偏差/平均値 などで表します. CV (cofficient of variation) とは平均値からのバラツキの指示です. CV値が少ないほどバラツキ小さくなります.

＜再現性を高める因子＞
①実験者の技能向上：ピペッティングや器具操作の練習
②機器のメンテナンス：機器を用いる場合は機器の管理
③実験方法の見直し：測定者間再現性が低い場合

　再現性が低い実験手技は，問題が起こります．実験は，真実をみる手段ですから，再現性がよくなるように改善しましょう．再現性は，実験システムの評価と考えられます．

2 正確さ

　「正確さ」とは，真実にどれだけ近いかの度合いです．しかし，もともと実験は真実が何かを調べるために行います．真実の値がわからないのにどうやって「正確さ」を高めるのでしょうか．それには異なる原理の方法で，同じ目的の実験をする方法があります．例えば，遺伝子変異を調べるために，PCR-SSCP法（**キーワード12**），PCR-RFLP法（**キーワード15**），シークエンシング法（**キーワード8**）など複数の方法で確かめます．異なる原理の実験結果が一致すれば，それだけ真実に近づいたということになります．

　統計的な手法は，データの再現性や正確さ，さらにはデータ間の相関や有意差の評価に用います．例えば，多数検体を調べて，ある遺伝子異変と疾患との関係があるかどうかをカイ二乗検定で確認したり，血液中の特定のホルモン濃度が健常者と疾患をもつ人の平均値に差があるかどうかをt検定により調べるなど実験結果から統計学的手法で有意差を検定できます[1]．統計学を学ぶことで，実験結果が真実に近づいているかどうかを数値によって判断することが可能になります（**Q 27参照**）．

> 「再現性」と「正確さ」は，実験手法評価の重要な指標です．適切な対照実験を組み再現性を評価しながら実験すれば，真実に近づきます．

＜参考文献＞
1) Swinscow, T. D. V./著，西村耕三/監訳，大島邦夫/訳："医学・薬学・生物学のための統計処理"：共立出版，1982

65 Question

混ぜることの基本的な原理を教えて！

Answer
2つのものを合わせて均一にすることです．

　バイオ実験では混ぜるという場面が多くあります．例えば，酵素反応は，緩衝液と基質と酵素を混ぜる実験です．バクテリアの培養は，バクテリアと培地を混ぜることです．また，フェノール抽出においてもフェノールと水を混ぜることです．つまり，2つのものを合わせて均一にすること（溶液もしくは懸濁液とする）が混ぜるということになります．

　混ぜる場面にはどのような状況があるでしょうか．
①液体と液体を混ぜる
②固体と液体を混ぜる（溶かす場合と懸濁する場合）
③2つの溶液を混ぜて1ロットにする

　しかし，加えた後に撹拌しなければ混ざりません．混ぜる＝加える＋撹拌する，です．液体と液体，固体と液体を加えた後，撹拌するにはどんな方法があるでしょうか．緩衝液など10 mLを超える溶液の調製では，スターラーバーとスターラーにより撹拌します．しかし，エッペンドルフチューブを用いた1 mL以下のマイクロアッセイでは，さまざまな撹拌方法があります[注1]．
①マイクロピペットでピペッティングしながら穏やかに撹拌する（**図65A**）
②エッペンドルフチューブ内の溶液を指で弾きながら撹拌する（弾き方により撹拌の強さを調節できる）（**Q48**）
③チューブをボルテックスミキサーにかけて混ぜる（難溶性や懸濁の場合に激しく撹拌する）（**図65B**）
④転倒混和で混ぜる：チューブを逆さまにしたり戻したりで穏やかに混ぜる．（ゲノムDNA抽出など壊れやすいものを穏やかに撹拌する）（**図65C**）
⑤上下に振り混ぜる（フェノール抽出など層分離する液を激しく撹拌する）．

注1：①〜⑤の撹拌方法は，15 mLの遠沈管を用いた撹拌でも行えます．

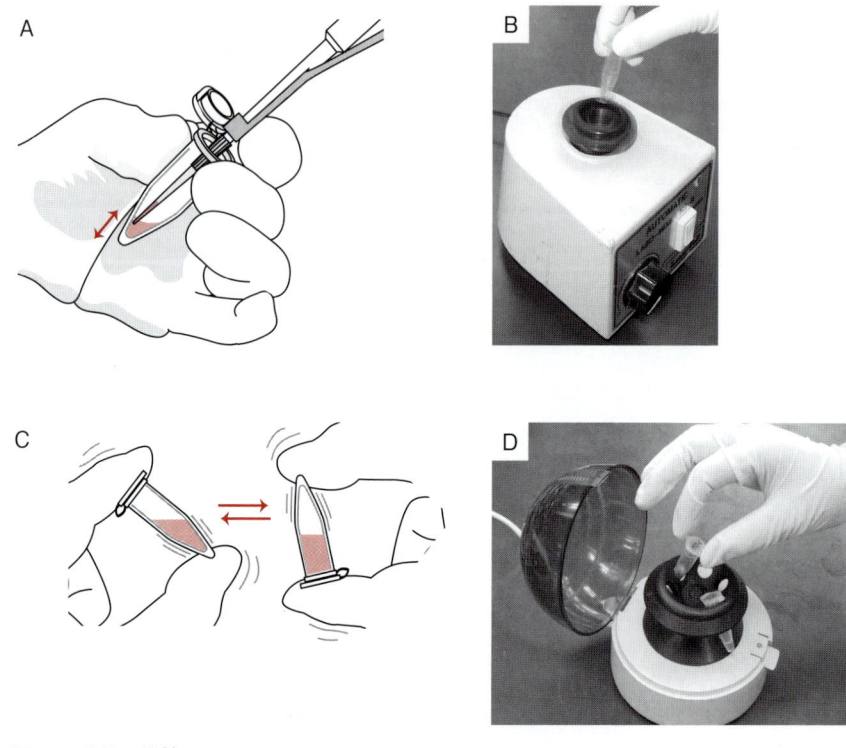

図65　溶液の撹拌
　　　A）ピペッティング，B）ボルテックスミキサー，C）転倒混和，D）チビタン（Millipore社）

　制限酵素反応など微量サンプルの調製（仕込み）の場合，下記の定石で行います．
　①容量の多い溶液から加える
　②貴重なサンプルは後に加える．必ずピペッティングでよく混ぜる
　③酵素を最後に加えて反応開始
　これは，水や緩衝液など容量の多くピペットでの誤差が少ない溶液を先に加え，検体や反応を安定に進ませるためと，少量で貴重なサンプルをピペッティングにより十分に溶解できるようにするためです．バイオ実験では，臨床検体から抽出した貴重なDNA/RNA/タンパク質を扱ったり，高価な酵素を使うことがあります．このため貴重なサンプルを後で加えることにより，緩衝液や水などの容量を間違えた場合でも，サンプルの喪失を最小限に留めます．

＜例＞
①制限酵素反応：滅菌水→10×緩衝液→検体DNA→制限酵素
②PCR反応：滅菌水→10×緩衝液→プライマー→検体DNA→酵素

　複雑な反応の場合は，前述の試薬を加える定石の順番に従ってプロトコールを作成します．

練習：エッペンドルフチューブで色素溶液を混ぜて撹拌してみましょう．

　①水15 μLに0.1％ブロモフェノールブルー溶液5 μLを加え（混ぜ），②ピペッティング，ならびに指で弾いて撹拌します．③混ぜる際にチューブの壁に溶液が泡立たないように，また，散乱して壁に付かないようにします．④散乱した場合は，チビタン（小型遠心器，Millipore社）にて1秒間遠心し，混合溶液をチューブの底に集めます（**図65D**）．⑤さらに，水15 μLをグリセロールや血清に置き換えて行います．粘性が高くなったり，泡が立ちやすくなり難しくなります．

> **まとめ** 実験では，2つのものを混ぜ，状況に合った方法で確実に撹拌することが必要です．

コラム ● パラフィルム上でサンプルを混合する方法

　電気泳動サンプルの調製など，少量の溶液を混合するときには，パラフィルムの上で行うと簡単で便利です．

　混合にプラスチックチューブを使えば経費がかかります．電気泳動用のサンプル溶液混合では，パラフィルム上で行えば十分です．しかし，滅菌された溶液の混合など無菌操作が必要な試薬の混合には適しません．

パラフィルム

①サンプル調製液の添加

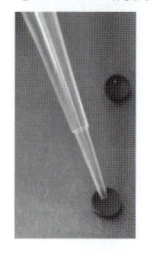

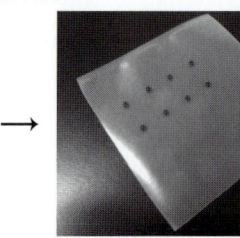

②サンプルの添加と混合　　③ゲルへの添加

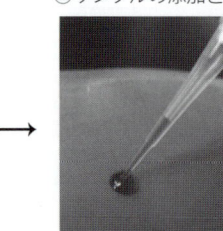

パラフィルム上での電気泳動サンプルの調製
①色素を含むサンプル調製液（ローディングバッファー）をパラフィルム上に添加する．このとき，各々の溶液は表面張力で水滴状になる．
②この水滴に電気泳動にかけるサンプル（DNAやタンパク質溶液）を加え，ピペッティングにより混合する．
③そのまま電気泳動ゲルに添加する

66 Question

キットを使って実験したのに失敗した！なぜ？

Answer

実験の原理を理解してから使うことでミスを防げます．

　バイオ関連のキットは，あくまでも実験ができる人を対象としています．キットの説明書には誰でもできそうに書いてありますが，その実験系を自分で組んで行える人が，別々の試薬を購入したり，実験条件を至適化する時間を節約するためにキットを使うと考えた方がよいでしょう．上手くいかなくてメーカーにクレームをつけても，データが出なくて困るのは自分です．個々のステップの意味やポイントを自分でも考えましょう．

　ラボの先輩には，すぐにポイントを指摘してくれる人がいますが，その人は，キットがなくても自分で実験系を組める人です．だからポイントがわかるのです．

　また，問題が起きた際にもポイントを知ったうえで発売元（販売元ではなく）に問い合わせれば，有効な回答が得られるはずです．

◆よくあるキット使用のミス
　①キットの範囲外の仕様で行おうとする．例えば，培養細胞抽出用キットを血液からの抽出に用いた，有効期限が切れているキットを用いた，など
　②使用する液量を仕様通りにしていない．例えば，多数検体処理しようと溶液を希釈して用いた，など
　③使用するチューブを仕様通りにしていない．例えば，いつも使用しているチューブがあるので指定のチューブ以外のものを用いた，など
　④自分の検体のみで実験した．キットに含まれていたポジティブコントロールやネガティブコントロールを使わなかった，など

　いずれの場合も基本的には，取り扱い説明書を熟読していないこと，さらには実験の原理を理解していないことに端を発しています．④などをキッチリ行っていないとキットに問題があるのか，自分の検体に問題があるのかがわからないため，クレームもつけられません．

同じキットを大量に使用する場合は，メーカーの営業サポートや学術部がしっかりしていることを確かめた方がよいです．確かめる方法は，Q39を参照してください．

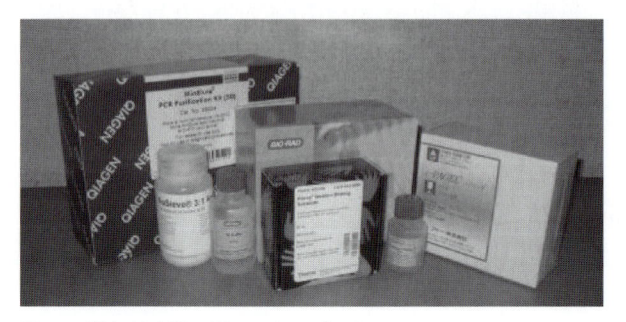

図66　遺伝子実験に用いるさまざまなキット

まとめ　キットは，基本的には省力化の補助として使いましょう．キット内容や原理を理解して実験しなければ，クレームもつけられません．

━━コラム●試薬の入れまちがい防止方法━━

　酵素反応で試薬分注するときは，分注操作を行うごとにチューブの位置をずらして（**図A**），プロトコールシート（**Q13**）にチェックを入れましょう．
　慣れていない人はもちろん，慣れた人もこれを習慣にした方がよいです．また，材質は同じですが色が異なるチューブも市販されています．これを活用し，系列によって色を変えるなどして間違いを防ぎましょう．
　新しい実験などでは，予期せぬ結果が出てくる場合があります．自信がもてる操作を行わなければ，何度追試験を行っても自信がてるデータにはなりません．
　また，入れまちがいが起こらないようにできるだけプレミックス溶液を作成することも考えましょう．市販されているキットでは，プレミックス溶液を汎用し，操作ミスを防いでいます．

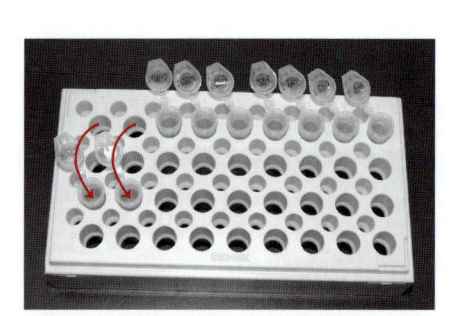

図A　ラック上でのチューブの移動
試薬を加えるごとにチューブを移動させ，どこまで試薬を入れたかわかるようにします

67 Question

特定の核酸やタンパク質を検出する方法とは？

Answer

ハイブリダイゼーションや抗原抗体反応があり，どちらもポイントは共通しています．

　ハイブリダイゼーションでは，プローブで相補的な塩基配列を捉えます（図67A）．抗原抗体反応では，抗体で特定の抗原を捉えます（図67B）．プローブを抗体に見立てると，両者の実験の流れは共通しています．

　このなかで重要なのは，"プレハイブリダイゼーション"または"ブロッキング"の過程ならびに"洗浄"の過程です．これらの過程をおろそかにするとバックグラウンドが高くなりシグナルの検出感度は下がり，結果として特異性が出てきません．ちなみに，"プレハイブリダイゼーション"と"ブロッキング"は，膜の吸着サイトを潰すという意味で同じ作業です．

1 プレハイブリダイゼーションまたはブロッキング

　ハイブリダイゼーションでは，昔は，Denhart'sなどというウシ血清アルブミン（BSA）やサーモンDNAなどを加えた溶液でプレハイブリダイゼーションしましたが，今ではスキムミルクやPVP（polyvinylpyrolidone）などを含む溶液で行います．要は，膜の吸着サイトをブロックすればよいわけです．各種プレハイブリダイゼーション溶液も市販されています．

　抗原抗体反応でも，5％程度のウシ血清アルブミンもしくはスキムミルクなどを用いてブロッキングします．なお，プレハイブリダイゼーション溶液と同様にブロッキング溶液も市販されています（もちろんチューブやビーズに固相化した場合も同じです）．

2 洗浄

　ハイブリダイゼーションにおいて，プローブは水素結合によって反応するため，洗浄の際にイオン強度を下げると効果的です．また，膜表面への非特異的な吸着

を除くため，界面活性剤を入れておきます．1×SSC, 0.1％SDSなどの溶液が洗浄に用いられ，温度を上げることでさらに特異性も高くなります．

　抗原抗体反応では，イオン結合などで抗原と抗体が結合しているために，逆に洗浄の際にイオン強度を上げた方が効果的です．界面活性剤を入れる場合もあります．PBS（phosphate buffer saline），0.01％Tween20などで洗浄します．

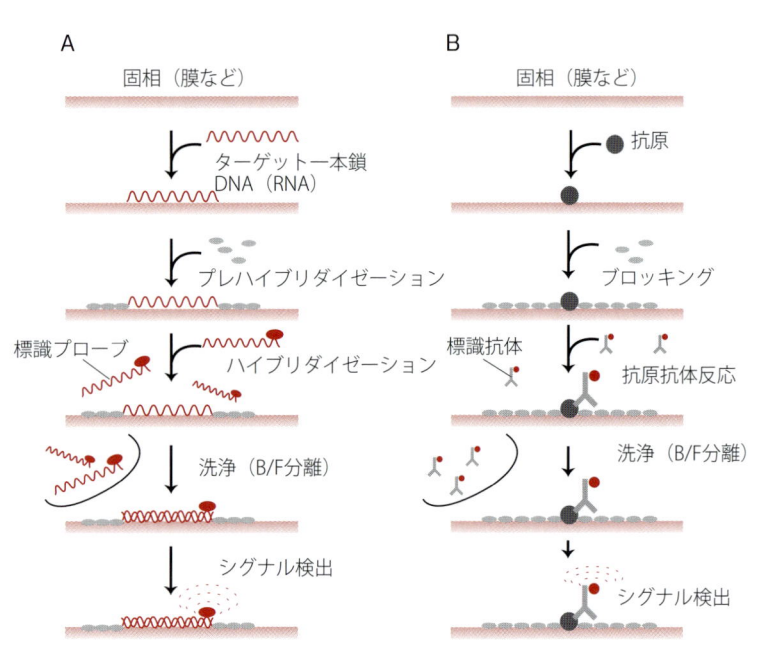

図67　ハイブリダイゼーションと抗原抗体反応の流れ
いずれも調べたい（ターゲット）DNAまたは抗原を固相に結合させた後，固相の非特異的な吸着サイトをブロックし，特異性の高いプローブや抗体を反応させ，洗浄によりプローブや抗体を除き〔B/F分離：Bound（結合）したものとFree（結合しない）ものを分ける〕，シグナルを検出します．主に特異性を決めている因子は，プローブや抗体の質です．しかし，吸着サイトのブロックと洗浄により，シグナルの検出感度は左右されます

> **まとめ**　特異性を高くバックグラウンドを低くするには，プレハイブリダイゼーションと膜のブロッキング，反応後の洗浄がポイントです．

Q68 実験の原理を理解するコツは？

Answer

分子の大きさ，量，動きなどを自分なりに想像して模式図を描いてみましょう

　ただ実験作業をしていれば，とりあえずデータは出るかもしれません．しかし，それでは実験する意味がありません．また，原理がピンとこないまま実験すると何かあったら対処できないのではないかといつも不安が募ると思います．

　実験に際しては，試験管内の様子をビジュアル化して想像してみて下さい．そうすると原理や実験内容がよく見えてきます．ビジュアル化するには，成分分子の大きさ，量の関係，反応機構を知る必要があります．すると自然と原理を調べてみたくなります．

　ビジュアル化とは自分流の絵を描いてみることです．実験書や教科書にある模式図を思い起こして下さい．模式図からさらに発展させて，①分子の大きさ関係，②分子の自由度（速度）を表現，③分子の量関係がわかるように自分で描いてみます．

・プレハイブリダイゼーション（Q67）を用いた例

　ハイブリダイゼーションではプレハイブリダイゼーションしないと膜の吸着サイトに核酸プローブの非特異的吸着が起こります．

　膜の表面には，無数の吸着サイトがあります．膜にターゲットDNAを吸着させた後，そのまま核酸プローブを反応させると，この無数の吸着サイトに非特異的に結合し，バックグラウンドの原因になります（図68A）．しかし，過剰なタンパク質などを含む溶液でプレハイブリダイゼーションを行うと，吸着サイトにタンパク質などが結合し，もうプローブが結合できないようになります（図68B）．頭の中でイメージするときに，無数の吸着サイトや過剰な溶液成分，それよりは少ないプローブの量などを考えると，プレハイブリダイゼーションの意味がわかります．

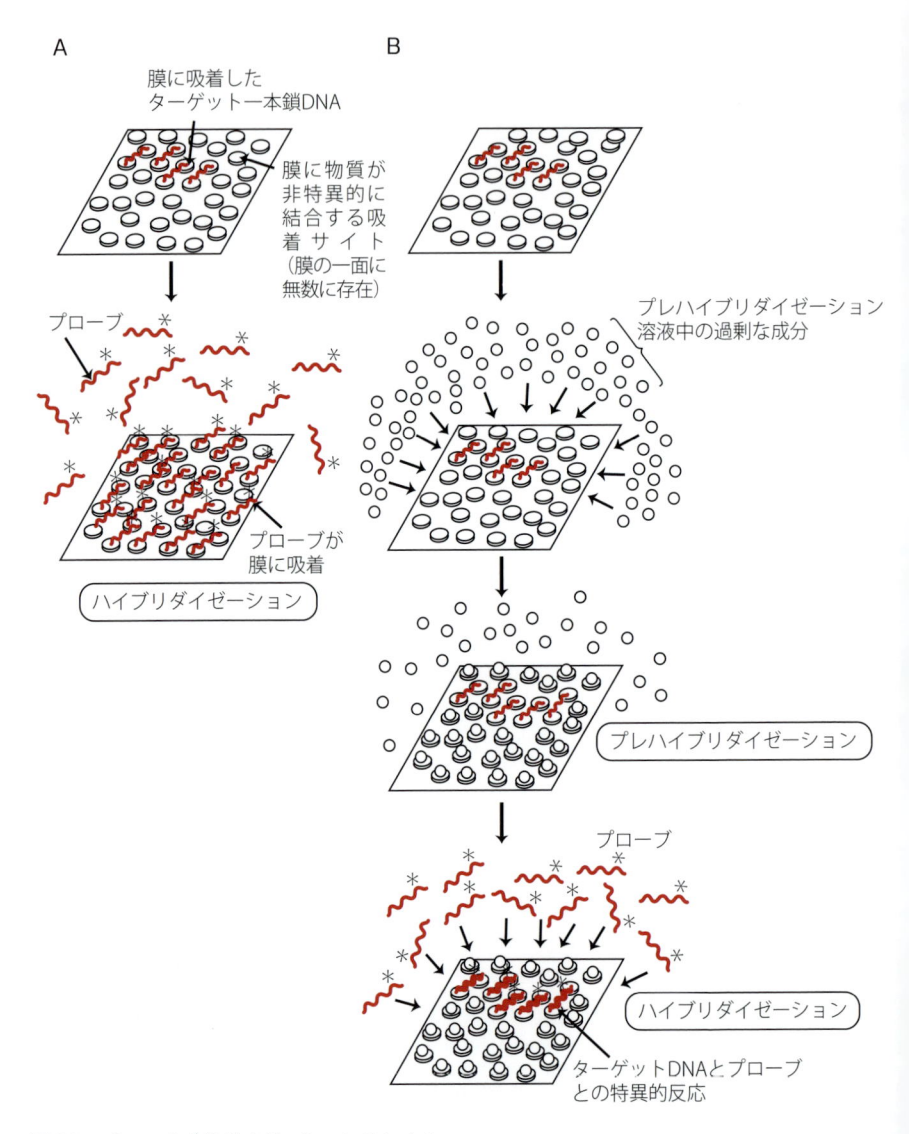

図68　プレハイブリダイゼーションのしくみ

反応過程を絵に描くことは，速度論や平衡論的には問題があるところもありますが，原理や反応の状況をイメージするには有効な方法です．

まとめ 反応を絵に描いて原理や試験管内での出来事を理解しましょう．

コラム●ミクロの世界をビジュアル化してみましょう

　ところで，「ミクロの決死圏」（原題：Fantastic voyage 1966年）という昔の映画を知っていますか？人間が小さくなって潜水艦に乗り人間の体の中に入っていきます．血管の中では，赤血球が飛び回っています．小さくなった人に抗体が襲いかかってきたり，最後にはマクロファージのようなものが潜水艦を貪食するシーンもあります．このように自分が試験管の中に入っていったと思って実験を分子レベルでビジュアル化してみましょう（映画はビデオでみてください）．ただし，できるだけ分子の大きさや量的な関係も含めて科学的に描きましょう．

Question 69

実験を失敗したとき，原因をつきとめるには？

Answer

どうしたら実験を失敗できるか考えながら各ステップを見直してみましょう．

　実験が上手くいかないとき，いつもベテランの人に聞いて指示を受けていては，いつまでたっても自分で問題解決ができません．どうしたらこのような失敗が起こせるかを考えてみれば，原因が見つかります．簡単な例で考えてみましょう．

例：プラスミドDNAを制限酵素処理したが，切れなかった．なぜでしょうか？

　こういうときは，逆に「どのようにしたら失敗できるか」と考えてみましょう．**図69**のように，制限酵素処理前後でプラスミドのバンドが変わらないので，プラスミドが分解してないこと，およびこのプラスミドは制限酸素サイトがあることを前提として考えましょう．

＜実験ステップとチェックした過程＞

① 滅菌水15 μLをチューブに加える
- 滅菌水にEDTAなどの制限酵素阻害剤が含まれていたか？
- 滅菌水と違う溶液との取り違いがあったか？
    →同じロットの滅菌水は他の実験で問題なく使えていたので 無関係

② 10×緩衝液2 μLをチューブに加える
- 異なる緩衝液が使われたか？
    →ラベルを確認して 無関係

③ プラスミド溶液2 μLをチューブに加える
- 溶液に阻害物質やタンパク質が残っていたか？
- DNA抽出で用いたフェノールやエタノールが混入したか？
    → 否定できない

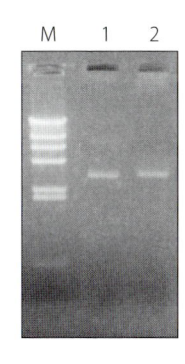

図69　プラスミドDNAの制限酵素
M：マーカー（λ HindⅢ），レーン1：制限酵素処理，レーン2：制限酵素未処理．レーン1と2のパターンに変化はなく，制限酵素でプラスミドが切れていないことがわかります

　　→フェノールを取り除く意味も含めクロロホルムにて再抽出 ‥‥ ❹
④制限酵素1μLをチューブに加える
・有効期限が切れていたか？→問題なしと確認
・冷凍庫が故障したか？→問題なしと確認
・室温に放置されていたか？→冷凍庫から直接氷中に移したので無関係
・不明な理由で制限酵素が失活した
　→否定できない
　→他のプラスミドの消化に使用して確認する ‥‥ ❺
⑤37℃インキュベーター（水浴）でインキュベートする
・インキュベーター温度が変化したか？
・温度表示と実際の温度が異なっているか？
　→温度確認，無関係
⑥ローディング溶液2μLを加える
⑦アガロースゲルに全量（22μL）を添加する
⑧電気泳動する
⑨写真撮影を行う
　→⑥〜⑨に問題があれば，電気泳動のバンド自体が見えないはずなのでステップ⑥〜⑨には問題ない

　制限酵素自身と抽出プラスミドに問題がある可能性が出てきました．さらに❹，❺のステップをやり直せばよい，ということもわかります．
　ここでは，制限酵素処理という単純な実験を例にあげましたが，複雑な実験でも行程を分節化して見直せば，問題は見つけやすいでしょう．

まとめ　「どうしたら積極的に実験を失敗できるか」と考えると，問題点がハッキリ見つかります．

Question 70

実験を中断するタイミングは？

Answer

実験の原理を理解し，時間がかかっても構わないポイントを見極めましょう．

　実験には，「ヘソ」（精）があります．実験原理がわかっていれば，どのプロセスは正確に行い，どのプロセスはラフ（粗）でよいかがわかります．"精"の部分と"粗"でも構わない部分を見極める必要があります．特にルーティン化した実験で，多数検体を手早く処理するときには重要です．

◆「精」の例：酵素反応実験

　反応時間5分のエンドポイント法[注1]で酵素反応実験を行う場合は，精度のよいマイクロピペットで分注し，ストップウォッチで時間を測りながら測定しなければなりません．酵素反応では，反応時間が伸びれば反応は進みます．このため反応液のピペッティングや反応時間中には，中断せずに実験を行う"精"が必要です．

◆「粗」の例：DNA抽出とエタノール沈殿

　組織を24時間Proteinase Kで酵素反応させ，フェノール抽出して，塩を加えた後，最終濃度約70%のエタノール中で−80℃，30分沈殿させます．Proteinase Kの酵素反応は，タンパク質を溶かすために十分行えばよいわけですから酵素反応中に中断して24時間が26時間になろうが構いません．また，エタノール沈殿の時間も1時間になっても構いません．滅菌水に溶解するよりも，ここで中断してエタノール沈殿した状態で保存しても構いません．このあたりは，"粗"で構わないのです．

　このように，実験の内容により中断できるタイミングが異なります．

> **まとめ** 実験には，「精」と「粗」があります．時間が長くなっても問題がない箇所が実験を中断できる行程です．

注1：一定時間の酵素反応後，産物量を吸光度で測る方法．

Question 71

実験のスピードアップをはかるには？

Answer

段取りを上手く考えることです．

　　実験は，「段取り」が大事です．実験計画が決まったら，必要なものを発注し，試薬調製を行い，実験をします．また，実験に用いる機器や器具の数が他の実験者と競合する場合は，日程や時間を調整しなければなりません．実験が終わったら，片づけやデータのまとめをし，報告書の作成をします．まず，図71の「流れ」を見て，実験の進行表を確実に頭に入れましょう．

　　段取りをよくするには，実験の全体像をつかむとともに実験の原理を理解することが必要です．

　　また，改善した段取りに従って実験を進めるには，実験操作自体の練習も重要です．実験は，ある面スポーツと似て練習量に比例して上手くなります．許される範囲で練習しましょう（**Q34**）（ただし，実験にはお金がかかっています．むやみな練習はできません）．

　　実験結果の解釈については，自分の意見をもつようにします．実験経験が10年目の人は10年の経験に基づいた意見があります．いつでも意見をもつ意識をしなければいつまでたっても意見はもてません．自分が，今の仕事で1週間目ならば，1週間目の意見があるはずです．その意見を誇示するかどうかは別として自分の意見をもち，ミーティングなどで求められれば，必ず答えるようにします．

　　実験が上手くできなかったときは，その理由を考えるとともに可能な限り再実験して原因を突き止めます．遠回りのようですが，次回の実験をスピードアップする早道です．

　　自分のノートに毎日の実験の原理や結果の解釈をコメントしましょう（言う言わないは別にして）．先輩のコメントに対する自分の考えを書いてみてもよいでしょう．

　　仕事で実験を行うとき，よい意味で疑いや疑問をもちましょう．実験の操作に

は理由と理屈があります．それを，自分で意味づけしましょう．この過程で，人に聞いたり，本やインターネットで調べることにより知識が広がります．経験不足の部分は，知識をつけて補うことができます．

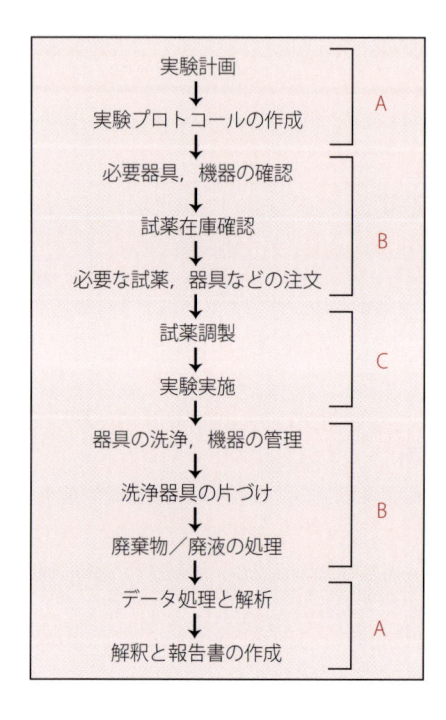

図71　実験の流れ

Aはデスクワーク，Bは実験の準備もしくは後片づけ，Cは実験本番，と区分けできます．どの過程においてもやるべきことをそのときに確実に終えましょう．一番重要なのは，Cの過程なので，ここにどれくらい時間がかかるかを中心に段取りを考えます．AやBの過程は手を止めることができるので，まず最初はCで待ち時間が多いときに他の実験のAやBを割り当てる，ということを実践してみましょう．慣れてくれば，Cの過程をいくつか同時に進行することが可能になってきます

フロー:
- 実験計画 ↓
- 実験プロトコールの作成　【A】
- ↓必要器具，機器の確認 ↓
- 試薬在庫確認 ↓
- 必要な試薬，器具などの注文　【B】
- ↓試薬調製 ↓
- 実験実施　【C】
- ↓器具の洗浄，機器の管理 ↓
- 洗浄器具の片づけ ↓
- 廃棄物／廃液の処理　【B】
- ↓データ処理と解析 ↓
- 解釈と報告書の作成　【A】

> **まとめ**　実験では段組りを上手く行うことにより，複数の実験も確実に実行できるようになります．

72 Question

DNA解析の流れを教えて！

Answer

DNA抽出→PCR（増幅）→各種解析という流れです．

　さまざまな生体組織に含まれるゲノムDNAを抽出し，その解析を行うことにより，塩基配列，DNAの変異・多型，欠失・挿入がわかります．

　DNA解析は，細胞内に遺伝子を導入した際の確認や分子をクローニングする際のスクリーニングや実験工程の進行状況確認にも利用されます．また，DNA診断や鑑定の基盤技術でもあります．

　一方，RNAの解析については，細胞による発現解析が中心となります．以前は，特定の遺伝子発現についてノーザンハイブリダイゼーションで定性的，半定量的に解析する方法が中心でした．現在では，逆転写酵素（Reverse transcriptase：R.T.）を用いたRT-PCRや，DNAチップやマイクロアレイによる網羅的な発現解析が行われています．mRNAばかりでなくマイクロRNA（miRNA）の発現解析も行われています．DNAはRNAに比べると安定で，EDTAの添加によりDNA分解酵素を阻害し安定した保存が可能になります．

　DNA解析の流れは，図72に示した通りです．まず，細胞からDNA，RNAを抽出します．この抽出したDNAは，PCR法にて増幅します．またRNAは，RT-PCRによりcDNAとします．続いて，電気泳動，DHPLC，DNAチップ，マイクロアレイなどによって解析を行います．

　このうち最も簡便な解析方法として広く用いられている電気泳動により，DNA配列の決定（シークエンシング）や変異，多型解析ができます．電気泳動のバーコードのようなバンドパターン[注1]がSSCPによる変異やシークエンシングでの塩基配列を意味しています．

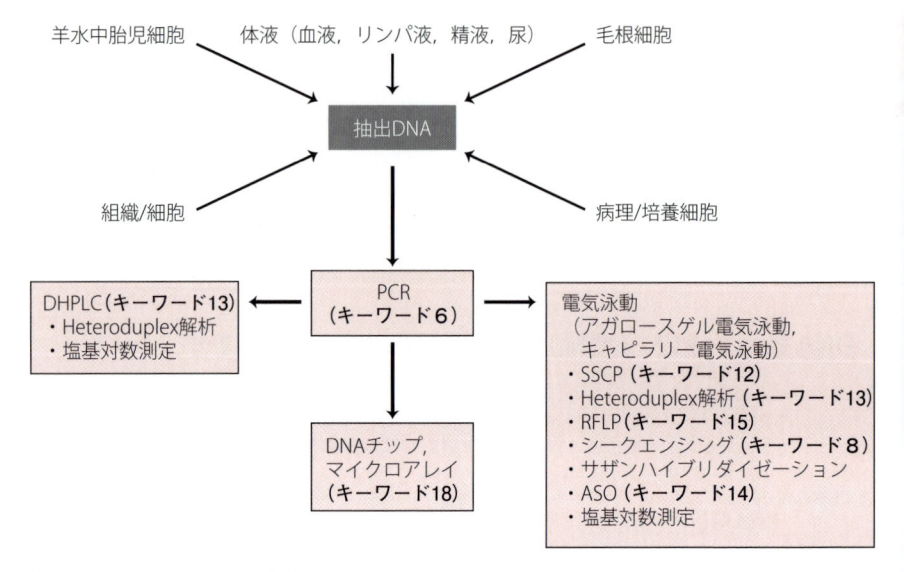

```
   羊水中胎児細胞    体液（血液，リンパ液，精液，尿）    毛根細胞
            ↘              ↓              ↙
                       抽出DNA
            ↗              ↑              ↖
      組織/細胞                          病理/培養細胞
```

```
  ┌─────────────────┐      ┌──────────┐      ┌──────────────────────────┐
  │ DHPLC(キーワード13)│ ←── │   PCR    │ ──→ │ 電気泳動                  │
  │・Heteroduplex解析│      │(キーワード6)│      │ (アガロースゲル電気泳動，  │
  │・塩基対数測定    │      └──────────┘      │  キャピラリー電気泳動)     │
  └─────────────────┘           ↓            │・SSCP (キーワード12)       │
                         ┌──────────────┐    │・Heteroduplex解析 (キーワード13)│
                         │ DNAチップ，   │    │・RFLP(キーワード15)        │
                         │ マイクロアレイ │    │・シークエンシング (キーワード8)│
                         │(キーワード18) │    │・サザンハイブリダイゼーション│
                         └──────────────┘    │・ASO (キーワード14)        │
                                             │・塩基対数測定             │
                                             └──────────────────────────┘
```

図72　DNA解析の基本的な流れ

まとめ　DNA解析でポイントになる技術はPCRと電気泳動です．特に後者はさまざまなことが解析できる技術です．

注1：キャピラリー電気泳動やオートシークエンサーでは，バーコードのようなバンドではなく声紋のようなピークとしてコンピュータ画面に現れます．

73 Question

DNA実験・RNA実験で注意すべきことは？

Answer

DNA，RNAを扱う際は，分解酵素に注意しましょう．

1 DNA実験で注意すべきこと

　　DNAは，物理化学的にはきわめて安定な物質です．熱を加えて，変性（二本鎖が一本鎖になる）しても室温に戻せば，再生（一本鎖が二本鎖になる）します．このため，古代人の骨から遺伝子を抽出し，増幅することもできます．しかし，DNAは，DNA分解酵素（DNase）により簡単に分解されてしまいます．このDNA分解酵素は，細胞中に存在するのはもちろん，実験者の唾液や汗，その他の分泌液中にも存在します．このため，実験者の体から実験系に入る可能性があるわけです．

　　DNA分解酵素は，図73のようにMg^{2+}にて活性化されるため，EDTA・2Na（Ethylenediamine-N，N，N'，N'-tetraacetic acid, disodium salt, dihydrate）を最終濃度1〜10 mM添加することにより，Mg^{2+}を除去し活性を抑えることができます．TE緩衝液でDNAを保存するのもこのためです．

　　しかし，制限酵素反応では，反応緩衝液にMg^{2+}を含んでいます．これは，制限酵素も一種のDNA分解酵素であるからです．このため，制限酵素反応，さらには他の酵素反応でもMg^{2+}を含む緩衝液を用いる場合は，注意を要します．

　　具体的には，実験者からDNA分解酵素が入らないようにラボ手袋を着用します．実験中，会話はできるだけ避けます．会話が必要なときはマスクを着用します．

　　DNA分解酵素は熱に弱いため，器具類からDNA分解酵素が入らないようにチップ，チューブはオートクレーブ滅菌します．ただし，RNA分解酵素に比べれば，弱い酵素です．

　　また，DNAはガラスに吸着しやすいため，ガラス製のピペット等の器具は用いません．ゲノムDNAなど高分子DNAでは，ピペッティングなどによる物理的な切断にも注意します．

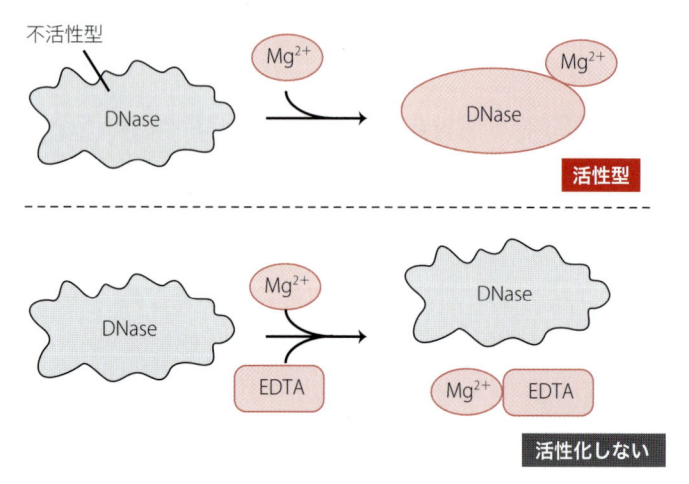

図73 DNaseの活性化
Mg^{2+}イオンの存在下で活性化されDNAを分解します

2 RNA実験で注意すべきこと

一方，RNA実験の大敵も分解酵素すなわちRNaseです．

RNaseは，4つの-SS-結合により立体構造を安定化させています．このためタンパク質変性剤を加えたり熱処理して一時的に失活した後でも，それらを取り除けば，また元通り活性を取り戻します．実験者の手の汗や唾液にもRNA分解酵素は含まれています．またオートクレーブをかけても完全には失活しません．

◆RNaseに対する対抗策

器具，試薬，実験者からの混入を防ぐ定石を覚えておきましょう．

①器具/試薬

・RNA用の試薬や器具は，他の器具と別にしておきます
・ピペット類は，滅菌して1つ1つ別々にパックされているプラスチックの使い捨て製品を使用します
・ピペットなどガラス器具を使用する場合は，160℃，2時間以上乾熱滅菌します
・オートクレーブできない器具（例えばアクリル性の電気泳動槽）は，5％程度の過酸化水素水で処理します
・オートクレーブできる器具の滅菌は，2回オートクレーブします
・試薬は，小分けにして1回ごとの使い捨てにします（試薬をくり返し使用した際に混入したRNaseでRNAが分解した例もあります）
・オートクレーブ滅菌できる試薬は，必ずオートクレーブにかけるようにします

・水は，毎回オートクレーブをかければ一応安心ですが，DEPC処理水（後述）を用いることを勧めます

②実験者
・RNA実験区域は他の実験区域とは分けて実験担当者以外は入らないようにします
・唾液や汗からもRNaseは混入するため，実験者は手袋・マスクを着用します
・実験中は，マスク着用でも絶対にしゃべらないようにします

◆DEPC処理滅菌水

　Diethyl pyrocarbonate（DEPC）は，RNaseの活性を阻害します．このメカニズムは，DEPCがRNaseタンパク質中のヒスチジンやチロシン残基を修飾するためといわれています[1]．

　使用する水に最終濃度0.5〜1.0％になるようにDEPCを加えて十分撹拌した後，オートクレーブにかけます．DEPCは，オートクレーブ処理で，二酸化炭素とエタノールに分解して除かれます．しかし，DEPCが残っていると，色々な影響が出ます．DEPCは，アデニンに影響したり，PCR反応の阻害をしたり，アクリル板を腐食させたり，トリスと反応したりします．このため，完全にオートクレーブして，DEPCを分解した水を用いるようにします．

　なお，DEPCは変異原性があるため取り扱いには注意します．

> **まとめ**
> DNAを扱う際は，DNA分解酵素の混入を防ぎ，EDTAを加えてブロックすれば大丈夫です．
> RNaseは，熱や変性剤に強く厄介な酵素ですが，上記の定石にしたがって精製すれば，上手く扱えます．

<参考文献>
1) Farrell, R. E. : "RNA methodology: A laboratory guide for isolation and characterization" : Academic press, 1993

74 Question

タンパク質実験で一番注意することは？

Answer

活性を保持することが大切です．

　多くのタンパク質は生理活性をもっています．例えば，酵素は基質と結合し，受容体タンパク質は，リガンドと反応し，抗体タンパク質は抗原と反応します．生理活性は，複雑なタンパク質の立体構造に基づいているため，実験中に立体構造が壊れないような対処が必要となります．この立体構造（高次構造）は，アミノ酸同士の静電結合，疎水結合，水素結合，システイン-システインが結合したSS結合などにより保持されています注1．

◆抽出の際に気をつけること

　タンパク質の抽出実験は，基本的に氷中で操作します（タンパク質の種類によっては室温や高温でも問題ないものもあります）．クロマトグラフィーにより分離する場合も4℃に調整したクロマトチャンバーや低温実験室で実施します．また，抽出の際には細胞中のプロテアーゼによる目的タンパク質の分解を防ぐためにPMSFなどのプロテアーゼ阻害剤を加えることも考えます．

注1：タンパク質は，疎水性，親水性など性質の異なる20種類のアミノ酸が結合した高分子で，各々のアミノ酸は，脱水縮合反応により結合しています（ペプチド結合）．タンパク質は，アミノ酸配列を示す一次構造，さらに配列によりαヘリックス，β構造などの二次構造を含む三次元の立体構造（三次構造）を形成します．タンパク質のなかにはいくつかのサブユニットからなる四次構造をつくることもあります．このようなタンパク質の立体構造を総称して高次構造とよんでいます．タンパク質構造は，通常は低温（2～8℃）が安定で，酵素では37℃付近で高い活性をもちます．しかし，好熱性菌がもつ耐熱性酵素などは，高次構造が安定で活性の至適温度も高くなります．これらのタンパク質は高温で安定なアミノ酸が選択され，αヘリックス構造の安定化が起こるなど通常のタンパク質よりも熱力学的に安定な状態を保っていることが知られています[1]．例えば，PCR反応に用いる *Taq* DNA polymeraseは，バイオ実験で用いる耐熱性酵素の代表例です．耐熱性酵素は，工業的にも利用されています．

◆解析の際に気をつけること

解析に際しては，調べたいタンパク質の性質により扱いが変わります．酵素のように生理活性を調べるならば，最適な温度で実験します．分子量を調べる場合は，SDS-PAGEのように変性させてから実験することがあります．抗体を用いて抗原性を調べる実験では，抗原性が保たれていれば変性させてから実験しても問題ありません．

◆保存の際に気をつけること

保存に際しては，凍結融解を繰り返すことで，立体構造は不安定になります．このため生理活性を維持するため，4℃保存が好ましいことになります．一方，長く保存する場合は凍結が必要です．そこで，−20℃あるいは長期の場合は−80℃にて保存します．この際，凍結融解を防ぐために1回に使う量を考えて100〜1,000μLで小分けします．制限酵素が50％グリセロール溶液に溶かしているようにグリセロールなどの保存剤を加えることも考慮する必要があります．グリセロールを加えると，通常は−20℃でも凍らないため凍結融解を避けることができます．

> **まとめ** このように活性をもち高次構造を形成しているタンパク質の取り扱いは，DNAに比べ注意が必要です．
> タンパク質の扱い方は，多様で個別対応が必要です．上記のような原則を踏まえ，まずは，文献調査を行って目的タンパク質の性質を予想してから実験に入りましょう．

<参考文献>

1) 赤沼哲史，山岸明彦："好熱菌のタンパク質はなぜ熱に強いか"：生化学，81：1064-1071，2009

75 Question

プローブとプライマーは同じもの？

Answer

どちらも，オリゴヌクレオチドのことで，遺伝子実験のさまざまな場面に応じてよび名が変ります．

　同じ合成オリゴヌクレオチドでも，プローブといったりプライマーといったりするので混乱することがあります．

　合成オリゴヌクレオチド（Oligonucleotide）とは，ヌクレオチドが繋がったオリゴマーです．これは，DNA合成機を用いてアミダイト試薬などを用いて人工合成したものです．例えば，20のヌクレオチドが繋がったオリゴマーならば，20 mer（nt，base）のオリゴヌクレオチドのことです．

　合成オリゴヌクレオチドを入手するには受託合成会社に依頼するのが一般的です．以前は，各施設でDNA合成機を購入しましたがランニングコストを踏まえ受託合成が一般化しました．

　これらのヌクレオチドは実験の場面によってよび方が変わってきますから，気をつけましょう．

1 プローブとして

　オリゴヌクレオチドをポリヌクレオチドキナーゼを用いて^{32}P標識したり，合成の際にビオチン，DIG，蛍光物質で標識してハイブリダイゼーションを行った場合，このオリゴヌクレオチドはプローブとなります．クローン化したDNA断片と区別するためにオリゴプローブというよび方もあります．一方，DNAマイクロアレイ実験では，合成オリゴヌクレオチドをプローブとして基板に結合させてマイクロアレイを作成します．

　プローブのオリゴヌクレオチド配列は，タンパク質のアミノ酸配列やDNAデータベースの情報から調べたい遺伝子の塩基配列の一部をデザインしたものです．

2 プライマーとして

オリゴヌクレオチドを用いて，PCRによるDNA増幅を行ったり，マルチプライム法でDNAを標識したり，シークエンシングを行う場合，このオリゴヌクレオチドはプライマーとよびます．これは，DNA合成酵素（DNAポリメラーゼ）や逆転写酵素の反応を行うときに複製開始のプライマーとなるためです．このため，酵素反応にかかわる場合にプライマーというよび方をします．

3 合成オリゴヌクレオチド受託依頼のポイント

プライマー等のオリゴヌクレオチドを受託合成する企業が増えており，低価格の受託も増えています．

受託先の選定では下記の点を考慮しましょう．
①製品の品質管理データならびに方法（質量分析，電気泳動等[注1]）
②蛍光標識（HEX，TET，6-FAM，Alexa）
③精製グレード（脱塩，カートリッジ，HPLC，PAGE精製等[注2]）
④溶液/凍結乾燥品
⑤価格

代理店に紹介される場合がありますが，上記の点を確認しましょう．

通常は，ウェブ上で登録すると，必要なときに直接ウェブ経由で申し込め，製品は翌日か翌々日に手に入ります．支払いは取引している代理店を通じて行うことが一般的です．このような会社では，配列情報が漏れないなどセキュリティーの確かさを売りにしています．

> **まとめ** 化学的には同じヌクレオチドですが，使用用途によりプローブ，プライマーとよび分けます．受託合成が一般的です．

注1：期待された完全長のオリゴヌクレオチドの合成および合成過程で反応が進まなかった短鎖オリゴヌクレオチドの混入を確かめるため，質量分析または電気泳動により合成オリゴヌクレオチドの塩基対数（分子量）を測定します．

注2：オリゴヌクレオチドの用途により精製法を使い分けます．増幅用のPCRプライマー（20塩基程度）は，脱塩またはカートリッジ精製．ハイブリダイゼーションプローブ，シークエンシングプライマーは，カートリッジ精製．長鎖（35塩基以上）あるいは蛍光物質等で化学修飾したオリゴヌクレオチドには，HPLC，PAGE精製が適しています．

Q76 uestion

DNAの分析にはなぜ電気泳動を使うの？

Answer

電荷をもった分子を分離する最もよい方法だからです．

　生体成分の機器分析方法には，電気泳動，HPLC，GC[注1]など色々ありますが，DNAの分析には大体，電気泳動を用います．電気泳動は，溶液中でプラスやマイナスの電荷をもった分子を簡単に分離できる方法です．担体としてゲルを用いれば，分子ふるい効果により分子量の順番に流れてくるために分子量を推定できます（図76-1）．DNAは，リン酸基をもつ一種の酸であり，中性付近ではマイナス電荷をもちます．このためプラス極に引き付けられる性質があるのです．またDNA分子は，幅が2nmと共通で塩基対数にしたがって長さだけが異なる繰り返し構造をもった分子です．このため，ゲル電気泳動による分子ふるい効果で，塩基対数（分子量）の順番で流れてくるためにDNA断片の大きさを調べるのに便利です．

　タンパク質の分析にも電気泳動はよく用いられます．しかし，おのおののタンパク質は，電荷も異なれば立体構造も異なります．そこで，電気泳動分析をする前に，SDS[注2]とメルカプトエタノール（還元剤）存在下で熱変性させ，立体構造（高次構造）を破壊し伸びたような一定の形とします．SDSがタンパク質分子に結合するとすべてのタンパク質がマイナス電荷となります（図76-2）．このため電気泳動して分子ふるい効果で分子量が推定できます．これがSDSポリアクリルアミドゲル電気泳動（＝SDS-PAGE[注3]）です．しかし，タンパク質の場合は，このような処理をせずにゲル濾過クロマトグラフィーで分子量に従い分離することもできます（ただし，SDS-PAGEを用いれば，サブユニットに分けることもできます）．

注1：HPLC=High performance liquid chromatography, GC=Gas chromatography
注2：SDS=sodium dodesyl sulfate，陰イオン界面活性剤で負電荷をもっています
注3：SDS-PAGE＝SDS-polyacrylamidegel electrophoresis

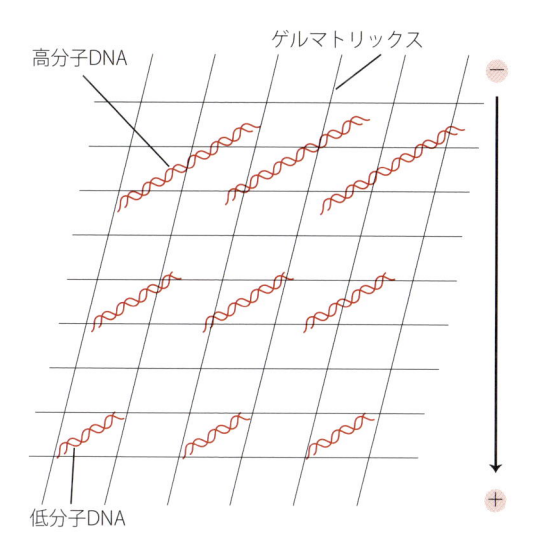

図76-1 ゲル電気泳動の分子ふるい効果
DNAは一定の構造の負電荷をもつ高分子なので，ゲル電気泳動中に全てのDNAは＋極に進みます．しかし，高分子DNAは，ゲルマトリックスにふるい分けられながらゲル中を進み，低分子になるほどゲルマトリックスとのふるわれ方が少なく，進みやすくなります．この差は分子量の違いであるため，一定時間泳動すると，分子量の差により（分子ふるい効果により）DNAは分離できます

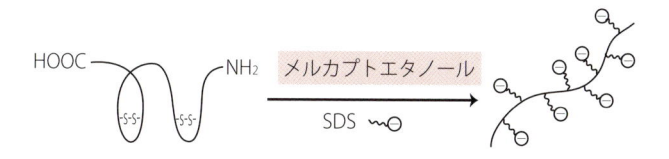

図76-2 タンパク質のSDS/メルカプトエタノールでの変性
メルカプトエタノール（HOC_2H_4SH）は，タンパク質中のS–S結合を還元して切断します．また，SDSは，溶液中で$CH_3(CH_2)_{11}SO_3^-$となり，タンパク質を変性させた後，その疎水基が変性タンパク質と結合するため，タンパク質は負電荷をもちます．この変性タンパク質は全て負電荷で，一定の形をもち，大きさが異なるため，ゲル電気泳動で分子量の違いを見分けられます．変性後のSDSタンパク質複合体の構造については，諸説があります[1]

> **まとめ** DNAは，もともと負電荷で，分子量の違いは長さの違いであるために電気泳動で分析しやすいのです．

<参考文献>
1) 髙木俊夫/編："電気泳動の歴史"：アトー，1997

Question 77

DNAやRNAの純度を簡単に調べる方法は？

Answer

DNAやRNAの吸光度を測定して精製純度が推定できます．

　DNA，RNAを抽出するとは，細胞中のタンパク質，脂質など他の成分を取り除くということです．抽出したDNA，RNAは，逆転写酵素によるcDNAの調製や制限酵素・リガーゼによる組換え反応，*Taq* DNAポリメラーゼを用いたPCR反応などに用います．この際，DNA，RNAにタンパク質が結合していると，反応はスムーズに進みません．DNA，RNAともに260 nmに吸収極大があります．一方，タンパク質の吸収極大は，280 nmにあります．DNAの吸収スペクトルは，**図77-1**のようになります．この際，260 nmと280 nmの吸光度の比（A260/A280）を取ってみます．するとDNAでは1.8，RNAでは2.0になります．ここにタンパク質が混入すると280 nmに吸収の肩ができます（**図77-2**）．このため，A260/A280は低下します．つまり，A260/A280の比を調べると，純度を推定できます．

　さらに，アガロースゲル電気泳動にかければ，抽出DNAのRNAの混入度合いや抽出RNAの壊れ具合などもわかります（**図77-3**）．また，精製されたDNAやRNAの濃度とA260値との関係も知っておくと便利です[1]．

Ⓐ吸光度によるDNA，RNAの純度評価
　精製DNA：$A_{260}/A_{280} = 1.8$
　精製RNA：$A_{260}/A_{280} = 2.0$

Ⓑ DNA，RNA，オリゴヌクレオチド濃度とA_{260}との関係
　精製DNA　50 μg/mL：$A_{260} = 1.0$
　精製RNA　40 μg/mL：$A_{260} = 1.0$
　精製オリゴヌクレチド　33 μg/mL：$A_{260} = 1.0$

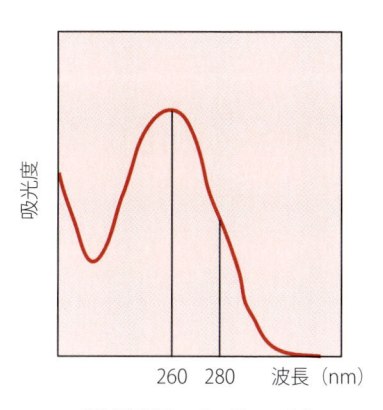

高純度DNA：$A_{260}/A_{280} = 1.8$
高純度RNA：$A_{260}/A_{280} = 2.0$

図77-1　DNAの吸収スペクトル
260 nmに吸収極大があります

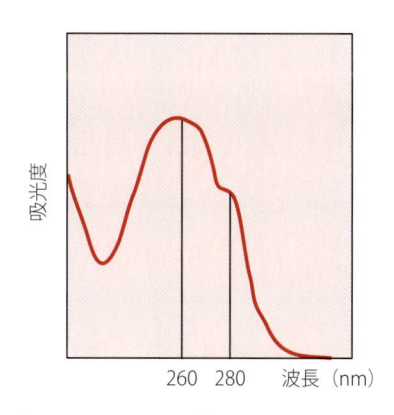

図77-2　タンパク質が混入した抽出DNAの吸収スペクトル
280 nmに吸収の肩が出てきます

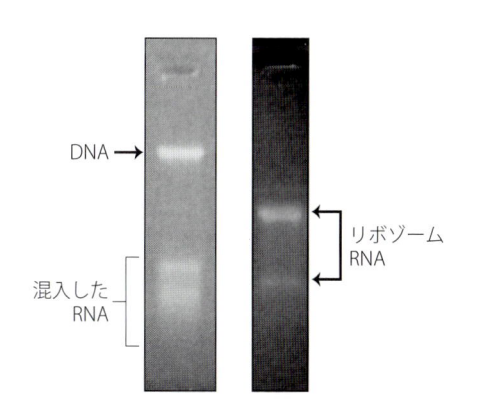

図77-3　抽出ゲノムDNA（左），抽出全RNA（右）のアガロースゲル電気泳動パターン
DNAに，RNAが混入すると低分子側にリボゾームRNAや低分子RNA（壊れたものも含む）がみられる（左）．抽出RNAでは，2つのリボゾームRNAのバンドがみられる（右）

まとめ
吸光度計やアガロースゲル電気泳動などを併用しましょう．

<参考文献>
1) Sambrook, J. & Russell, D. : "Molecular Cloning : A Laboratory Manual (Third edition)" : Cold Spring Harbor press, 2001

78 Question

分子量，塩基対数はどうやって測定するの？

Answer

片対数方眼紙を使いましょう．

　SDS-PAGEでタンパク質の分子量を測定したり，アガロースゲル電気泳動で塩基対数を測定するときには，片対数方眼紙で結果をまとめます．今では，Excelなどのソフトウェアで測定データをまとめることが一般的になっています．原理を知るうえでも，必ず一度は片対数方眼紙を用いたデータ処理を経験しましょう．

　電気泳動で分子量を測定する場合は，分子量の範囲は広い（例えば泳動するマーカータンパク質の分子量[注1]は $10^3 \sim 10^5$）のにもかかわらず原点からの移動距離は数 cm 程度です．片対数方眼紙は，縦軸が対数になっているために広い範囲の数値を扱うことができ，横軸は正方眼なので電気泳動の数 cm の移動度をプロットし分子量測定に使えます．片対数方眼紙を用いると，ゲル濃度により一定の分子量や塩基対数の範囲で直線性が保てます．

　例えば，アガロースゲル電気泳動での塩基対測定の場合，**図78**のように片対数方眼紙での直線性が保てる範囲があることがわかります．この範囲はゲルの濃度によって変化します．このため正確に測定したい塩基対数に応じゲル濃度を調節すればよいのです．

注1：マーカータンパク質の分子量：市販されているマーカータンパク質の分子量が，生化学のデータブックに出ている値と異なる場合があります．これは，色素を結合させて視覚化しているためです（例えば，Thermo Fisher Scientific 社の BlueRanger™ では，色素が付いているためにアルブミンは 68 kD ではなく 97 kD と表示されています）市販品を用いる場合は，使用説明書に書かれた分子量を用いましょう．

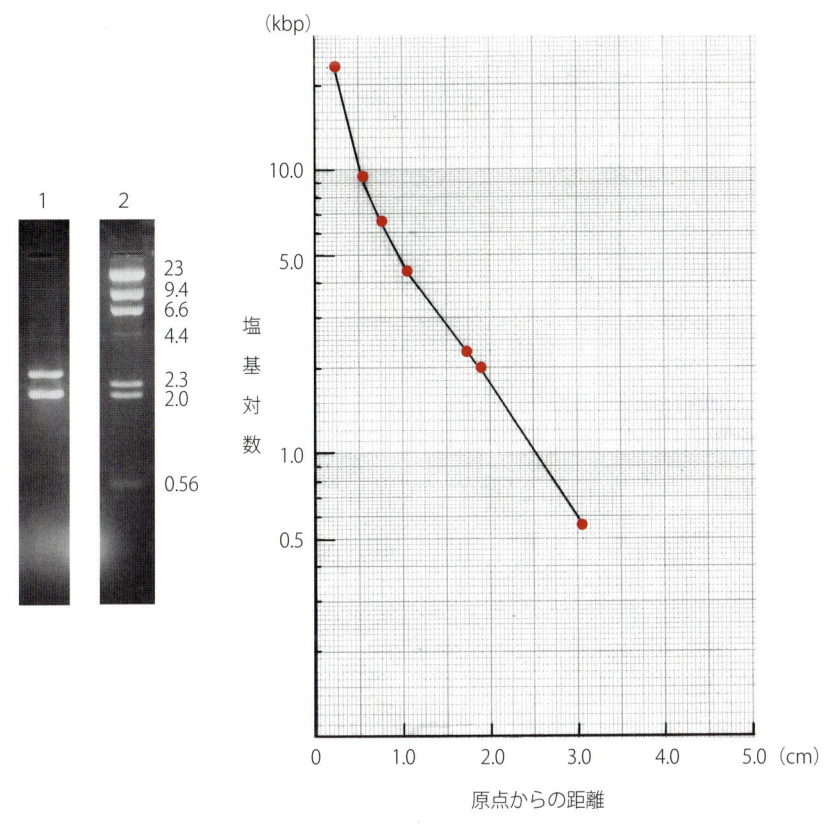

図78 片対数方眼紙でのプロットの直線性（1％アガロースゲル）
　レーン1：検体DNA（EcoR I 消化プラスミド），レーン2：λ Hind Ⅲマーカー．検体DNAの塩基対数を測定するには，まず原点（サンプルを加えた穴）からマーカーの各バンドまでの距離を測定します．原点からの距離を横軸（正方眼）に，塩基対数を縦軸（対数）として片対数方眼紙上にプロットし標準曲線を描きます．一方，同一ゲルで泳動した検体DNAのバンドから原点までの距離を測定し，標準曲線から塩基対数を測定します．標準曲線の直線性がある部分（図の場合は，0.5〜6 kbpの間）で正確な測定ができます

片対数方眼紙を用いると広い範囲で直線性をもって分子量を測定できます．

B．DNA, RNA, タンパク質実験のコツ

Question 79

タンパク質の濃度を測る方法は？

Answer

原理の異なるいくつかの定量方法があります．

　バイオ実験では，酵素タンパク質や遺伝子組換えで発現したタンパク質の精製を評価するときなど，さまざまな場面でタンパク質を定量する必要があります．タンパク質の定量方法には，原理が異なるいくつかの方法がありますので，検出感度や実験の妨害物質により使い分ける必要があります．以下に一般に用いられるタンパク質の濃度測定方法をまとめてみましょう．

1 UV（紫外部吸収）法

　タンパク質に含まれるチロシン，トリプトファンなど芳香族アミノ酸がもっている 280 nm の吸収を分光光度計にて測定します[注1]．以下の 3 つの方法に比べ感度は劣るものの簡便であることから，クロマトグラフィーでの溶出タンパク質のモニターに有効です．またタンパク質のチロシン，トリプトファンの含量により吸光度が異なるために，精製されたタンパク質の定量では，E1cm 1 %（タンパク質の 10 mg/mL 溶液が示す吸光度）が有効です．通常は，E1cm 1 %（= 10 程度と概算します．しかし，BSA：6.8，γ-グロブリン：14.3 などタンパク質により差があります．

2 色素結合法（Coomassie protein assay：Bradford 法）[1]

　Coomassie Brilliant Blue G250（CBB G250）が酸性溶液でタンパク質に結合した場合の吸光度変化を測定します．遊離の CBB G250 は，465 nm に吸収極大をもつのに対し，タンパク質と複合体を形成した CBB G250 は，595 nm に吸収極大をもちます（図79-1）．操作が簡便で妨害物質も少ないことから広く用いられています．

注1：マイクロリットル単位の溶液の吸光度を測定できる分光光度計もあります

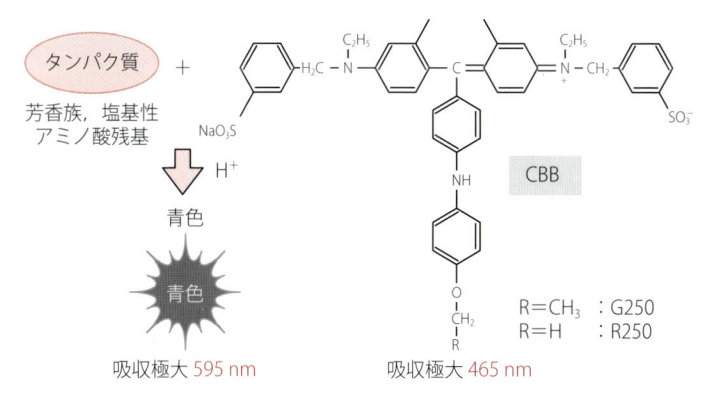

図79-1 色素結合法の原理

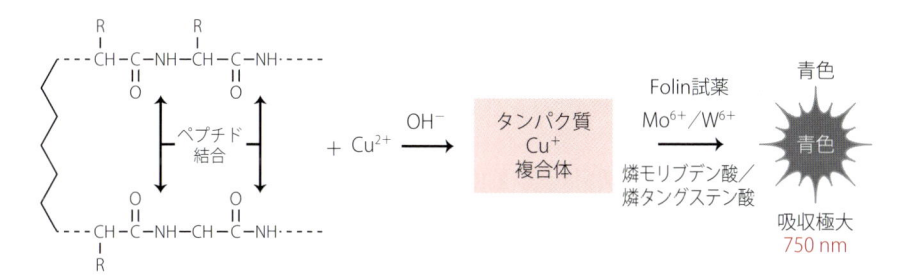

図79-2 Lowry法の原理

反応概要
タンパク質＋CBB G250→タンパク質・CBB G250複合体（青色，A595で極大）
（酸性溶液の反応）

3 Lowry法（Folin加銅法）[2]

　　Cuイオンは塩基性でタンパク質と反応すると赤紫色を呈します（ビュレット反応）．一方，フェノール試薬（Folin試薬）は，塩基性でチロシン，トリプトファン，システインと反応すると青くなります．この2つの反応を組合わせることにより高感度にタンパク質を定量する方法がLowry法（**図79-2**）です．タンパク質定量法の古典的なもので試薬キットも市販されています．

反応概要
タンパク質（ペプチド結合）＋Cu^{2+}→タンパク質・Cu^+錯体（ビュレット反応）

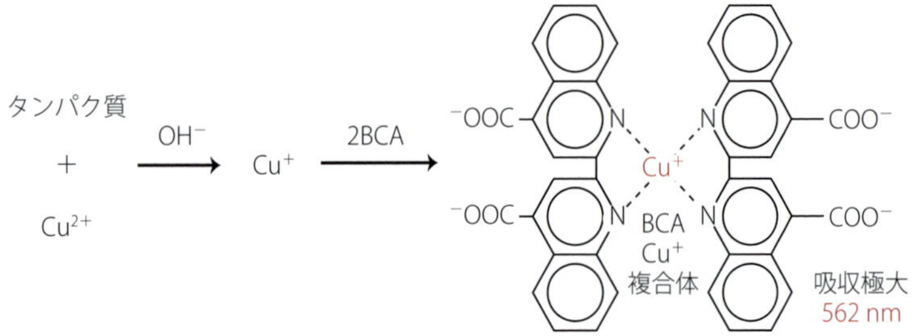

図79-3 BCA法の原理

＋フェノール試薬＋燐モリブデン酸／燐タングステン酸→燐モリブデンブルー／燐タングステンブルー
（塩基性溶液での燐モリブデン酸／燐タングステン酸の還元反応）

4 BCA法[3]

　　Lowry法は，ビュレット法とFolin反応を組合わせたものです．BCA法は，ビュレット反応でのタンパク質とCu^{2+}との反応で生じるCu^+とBicinchonate（BCA）が紫色の複合体を形成することを利用した方法です（**図79-3**）．Lowry法に比べ感度がよく妨害物質が少ないことから広く用いられています．

5 タンパク質定量で気を付けること

　　タンパク質定量の際には，Bovine serum albumin（BSA）などを標準タンパク質として，標準曲線を描きます．一方，抽出・精製などで可溶化に用いた界面活性剤や還元剤が妨害物質として測定に影響することがあります．

> **まとめ** タンパク質定量は，妨害物質の影響や各方法の感度の違いを理解して行いましょう．

＜参考文献＞

1) Bradford, M. M.："A rapid and sensitive method for the quantitation of microgram quantities of protein utilizing the prnciple of protein-dye binding."：Anal. Biochem., 72：248-254, 1976
2) Lowry, O. H.："Protein mesurement with the Folin Phenol Reagent."：J. Biol. Chem., 193：267-275, 1951
3) Smith, P. K., et al.："Mesurement of protein using bicinchoninic acid."：Anal. Biochem., 150：76-85, 1985

80. DNAを特異的に検出する方法とは？

Answer

DNAの相補性を利用した，ハイブリダイゼーションやPCR法などがあります．

　二本鎖のDNAは，熱・アルカリ・ホルムアミドなどの存在下で水素結合が弱まり一本鎖となります（変性）．これらの変性剤を取り除くと相補的なDNAの二本鎖形成が起こり元に戻ります（再生）．

　ハイブリダイゼーション[注1]やPCR法には，鋳型DNAとプローブDNAあるいはプライマーDNAが結合する際に，共通点があります．

　ハイブリダイゼーションでは，特異的プローブが鋳型DNAの特定の配列を認識し，PCRでは，特異的プライマーが鋳型DNAと結合し特異的な配列が増幅します（図80-1）．

　このため，ハイブリダイゼーションならびにPCR法はDNAの特異的な検出に広く利用されています．

　なお，一本鎖DNA同士の結合でも状況によって用語が異なりますから気を付けて下さい．

① **一本鎖DNA同士の結合**
- 変性した元の一本鎖DNA同士の再結合　→再生
- プローブと鋳型DNAの結合　　　　　　→ハイブリダイゼーション
- プライマーと鋳型DNAの結合　　　　　→アニーリング

② **特異性を決める要因**
　プローブのハイブリダイゼーションやプライマーのアニーリングは，反応に際しての条件（温度，イオン強度，変性剤濃度，塩基対数）によって特異性が左右されます（図80-2）．

注1：DNAチップやマイクロアレイも多検体同時処理のハイブリダイゼーションです（キーワード18）．

温度による特異性の変化を利用して遺伝子の変異や多型を検出するASO法（**キーワード14**）は，特異性を決める要因を上手く利用した方法です．

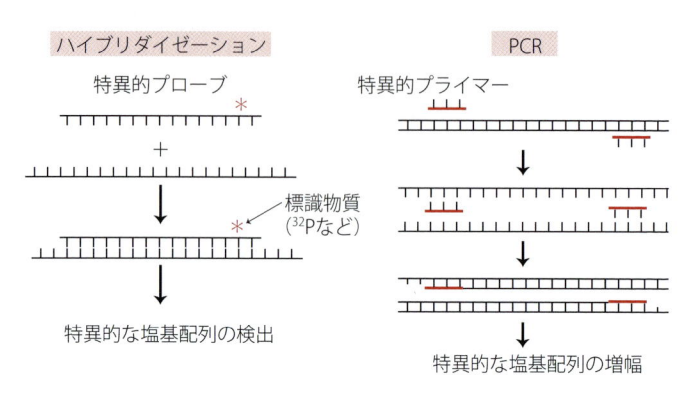

図80-1　ハイブリダイゼーションとPCRでのプライマーのアニーリング
どちらもプローブもしくはプライマーの配列により特異性を出しています

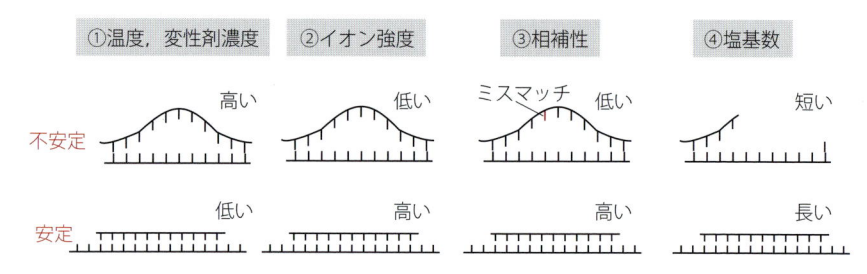

図80-2　二本鎖DNAの安定性を決める要因
①温度，変性剤濃度が高ければ，不安定（高温ならば熱変性で一本鎖に分かれます），低ければ安定ですが，低すぎると一部の配列がミスマッチしていても二本鎖が形成されます．アニーリング（PCR）やハイブリダイゼーションでは，至適な温度や変性剤濃度を設定して特異性を上げます．②イオン強度が低いと不安定で，高いと安定です．ハイブリダイゼーションの洗浄においては，イオン強度を下げて洗浄し，非特異的に結合したプローブを除きます．③相補性が低ければ，すなわちミスマッチがあると不安定です．ハイブリダイゼーションでも，PCRのアニーリングでも，相補性の高さが特異性につながります．つまりミスマッチが少しでもあると，二本鎖になりにくいということです．④塩基数が短いオリゴヌクレオチドの方が不安定です．このような4つの指標をもとにして，ハイブリダイゼーションやPCRの特異性を高めることができます

まとめ　プローブやプライマーの配列により遺伝子検出の特異性が生まれます．

81. タンパク質を特異的に検出する方法とは？

Answer

抗原抗体反応を利用したウエスタンブロッティングやELISAをよく用います．

　タンパク質の特異的検出には，抗原抗体反応による抗体の特異性を利用した検出方法が広く用いられています．電気泳動でタンパク質を分離した後，ゲル中のタンパク質をニトロセルロースなどの膜に転写し，膜上で抗原抗体反応を行い定性的に特定のタンパク質を同定するウエスタンブロッティングや，プレートに結合させた抗体と液系で抗原抗体反応を行い特定のタンパク質を定量的に検出する，Enzyme link immunoabsorbant assay（ELISA）が広く用いられています．

◆ウエスタンブロッティング（図81-1）

　サンプル中のタンパク質を，界面活性剤（sodium dodecyl sulfate：SDS）や2-mercapto ethanolなどの還元剤の存在下で変性させ，ポリアクリルアミドゲル電気泳動にて分子量の違いにより分離した後，膜[注1]に転写（ブロッティング）します．非特異的な反応を抑えるため転写された膜のブロッキング（**Q67**）を行った後，特異抗体を反応させて特定のタンパク質を検出します．タンパク質の抗原性[注2]と分子量の両方の特徴によりタンパク質の同定を行います[注3]．またシグナルの強さにより半定量的なデータも得ることができます．

注1：ニトロセルロース，Polyvinylidene difluoride（PVDF），ナイロンなどの膜が市販されています．実験に適した膜を選択しましょう．
注2：抗体と特異的に反応する物質（ここではタンパク質）を抗原といい，抗原が抗体と反応する性質を抗原性といいます．タンパク質の構造のなかで抗体が認識する部位は，アミノ酸数個や立体構造といわれています．このため，抗体によっては，変性したタンパク質では「抗原性」が落ちることがあります．
注3：具体的には，等電点電気泳動，二次元電気泳動などゲルを用いてタンパク質を分子量で分離します．

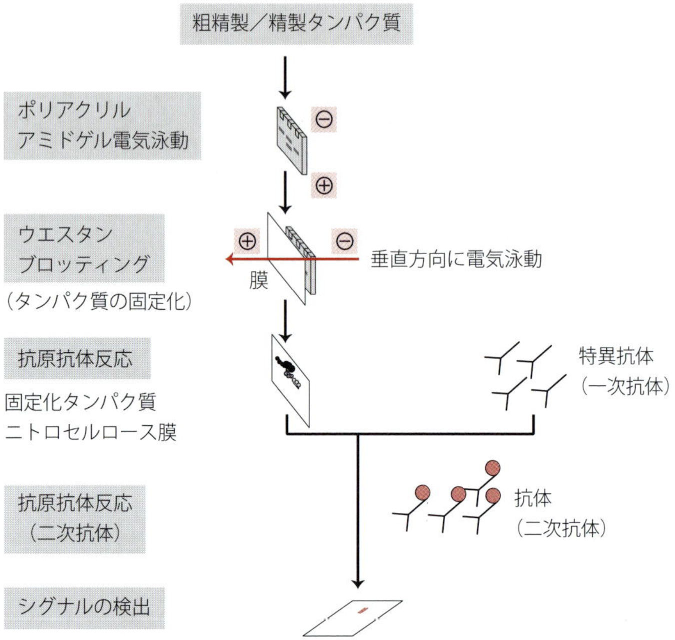

図81-1　電気泳動，ウエスタンブロッティングによるタンパク質の特異的検出
　　　一次抗体[注4]としてモノクローナル抗体を用いて特異性を出し，一次抗体を捕らえる二次抗体には，ポリクローナル抗体をもちいて確実に一次抗体と結合させる方法がよく用いられます．電気泳動のタンパク質の分子量マーカーは，クーマーシ・ブリリアントブルー（CBB）染色や銀染色法で染色します

◆ELISA（エライザ）（図81-2）

　マイクロプレート（96ウェルプレート）に抗体を結合させ，タンパク質（抗原）を検出する方法です．あらかじめ濃度がわかっている抗原をスタンダードとし標準曲線を描くことで定量分析ができます．図81-2には，一次抗体を吸着させていますが，抗原を吸着させることで，吸着させた抗原特異的な抗体を検出することもできます．

注4：一次抗体（primary antibody），二次抗体（secondary antibody）を，それぞれ第一抗体，第二抗体とよぶこともあります．

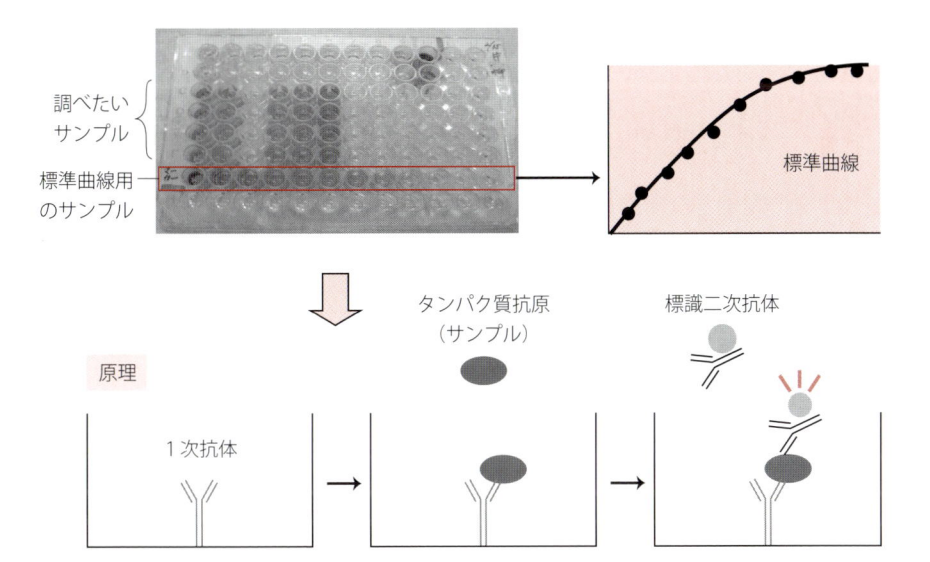

図81-2 ELISAよるタンパク質の特異的検出
一次抗体を吸着させたマイクロプレートに抗原タンパク質（サンプル）を加え，抗原抗体反応によりタンパク質を特異的にトラップします．続いて酵素標識二次抗体[注5]を反応させタンパク質抗原をサンドイッチします．発色基質を加えて酵素反応させることで抗原を検出します．発色は分光光度計[注6]で測定します．標準曲線から定量します

> **まとめ** 定性には，ウエスタンブロッティングを，定量には，ELISAを用います．

注5：酵素は，西洋ワサビペルオキシターゼ（Horse radish peroxidase：HRP），アルカリフォスファターゼ（Alkaline phospatase：AP）などが用いられます．
注6：ELISAを迅速に行うためにマイクロプレートの96ウェルを連続的に測定できるマイクロプレートリーダーが市販されています．

Question 82

試薬やチューブのラベルには何を記載する？

Answer

試薬名，調製年月日，調製者名を書きましょう．

1 試薬ビンのラベル

　　試薬のラベルはビニールテープやタイムテープ（色紙テープ）などはがれにくいものを用います．滅菌テープに必要事項を記載する際は，ガラスビンに貼ってオートクレーブをかけると，はがれにくくなるので注意しましょう．

　　ラベルには，以下の事項を記載します（図82-1）．

　①試薬名　②調製年月日　③調製者氏名

　　これにより，試薬名はもちろんのこと，調製ロットもわかるようになります．基本的に実験は，同一ロットの試薬を用いて行います．緩衝液などでは，あまり差が出ない場合がありますが，酵素やタンパク質の溶液などでは，ロットによる差が大きく出ることがあります．このような場合は，粉末試薬のメーカーやロットも記載するようにします．再現性のよい実験を行うには，試薬ラベルでロットがわかるようにしておくことが重要です．

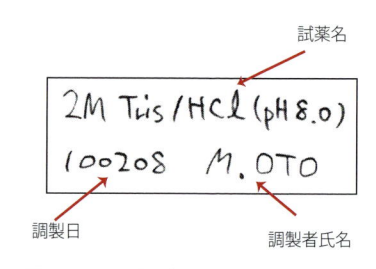

図82-1　調製試薬ラベル記載の事例

2 エッペンドルフチューブのラベル

　　遠心分離操作の際，エッペンドルフチューブのラベルが飛んでしまい，検体がわからなくなり再実験となってしまった，などということでは困ります．特に検体が貴重な場合は，取り返しがつかなくなる場合もあります．

このため遠心分離の際には，
①マジックでチューブのフタに直接検体名を書きます（figure 82-2）．
　（脇に書くと有機溶媒を扱う場合は消えることがあります）
②遠心器の穴番号をひかえるようにします（figure 82-3）．
　また，遠心器にセットする際，チューブのフタの向きを一定にして向きを合わせると，微量の沈澱を発見するときに役立ちます（沈澱は，蝶つがいの下にあるはずです）（figure 82-3, 4）．

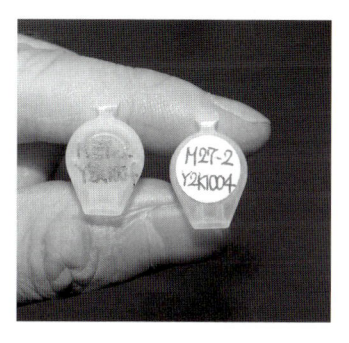

図82-2　チューブのフタ
　　　　検体名はチューブのフタに直接書きます

図82-3　遠心器に挿入したチューブ
　　　　チューブの方向を合せます

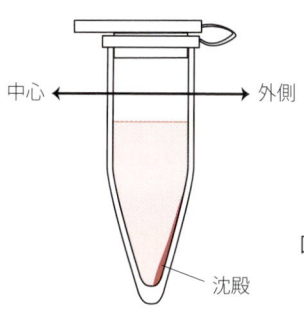

図82-4　遠心時のチューブの向きと沈澱
　　　　チューブの蝶つがいを外側にして遠心すると蝶つがいの下に沈澱が見えるはずです

まとめ　ラベルには，試薬名，調製年月日，調製者氏名を記載します．原料の試薬ロット変動が大きい場合は原料ロットも書く必要があります．また，検体名は，エッペンドルフチューブのフタに直接書いて取り違いを防ぎます．

C．目からウロコの遺伝子実験必須テクニック

83 Question

フェノール抽出で水層はどこまで取る？

Answer

絶対に不純物が入らないと確信できる量しか取ってはいけません．

　エッペンドルフチューブを用いミニプレップ（Mini-sized preparation）を行う場合，手作業で除タンパク質操作であるフェノール抽出を行うことになります．フェノールを加えて撹拌，遠心分離後，フェノール層（下層）とDNAを含む水層（上層）とその界面に白いタンパク質の層ができます（**図83-1**）．

　混入しているタンパク質が少ないときは，明確にタンパク質層がわからないときもあります．取り過ぎるとタンパク質が混入して純度が悪くなりそうで心配です．この場合，液面にチップの先端を付けてゆっくり吸い取ります（タンパク質層の上に，横からみて2～3mm液量が残る程度）．水層にチップの先端をあまり突っ込むとフェノールとの界面にあるタンパク質を吸い込んでしまう恐れがあります（**図83-2**）．また，培養細胞や大スケールで抽出する場合は，培養ピペットで同じように先端を液面に付けて吸い込みます．また，ゲノムDNAを抽出する場合は，粘性が強いためにさらに注意が必要です（ゲノムDNAが水層中で舞い上が

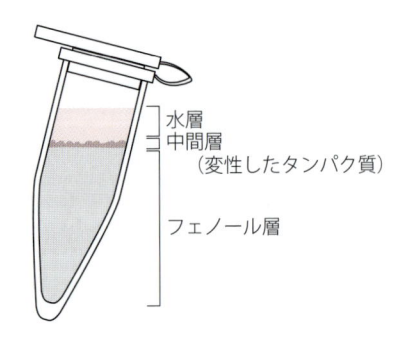

図83-1　遠心分離後の界面
　　　　エッペンドルフチューブでの小スケール抽出

りタンパク質層を取り込んでしまう場合があります).

　一方，下層をチップやピペットで取り除く方法もありますが，壁に付着したフェノールが除ききれないため，上層を他のチューブに移す方がフェノールの混入を防げます．

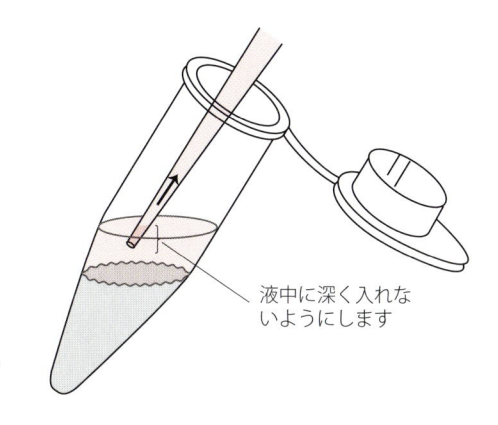

図83-2　水層の回収
液面にチップの先端を浸し，ゆっくり吸引します

液中に深く入れないようにします

> **まとめ**　界面部にタンパク質が見えない場合は，あると思って上層を採取します．このため，回収率が多少悪くなりますが，純度を優先します．

C．目からウロコの遺伝子実験必須テクニック

84 Question

エタノール沈澱で失敗しないコツは？

Answer

微量のDNA/RNAを沈殿させるときは，グリコーゲンなどの共沈剤を加えましょう．

　ナノグラム単位の微量なDNAやRNAの場合は沈殿が存在しても肉眼では見えません．一方，簡易プラスミド抽出（アルカリ抽出）などで沈殿が多いときはRNAが多量に混入している場合があります．

　特に沈殿が少ないと予想される場合は，温度を下げ（氷中→－20℃→－80℃），沈殿時間を延ばします（～30分）．遠心する際にチューブのつなぎ目（蝶つがい）を外側にして遠心分離すると，沈殿は，つなぎ目の下方に現れるはずです（**Q82**）から，この部分を吸い取らないように注意しましょう．もし，見えなくても"ある"と仮定して次の操作に移ります．微量で心配なときはエタノールを加える前に共沈キャリアーとしてグリコーゲンを10～100μg/mL程度加えます（**図84-1**）注1．これにより沈殿が見えるようになりますが，この沈殿はグリコーゲンです．

　エタノール沈殿の原理は，核酸が水に溶けやすくアルコールに溶けにくい性質を利用しています．この際，NaイオンあるいはNH₃イオンを加えておくと塩析効果により沈殿が促進されます（**図84-2**）注2．エタノール沈殿に比べ，イソプロパノール沈殿は容量を減らして実施できます注3．通常サンプルの容量に対し，エタノールは2～2.5倍量，イソプロパノールは0.6～1倍量加えます．

注1：グリコーゲンは20 mg/mL等の溶液が市販されています．
　　沈殿促進剤として，Ethachinmate（ニッポンジーン社），Genとるくんエタ沈キャリア（タカラバイオ社）などの市販品があります．
注2：例えば，NaClでは終濃度200 mM程度としてからエタノールを加えます．
注3：エタノールは，揮発性で，沈殿後に乾燥除去しやすい利点があります．しかし，あまり乾燥させてしまうと滅菌水や緩衝液に溶けにくいことがあるので注意しましょう．

DNA

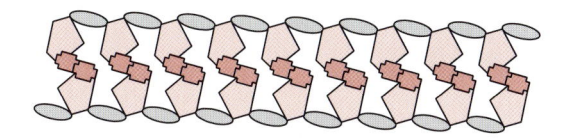

グリコーゲン

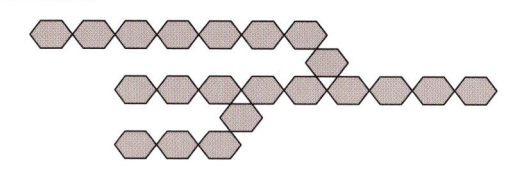

図84-1 DNAとグリコーゲンの構造
DNAもある面では糖の高分子ポリマー．両者ともに糖の連なった鎖状の構造をしています

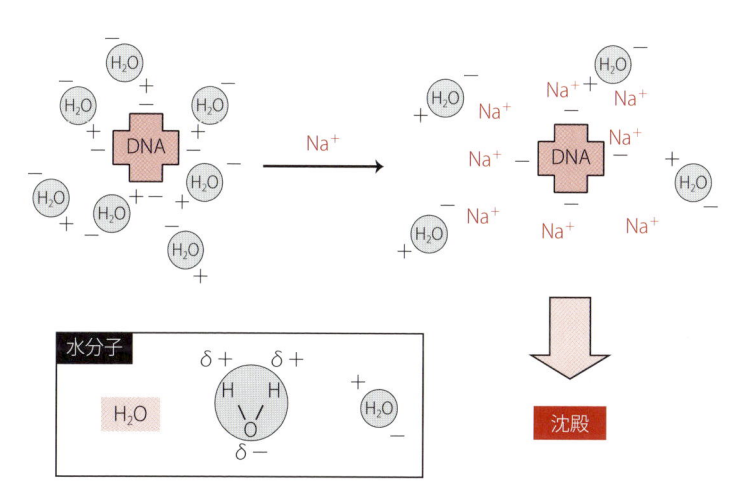

図84-2 塩析効果
DNAは，リン酸を含むため中性付近ではマイナスの電荷をもっています．大量の塩（Na^+イオン）が溶液中に入ることでDNAのマイナス電荷が中和され沈殿しやすくなります

まとめ 微量のDNA/RNAのエタノール沈殿では沈殿が見えなくても先に進めましょう．またグリコーゲンなど共沈剤を加えることで確実に沈殿できます．

C. 目からウロコの遺伝子実験必須テクニック

85 Question

PCRの非特異的なバンドは，なぜ現れる？

Answer

コンタミ，プライマーのデザイン，アニーリングの温度設定などが原因です．

非特異的な増幅の原因には色々あります．よくある原因を列挙してみましょう（PCR反応のステップは，**キーワード6**を参照してください）．

①プライマーデザインに問題がある場合

例えば，GC含量が高かったり長さが短かったりして他の配列にもアニーリングしやすい場合があります．また，プライマーダイマーができている場合もデザインに問題があります．

対処：GC含量は50％を超えないようにデザインするようにします．また，マルチプレックスPCRで複数のDNA配列を複数のプライマーで増幅する場合は，可能な限りプライマーのTm値（**Q86**）を一定にします．その他，Q86の「④自分でデザインする」を参照します．配列上，デザインが選べない場合は，高温になるまで酵素反応が始まらないホットスタートで対処できる場合もあります（**図85-1**）．ホットスタート法には，A）ワックス法，B）抗体結合耐熱性酵素を用いる方法，C）組換えにより高温になってから活性をもつ酵素を用いる方法などがありますが，B），C）が一般的です．また，インキュベーター自体が高温になった状態でチューブをセットするなど，非特異的増幅を最小限にする方法が広く用いられています．

②アニーリングの温度が低い

アニーリングの温度が低すぎるために非特異的にプライマーが無関係な配列にアニーリングし非特異的な増幅が起こることがあります．

対処：アニーリング温度を振って検討します（**図85-2**）．

③伸長反応時間が長すぎたり，サイクル数が多すぎる

対処：伸長反応は，1サイクル当たり2分以内にします．サイクル数は，35サ

イクル以内がよいです．

④ DNAポリメラーゼの種類の影響

市販されているさまざまな耐熱性酵素（DNAポリメラーゼ）により差が出ることがあります（**図85-3**）．

対処：Q87を参考に酵素の性質を比較します．可能ならば先行サンプルを入手します．

⑤ Mgイオン濃度による影響

対処：終濃度1.5 mMを中心に濃度検討を行います．濃度が高いと増幅率は上がりますが，非特異増幅も増えてきます．

⑥ 他の実験で増幅したPCR産物が，PCR反応仕込み中にコンタミした場合

PCR産物は低分子ですから，ピペッティングの際に産物が空中を舞って仕込み中のPCR反応液にコンタミする可能性があります．

対処：PCR反応の仕込みと増幅を行う部屋と，産物を解析する部屋は分けます．部屋の間取りを変えましょう（**Q20**）．

図85-1　ホットスタート法によるプライマーダイマーの除去
M：マーカー．
レーン1：プライマーのみ．
レーン2：鋳型DNA（-）．
レーン3：アニーリング　57℃．
レーン4：アニーリング　60℃．
レーン5：アニーリング　63℃．
レーン6：ホットスタート法（ワックスを用いた方法）．
レーン7：ホットスタート法（ホットスタート用ポリメラーゼを用いた方法）．
レーン1では，プライマーのみが泳動されています．レーン2ではプライマーダイマーが形成増幅されました．この系ではアニーリング55℃が至適ですが，63℃まで上げてもプライマーダイマーは形成増幅されました（レーン3〜5）．ホットスタート法によりプライマーダイマーは形成増幅されなくなりました（レーン6，7）．

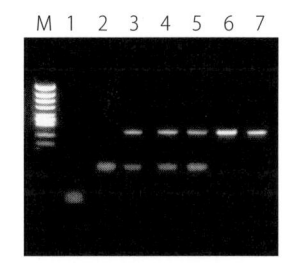

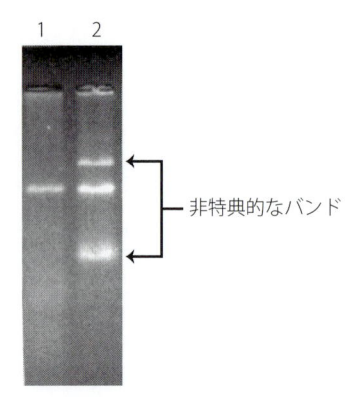

図85-2 アニーリング温度と非特異的増幅
レーン1：アニーリング温度60℃，
レーン2：55℃

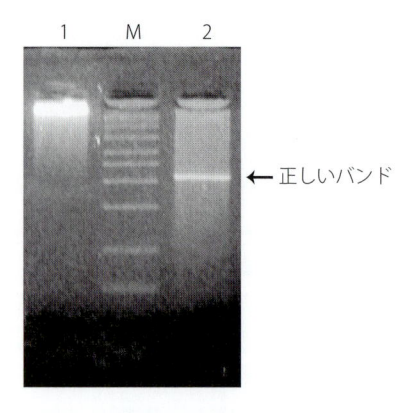

図85-3 酵素による増幅の差
M：マーカー，レーン1：A社，
レーン2：B社．
p53 exon 5〜6（325bp）断片の増幅．一定の反応条件では酵素の種類により増幅効率が低かったり，増幅できないことがあります

→非特典的なバンド

←正しいバンド

まとめ 特異的な増幅を行うため定石に従い，適切な反応条件を設定しましょう．

コラム●スペースペンを知っていますか

　むかし，ワシントンDCにあるスミソニアン航空宇宙博物館を訪問したときにお土産に購入したのがスペースペンです．今では，日本でも買えるようです．このペンは，書き味がなめらかであるばかりか，ガス圧でインクを出すために逆さまになっても，気温が変わっても，使用できます．また，濡れた紙にも書くことができます．例えば，ハイブリダイゼーションを行う際に，膜に印を付けるなど，実験するときに持っているととても便利な一品です．

86 プライマー配列を簡単にデザインするには？

Answer

データベースから配列データを入手し，ウェブ上のソフトでデザインしましょう．

1 プライマーのデザイン

特定の遺伝子配列を増幅するためにはプライマーをデザインしなければなりません．以下のようにプライマーのデザインを行いましょう．

①文献を検索する

すでに報告がある遺伝子の場合は，まず既存の論文からプライマーと増幅条件を探します．

・PubMedによる文献検索：http://www.ncbi.nlm.nih.gov/entrez?db=PubMed

②塩基配列データベースを調べる

データベース上に適切なプライマーと論文が引用されている場合もあります．また，塩基配列データを入手し自分でデザインすることも可能です．

・GenBank：http://www.ncbi.nlm.nih.gov/genbank/index.html
調べたい遺伝子の名称をキーワードとして検索します．DNA配列とソースとなった論文など基本的な情報が得られます．

③Primer3，Amplify3などアプリケーションを利用する

データベースから塩基配列を入手し，ウェブ上のアプリケーションを利用して自分でデザインすることも可能です．

・Primer3：http://primer3.sourceforge.net/
ウェブ上で活用できるプライマー設計ソフトです．

・Amplify3：http://engels.genetics.wisc.edu/amplify/（Mac版）
デザインしたプライマーによるPCRシミュレーションなどが可能です．

④自分でデザインする

DNA配列をGenBankなどから入手し，自分でプライマーをデザインする場合は，下記の6点を確認しながらデザインします．

- 長さは20〜30 merとする
- GC含量50〜60％がよい
- プライマーダイマーを形成しない配列とする
- 特異的な配列を選ぶ
- 両プライマーのTm値[注1]を一定にする
- 3'側はGまたはCとする

　①〜③のように既存の情報をもとにプライマーをデザインする場合も④の確認事項をふまえて行うと上手くいきます．デザインができたら，DNA合成機を用い自分で合成するかプライマー受託合成企業に注文します．

2 至適反応条件の設定（アニーリング温度，伸長時間等）

　デザインされたプライマーが入手できたら反応条件を設定します．サーマルサイクラーの機種と反応チューブの組合わせにより標準的な条件が設定されています．

　例えば，94℃，2分→（94℃，30秒→○○℃，1分→72℃，1分）×35サイクル→72℃，10分→4℃などです．

　アニーリング温度の条件設定が特異的増幅の第一歩です．

　アニーリング温度は，Tm－5℃を目安に設定し予備実験を行います．

　Tm値は下記の式により定義されます．

1）プライマーサイズ：18mer＞
   $Tm = 4 \times (G+C) + 2 \times (A+T)$
   これをWallaceの法則といいます

2）プライマーサイズ：18mer＜
   $Tm = 81.5 + 16.6 (\log_{10}[Na]) + 0.41(G+C) - (600/N)$
   [Na]：溶液中のNaイオン濃度，N：ヌクレオチド数

　通常のプライマーは，20 mer程度なので，1）式で近似し，予備実験により微調整を行います．

まとめ 既知の遺伝子のプライマーはデータベースから入手しデザインします．

注1：Tm（melting temperature）値は，溶液中に含まれるDNAのうち半量が一本鎖になる温度でDNA配列（GC含量等）に依存するため，結合力の目安となる．

コラム●受託実験の活用法

　バイオ実験では，高価な実験機器や試薬を用いるためにランニングコストがかかる実験が増えてきています．例をあげれば，PCR用のプライマー合成，DNAシークエンシング，超高速シークエンサーによるDNA解析，DNAチップ/マイクロアレイ解析，質量分析，抗体の作製，トランスジェニックマウス作製などさまざまです．このような実験を専門に取り扱う受託解析の会社や部門が増えてきています．

　受託を考える場合，下記のような場合が考えられます．

①頻度は高いが，機器の購入やメンテナンスに対し，受託の方が安価である（例：DNAプライマー合成）

②実験は行いたいが，専門的なノウハウと技術をもつ人がいないと行えない（例：モノクローナル抗体作製，トランスジェニックマウス作製）

③初期投資がかかり，たとえ機器を購入しても自分の研究室では使用頻度が低くランニングコストを考えると割に合わない（例：DNAチップ，質量分析）

④導入したい技術だが高価かつ専門性の高い新技術が次々に市場に導入されるため予算の確保と購入のタイミングがつかめない（例：超高速シークエンサー，DNAチップ）

　受託は，本来は自分で行いたいが上記のような理由から専門の会社に任せるものです．

　自分の実験の一部ですから，受託を依頼する場合，実験の原理や各実験ステップの評価データを自分で理解し，ブラックボックスを最小限にすることが必要です．

＜参考文献＞

1）"バイオ・創薬 アウトソーシング企業ガイド・2006-07" メディカルドゥ，2006

Question 87 耐熱性酵素選択のポイントを教えて！

Answer
校正機能や増幅効率など酵素の性質を理解して選択しましょう．

　耐熱性酵素の選択では，誤って取り込まれたヌクレオチドの校正機能による正確な増幅能（fidelity）や多量のPCR産物を得るための高い増幅効率などがポイントになります．PCR増幅に用いる耐熱性酵素を真性細菌由来PolⅠ型と古細菌由来α型に分類し（表87），目的に応じて酵素を使い分けることがあります．

　数キロベースのDNA断片を得るためのロングPCRには，誤って取り込んだヌクレオチドの校正機能を有しているα型が適しています．多量の増幅には，合成活性が高いPolⅠ型が適しています．また，TAクローニングには，3'末端にAが付加されるPolⅠ型が適しています．一方，非特異的増幅やプライマーダイマーの形成を防止するホットスタート法では，高温になると立体構造変化により活性が現れるタイプの酵素，または活性中心に特異的な抗体を結合させ，高温になると抗体が剥がれることで，活性が現れるタイプの酵素を用います．

　現在市販されているPCR用耐熱性酵素には，新たな細菌からの精製，遺伝子組換え，複数酵素の混合[3]などによりPolⅠ型とα型の特徴をもち合せた製品が数

表87　耐熱性酵素の性質

	PolⅠ型	α型
代表的な酵素	*Taq* DNA polymerase	*Pfu* DNA Polymerase
DNA polymerase活性	◎	○
3'→5'ヌクレアーゼ活性	×	○
5'→3'ヌクレアーゼ活性	○	×
有効な技術	DNA増幅 TAクローニング TaqMan法	DNA増幅 変異解析

このような酵素の分類は，DNA polymerase遺伝子の塩基配列の類似性に基づいており[1]，分類したすべての酵素の性質が類似しているわけではありません．しかし，PCR用耐熱性酵素の分類によく用いられ，市販のPCR用酵素を選択する際に役立ちます[2]．

多くあります．上記の原則を考慮して，製品の説明書を熟読し，目的にあった酵素を選択しましょう．

まとめ　市販されている多種多様の酵素から実験目的に合った製品を選びましょう．

<参考文献>
1) Gutman, P. D. & Minton, K. W.："Conserved sites in the 5'-3' exonuclease domain of Escherichia coli DNA polymerase"：Nutcleic Acids Research, 21：4406-4407, 1993
2) 真木寿治/編："改定PCR Tips", 秀潤社，2001
3) Wayne, M. B.："PCR amplification of up to 35-kb DNA with high fidelity and high yield from A bacteriophage templates"：Proc. Natl. Acad. Sci. USA, 91：2216-2220, 1994

コラム●折り紙細工による簡易容器の作り方

粉末試薬を秤量したり，実験を始めるまでしばらく置いておくときや小さな試薬ビンをキープするときには何か容器があると便利です．簡単な折り紙細工で，さまざまなサイズの容器を作ることができます．紙の材質を選ぶことやアルミ箔を張ることでチップ捨てにも使えます．色々な使い方を考えてみてください．

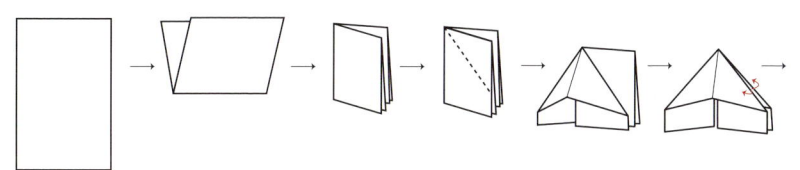

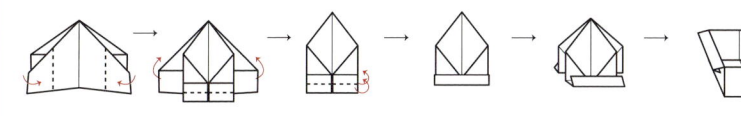

A

B

図　折り紙細工
A) 折り方
紙は，プリンター用紙，厚紙，防水紙など何でも使えます．大きさによりA4, 5, 6の用紙を選びます．
B) 簡易容器の例

C．目からウロコの遺伝子実験必須テクニック

Question 88

PCR実験で安定したデータを得るためには？

Answer

一定の試薬を用いてもPCR反応機器やチューブの種類により増幅効率が異なることもあります．同じ条件で実験しましょう．

　PCR実験で安定したデータを得るには，一定の試薬を用いることが一番大切です．緩衝液，dNTP，Mgイオンから耐熱性酵素までプレミックスされた試薬も市販されています．また，自分でプレミックス溶液を作製することもできます．試薬調製に際して用いる水は大切です．純水，超純水（Q17）にて滅菌水を調製し分注して凍結保存しておきましょう．一方，PCR装置や反応チューブにはさまざまなものが市販されています．新しく購入したPCR反応装置やチューブでPCRを行うと，以前に比べPCR効率が変化したり非特異的な増幅が増えることがあります．以下に機器やチューブの問題点と対処方法をまとめます．

◆ PCR反応機器による影響

　表示温度と実際のチューブ内温度はPCR機器により異なる場合があります（図88-1）．

　対処：他の人の反応条件と比較する場合は，PCR機器が同じかどうか確かめます．異なる場合は，自分の機器で至適条件を検討します．

◆ 反応チューブによる影響

　反応チューブの形状は色々です（図88-2）．そしてチューブにより熱伝導効率が異なり，反応効率も異なります．

　このため，基本的にはその機器に適したチューブを用います[注1]．しかし，市販されている他のチューブであっても穴に入れられれば反応できてしまいます．しかし，チューブには厚壁，薄壁，先が尖ったチューブ，先が丸いチューブなどがあり，反応効率は異なります．これは，PCRに限らずアルミブロックやサーマルサイクラーを用いて制限酵素や他の酵素反応を行う際も同じように問題となります．

注1：8連のチューブも各機器に適したものが市販されています．

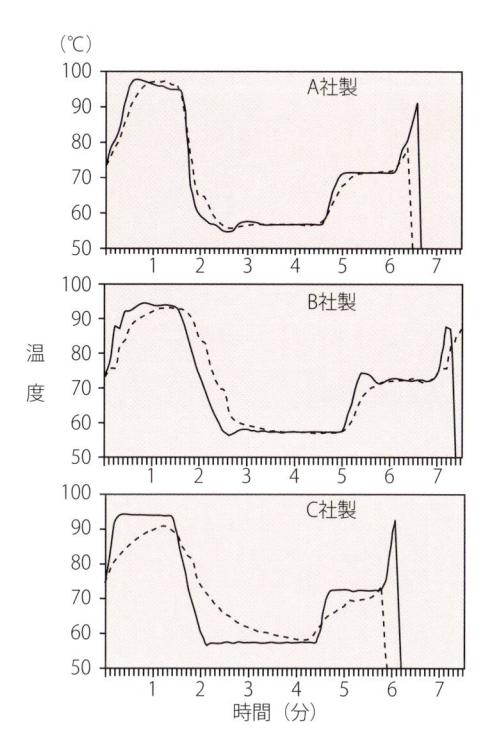

図88-1 機器による表示温度と実測値の違い
3社のPCR反応器の比較．表示温度（──），実測値（----）．実測値は，反応チューブに温度センサーを入れ，反応チューブ内の液温を測定したものです．A社の機器は表示温度と実測値が比較的一致しますが，C社の機器では解離がみられます．このため，機器に応じた反応条件の設定が必要です

図88-2 色々なPCR反応用チューブ（0.5 mL）の形状
①厚壁チューブ，②先が尖ったチューブ，③先が丸いチューブ，④薄壁チューブ．PCR反応機器の構造に合ったものを用います．また，①④は形状が同じで壁の厚みが異なります

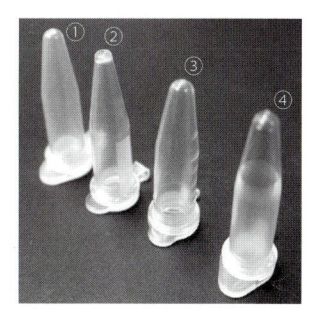

まとめ PCR反応機器の種類や反応チューブの形状を確かめてから，実験の条件を設定しましょう．

C．目からウロコの遺伝子実験必須テクニック

Question 89

電気泳動で，サンプルを上手くウェルに添加するコツは？

Answer

泳動の種類によってチップを上手に使い分けましょう．

1 泳動の種類と用いるチップの使い分け

　　アガロースゲル電気泳動では，ゲルに触れないようサンプルを添加します．すなわち，ウェルの入り口の付近にチップを近づけてゲルに触れないようにゆっくりサンプルを注入します（図89）．サンプル中にはグリセロールが入っていますからゲルのウェル中に落ちていきます．ゲルに触れたりウェルにチップを入れ込むと，ゲルが少し破損したり，ウェルの内壁へチップの先端が刺さったりします．これがバンドが乱れる原因になります．

　　ポリアクリルアミドゲル電気泳動（PAGE）の場合は，厚みが1mm以下のピペットチップ（平チップ）でウェルの奥までチップを挿入して添加した方がサンプルの拡散が防げます（図89）．これは，ゲルの両面が堅いガラス（もしくはプラスチック）のため，ゲルの破損する可能性は低いからです．

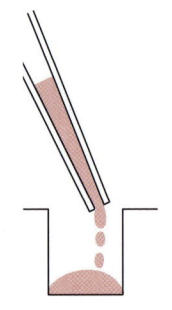

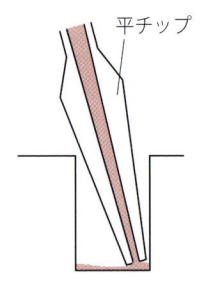

図89　2種類のゲルにおけるサンプル注入法の違い

2 DNA染色方法

　アガロースゲル電気泳動の場合のDNA染色方法は，EtBr入りのゲルを作製するのではなく（先染め），泳動後にゲルをEtBr溶液（0.5 μg/mL）に浸す後染めの方がバンドはシャープです．しかし，感度は先染めの方が高いです．SYBRGreenを用いる場合は，先染めではバンドが尾を引いたように広がってしまうため（テーリング），後染めで行った方がよいです．

　ポリアクリルアミドゲル電気泳動では，サンプル添加前に予備泳動を行った方がバンドはきれいです．

> **まとめ**
> アガロースゲルではチップがゲルに触れないように，ポリアクリルアミドゲルはウェルの奥までチップを入れてサンプルを添加しましょう．

Question 90

DNAの電気泳動で使うゲルの濃度や種類はどうやって選ぶの？

Answer

DNAの大きさによりゲルの濃度や種類を選びます．

　基本的には，100 bp以下の小さいDNA断片やオリゴヌクレオチドはPAGE[注1,2]で分析し，1,000 bpを超えるDNA断片は，アガロースゲル電気泳動[注3,4]を用い，100〜1,000 bpでは，どちらの電気泳動法も用います．数10 kbpを超えるDNA断片の分析には，フィールドインバージョン電気泳動やパルスフィールド電気泳動を用いることになります[注5]．**表90**には，PAGEでの塩基対数とゲル濃度の関係が示されています．

　通常，電気泳動ゲルは自作しますが，プレキャストゲル（既製品）を購入することも可能です．

　安価なPAGE用のプレキャストゲルも多く市販されています．ゲル作製の時間と手間が省けて便利ですが，自分で調製するのに比べたら割高です．しかし，プレキャストゲルの優位な点を示します．特に作製が煩雑なグラディエントゲルは，プレキャストゲルを用いた方が再現性のよいデータが得られます．

表90　PAGEにおけるゲル濃度とDNAの分離能

ポリアクリルアミドゲル濃度（%）	分離可能なDNAの大きさ（bp）*	XC（bp）**	BPB（bp）**
5.00	100〜500	260	65
10.00	50〜300	115	32
12.00	40〜200	70	20
15.00	25〜150	60	15

ここでは，通常のミニサイズやミディアムサイズのゲル電気泳動装置を用いる場合を示しています
*　：1〜50 merのオリゴヌクレオチドを分離する場合は，15〜20％のポリアクリルアミドゲルに変性剤を入れて泳動します
**：色素は，ポリアクリルアミド濃度により移動度が変わります．おおよそのDNA塩基対数に換算した値を示しています
XC：Xylene cyanol FF，BPB：Bromophenol Blue

① プレキャストゲルの優位性
- 一ロット内で品質が安定しています（製造会社により品質も違います．はじめは自分で評価します→以下の②を参照）
- グラディエントゲルは，自分で作製するよりも安定したものが供給されます
- 滅多に電気泳動を行わない場合，試薬調製を行う必要がなく，作業効率が上がります
- 常に大量の電気泳動をルーティンに行う場合は，ゲル作製の時間を考慮するとプレキャストゲルの方が効率がよくなります

② プレキャストゲルの評価方法

　プレキャストゲルを大量に使用するときは，ロット間再現性と有効期限の適正を自分で評価しましょう．評価方法は，分子量マーカーの希釈系列を異なるゲルの同一ランで泳動し同一バッチで染色します．各分子の分離能（と検出感度）で評価します．最初に購入する際に，異なるロットのゲルと，有効期限が切れたゲルを，先行サンプルでもらえるように交渉するとよいでしょう．

まとめ 調べたいDNAサイズに基づいてゲルの種類と濃度を検討します．

注1：PAGE ＝ polyacrylamide gel electrophoresis，ポリアクリルアミド電気泳動のことです．
注2：PAGEの分離能は，さらにビスアクリルアミドとアクリルアミドの混合比（この混合比は，ゲルの架橋度を示しており，ビスアクリルアミドの比が高ければ，ゲルの架橋度が密であることを示しています）によって異なります．特にSSCP解析（キーワード12）など一本鎖DNA立体構造の分析には，この比が重要です．
注3：アガロースゲルは，2％以上で調製する場合は，Nusieve agarose 3：1（ロンザ社）のような高濃度ゲル用のアガロースを用います．〔0.5〜2％では，Seakem ME（ロンザ社）などを用います〕．
注4：なお，アガロースゲルでマーカーと比較して塩基対数を測定できるDNAは，あくまでも直鎖状のものです．プラスミドのような環状DNAは，分子の形が影響するので塩基対数が同じでもバンドの位置が異なる場合があります．
注5：高分子DNAは，ゲルの網目を移動しにくいため，電場の方向を一定間隔で換えることでDNA分子をひものように伸ばして泳動します．フィールドインバージョン電気泳動では，電場の方向を一定間隔で反転させ，パルスフィールド電気泳動では，一定間隔で電場を2方向に変えることでDNAがジグザグに泳動します．

C．目からウロコの遺伝子実験必須テクニック

Question 91

電気泳動では電流，電圧のどちらを一定にするのがいいの？

Answer

一定温度で安定した電気泳動には定電圧が有利です．

電気泳動装置の説明書を読むと，DNAの分離を行うアガロースゲル電気泳動では定電圧が推奨され，タンパク質の分離でポリアクリルアミドゲル電気泳動を用いる場合は，定電流と定電圧の両方が推奨されていることがあります．両者の違いは何でしょうか？

定電圧に設定した場合，ゲルの全域に流れる電圧は一定のため泳動が進むにつれて電流は徐々に低下します．このとき，泳動速度が下るものの，電気量[注1]も減少しバッファーの温度変化が少ないために，再現性のよいデータが得られます（図91A）．

一方，定電流では，電極間に常に一定の電流を流すためにイオンの移動速度は次第に速くなり，泳動の進行とともに電圧が上昇していきます．このため，泳動は速く進むものの電気量の増加で生じるジュール熱によりバッファー温度が上昇，スマイリングなどの泳動バンドの乱れが生じやすくなります（図91B）．

このため，両者では電気泳動のパターンにも違いが出てきます．定電流を用いた場合には，泳動中の発熱に伴い，先に移動していた低分子量側の解像度が定電圧に比べて上がり，泳動速度が遅い高分子量側の解像度が落ちてきます．

なお，電力を一定にして電気泳動を行うと，電気量が一定となり発生するジュール熱が一定となるため，温度変化が少なく安定したデータが得られます[注2]．しかし，定電力のパワーサプライは高価であるため，あまり普及していません．

これらの原則を踏まえて，電気泳動装置の説明書を読んで自分の目的に合った方法を選びましょう．

注1：電気量＝電流×電圧
注2：定電力：電圧×電流＝一定，発生する熱一定→最も安定したバンド

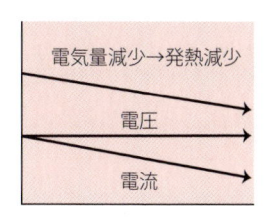

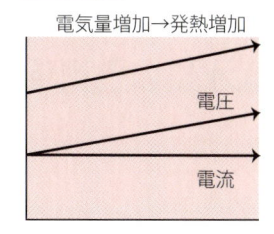

図91　電圧，電流と発熱量の関係
　A）定電圧
　電位差一定→イオン移動速度一定→ジュール熱少ない：安定したバンド
　B）定電流
　移動電気量一定→イオン移動速度上昇→ジュール熱発生：泳動速度速いが不安定

まとめ 定電流，定電圧の長所・短所を把握したうえで選択しましょう．

92. 電気泳動の色素液は何のために加えるの？

Answer
色素液には泳動状態を見るばかりでなく，比重をつけるなどの重要な役割があります．各成分の意味をよく考えて用いましょう．

電気泳動の際に電気泳動が正常に流れているかどうかを確かめるために泳動サンプルに色素を加えます．この色素液をブルージュース，ローディングバッファー，サンプル調製液などといいます．よく使用する色素液と成分の意味付けを考えてみましょう．

色素液は，色素と比重を上げる試薬，変性試薬からなっています．

①**色素**：Bromophenol blue（BPB），Xylene cyanol（XC），（いずれも負電荷でプラス極に泳動される）
　→泳動状況を見るために含まれています

②**比重を上げる試薬**：グリセロール，ホルムアミド
　→グリセロールなどは，重みを付けてサンプルをゲルのウェルに沈めるために含まれています

③**変性試薬**：ホルムアミド，2-メルカプトエタノール，SDS
　→DNAやRNAを変性し一本鎖にしたり，タンパク質を変性し，高次構造を破壊するために用いています

■ 各実験に適した各色素のいろいろ

①DNAのアガロースゲル電気泳動用
＜10×ローディングバッファー＞：50%グリセロール，0.1% BPB

滅菌水	5 mL
BPB	0.01g（10 mg）

⬇ 完全に溶解
⬇ ←滅菌グリセロール　5 mL
滅菌水で10 mL

- 15 mL ファルコンチューブにて調製します
- グリセロールは粘性があるために BPB を完全に溶解してから加えます

サンプル	20 μL
10×ローディングバッファー	2 μL

↓ 撹拌＋遠心

ゲルに全量添加

②全 RNA のホルムアミド系アガロースゲル電気泳動

ホルムアミド	1 mL
10×MOPS バッファー	2 mL
ホルムアルデヒド	3 mL
RNA サンプル	5 mL

↓

65 ℃，5 分間処理

↓ ←10×ローディングバッファー　2 mL

ゲルに全量添加

③DNA のポリアクリルアミドゲル電気泳動（native PAGE, normal PAGE）用

＜10×ローディングバッファー＞：5 mM Tris/HCl（pH 8.0）0.5 mM EDTA, 50% グリセロール，0.1% BPB，0.1% XC

TE バッファー	5 mL	
BPB	0.01 g	(10 mg)
XC	0.01 g	(10 mg)

↓ 完全に溶解

↓ ←滅菌グリセロール　5 mL

全量　約 10 mL

- 15 mL ファルコンチューブにて調製します

④DNA シークエンシング，SSCP 解析

ホルムアミド	10 mL	
BPB	0.01 g	(10 mg)
XC	0.01 g	(10 mg)
0.5 M EDTA	0.2 mL	

↓ 完全に溶解

小分けして−20℃保存
- シークエンシングでは，反応停止液として用います
- SSCPの場合は，ホルムアミドの品質が結果を左右します．特にミニゲルで行う場合はバンドがシャープにならない場合があります．市販のホルムアミドをイオン交換樹脂〔AG501-X8（Bio-Rad Laboratories社）〕で脱イオンした後，小分けにして−20℃保存して使用します．

⑤タンパク質のSDS-PAGE

＜2×SDSサンプル調製液＞：0.125 M Tris/HCl（pH 6.8），4% SDS, 10% 2ME, 0.1% BPB

0.5 M Tris/HCl（pH6.8）	2.5 mL
10% SDS	4 ml
2-メルカプトエタノール（2ME）	1 mL
BPB	0.01 g（10 mg）

↓　完全に溶解

滅菌グリセロール　2 mL
滅菌水で10 mLにメスアップ

＜サンプルの処理方法＞

サンプル	5 μL
2×SDSサンプル調製液	5 μL

↓　95℃，3分間処理
↓　撹拌後，チビタンで遠心

電気泳動ゲルに添加

- 15 mLファルコンチューブにて調製します
- 濃縮ゲル付きのPAGEでのポイントはpHです．pHが6.8からずれると濃縮ゲル中で濃縮されません
- 熱をかけることにより，2-メルカプトエタノールによるSS結合の解離速度が上がります．室温で数時間放置しても結果は同じです

> **まとめ** 色素液は，泳動の確認や比重を付けてサンプルが確実に添加できるようにする他に，ホルムアミドのようにDNA，RNAの変性にもかかわっています．

93 Question

ブロッティングのときに，ゲルと膜の照合を間違いなく行う方法は？

Answer

ゲルに目印をつけるなどの工夫で，間違いなく照合できます．

照合しやすいように，以下のことを行います．

① 電気泳動の際に検体を左右非対称に添加し（図93A），向きがわかるようにしておきます．マーカーの位置を非対称に配置するのもよい方法です
② 転写した膜の角を切って方向がわかるようにします（図93B）
③ 電気泳動の写真を撮影する際に，蛍光定規をゲルと並べて撮影しバンドが原点から何cmのところにあるのかが写真上でわかるようにしておきます（図93C）
④ ボールペンで膜上の原点に印をつけます．この際，洗浄中にペンの跡が消えることもあるので強く書きます（図93D）

なお，ハイブリダイゼーションで使用する膜の種類や使用上の注意としては，以下のものがあります．

・膜はナイロン膜，ニトロセルロース膜，PVDF膜などを用います．ナイロンは強度があり，吸着能力も高くなっています
・バックグラウンドが高いときは，ブロッキング溶液を変えるよりも，まずは洗浄操作の再確認が大切です．例えば，洗浄の際に容器の底に膜が引っ付いていなかったか，などを調べます．洗浄が不確実でバックグラウンドが上がることが多いです

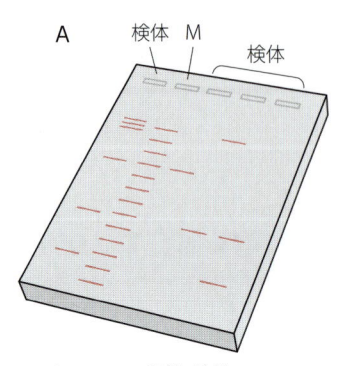

A　マーカーDNA，陽性・陰性コントロールなどを端や中心に置かないようにします

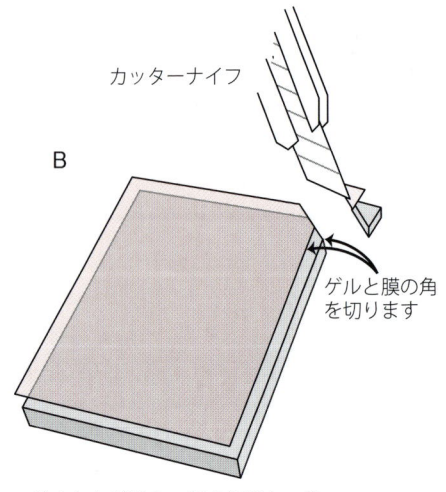

B　ゲルおよび膜の一部を切断し，後で位置合わせができるようにします

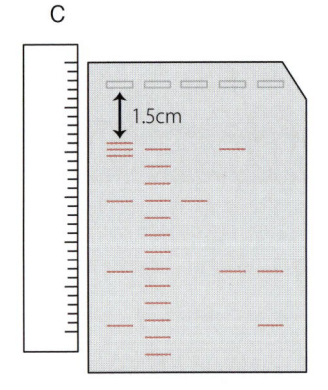

カッターナイフ

ゲルと膜の角を切ります

C　各バンドの原点からの位置がわかるように蛍光定規を一緒に撮影しておきます

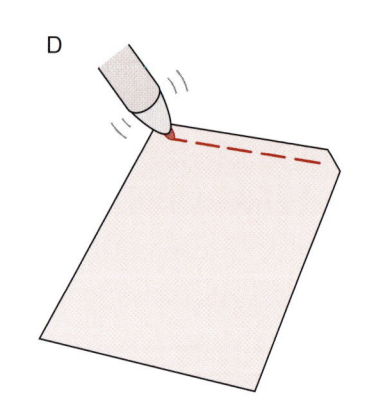

1.5cm

D　ブロッティング終了時に原点に印をつけます

図93　膜とゲルの照合

まとめ　膜の角を切るなど非対称の状況をつくり，シグナルの取り違えをなくしましょう．

94. CBB染色時の簡単な脱色方法とは？

Answer
スポンジを利用する方法をおすすめします．

　発現タンパク質の分析には，ポリアクリルアミドゲル電気泳動（PAGE）が用いられます．最も普及しているPAGEは，不連続緩衝液によるLaemmli法[1]で泳動し，クーマシーブリリアントブルー（Coomassie Brilliant Blue：CBB）染色または銀染色によってタンパク質を検出する方法です．検出感度は，CBB染色では数μg/バンド程度，銀染色では数10 ng/バンドです．通常用いるCBBは，R250という疎水性タイプで染色後に脱色が必要となります．

◆CBB R250 染色液
　エタノール　　250 mL
　酢酸　　　　　100 mL
　精製水　　　　650 mL
　↓　← CBB R250　2.5 g
　CBB 染色液

◆脱色液調製方法
　エタノール　　250 mL
　酢酸　　　　　100 mL
　精製水　　　　650 mL
　↓
　CBB 脱色液

◆きれいに脱色するためのポイント
　きれいなバンドを検出するには脱色はゆっくり連続的に行うことが必要です．このときキムワイプやスポンジ（市販のスポンジをちぎったもの）を容器に加えて，ロータリーシェーカーでゆっくり撹拌しながら脱色すると，キムワイプの繊維やスポンジの海綿状の繊維は色素の吸着表面積が大きいので早くきれいに脱色できます（図94-1）．また，温度を上げて脱色することも可能ですが，気をつけないとタンパク質のバンド自体が脱色され，感度が下がる恐れがあります．一方，GelCodeBlue（Thermo Fisher Scientific社）などの商品名で市販されているCBB G250による染色液を用いた場合は，写真の現像のように直接見ながら染色できるため，脱色の必要がありません．適当な濃さになったら，水洗し保存することが可能です．最近のキットは，感度的にもR250と遜色ありません（図94-2）．

図94-1 スポンジによる脱色（CBB R250）
A）脱色開始直後（CBBの青色色素が多く残っている），B）脱色液交換後．振盪しながら脱色するためゲル中からCBB色素が効果的にスポンジに移ります

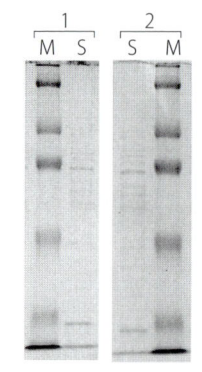

図94-2 CBB R250（レーン1）とCBB G250（レーン2）の染色比較
M：マーカー，S：発現タンパク質

> **まとめ** CBB R250染色後の脱色は，スポンジやキムワイプを入れて振盪しながら，脱色すると簡単です．

<参考文献>
1) Laemmli, U. K. : Cleavage of structural proteins during the assembly of the head of bacteriophage T4, : Nature, 227 : 680-685, 1970

95. 滅菌方法はどのように使い分ける？

Answer

溶液かどうか？ 材質が何か？ 熱に弱い成分を含むかどうか？ で使い分けます．

　滅菌といえばオートクレーブと考えている人が多いと思います．しかし，タンパク質や抗生物質などの熱に弱い成分を含む溶液や熱に弱いポリスチレン製のプラスチック容器をオートクレーブ滅菌することはできません．熱に弱い成分を含む溶液は，濾過滅菌で対応します．また，ガラス製の実験器具は乾熱滅菌します．滅菌にはいろいろな方法がありますので以下の特徴を頭に入れて使い分けましょう．

1 主な滅菌方法と特徴

◆オートクレーブ滅菌（121℃，15分以上）（図95-1）
　タンパク質成分などを含まない溶液の滅菌に使います．ポリプロピレン製のチューブ，チップ，さらにはマイクロピペットを滅菌するときにも用います．この際は，オートクレーブ滅菌後，60℃程度で乾燥させます．

◆乾熱滅菌（160℃，1～2時間）
　主にガラス器具の滅菌に用います．

◆濾過滅菌
　熱に弱くオートクレーブがかけられない血清などのタンパク質や抗生物質を含む溶液の滅菌に用います．

◆ガス滅菌
　空気をエチレンオキサイドガスで置換することによって滅菌します．熱に弱いポリスチレンやポリエチレン製のプラスチック製品の滅菌に用います．通常，プラスチック製品は使い捨てなので，自分でガス滅菌を使用する

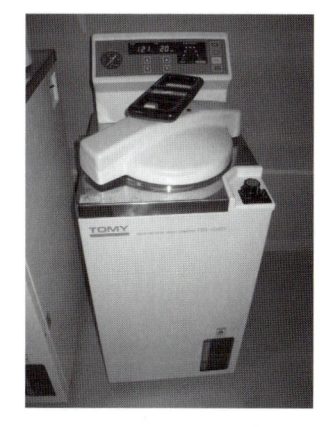

図95-1　オートクレーブ

ことはあまりありません．

◆火炎滅菌

火であぶります．白金耳の滅菌など植菌の際に用います．

2 滅菌するときに適した容器

チューブなどの消耗品は，ビーカーに入れてアルミ箔でフタをしてオートクレーブ滅菌します．しかし，耐熱性の弁当箱など四角い容器を用いると，棚への保管もしやすくなります．フタの縁を滅菌テープで止めると，滅菌の有無がわかりフタも固定できます．

参考：滅菌テープを貼るときの注意

滅菌テープ（オートクレーブテープ）は，オートクレーブ後にテープの上に縞模様が出てくるために滅菌したものかどうかが判別でき便利なものです（図95-2）．しかし，粘着性が強くガラスに貼りつけるとはがれにくくなっています．このため，ビンに直接貼るとビンを洗う際にはがしにくくて困ります．直接貼るときは折り目をつけて貼りましょう．または滅菌の際にフタにかけるアルミ箔の上に貼りましょう．折り目を付けた場合は折り目からはがすようにします（図95-3）．滅菌テープに試薬名，調製日や調製者名を記載しラベルがわりに使うこともありますが，ラベルはビニールテープなどで貼り付けて，滅菌テープと使い分けた方がよいでしょう（Q82）．

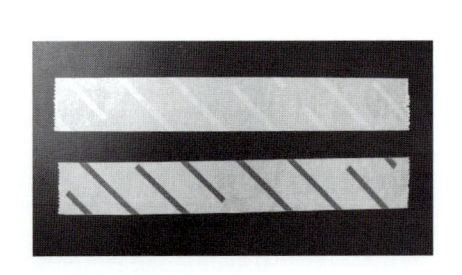

図95-2 滅菌テープ（オートクレーブテープ）
滅菌前（上）に対し，滅菌後（下）では縞模様が見えます

図95-3 滅菌テープは折り目をつけて貼るとはがしやすい

折り曲げる

> **まとめ** 熱に弱い成分を含む溶液やポリプロピレン以外のプラスチック容器はオートクレーブにかけられません．

96 Question

バクテリアの植菌はクリーンベンチではなく普通の実験台で行って大丈夫？

Answer

アルコールやオスバンで実験台を消毒すれば問題ありません．

　バクテリアなど増殖速度が速い微生物の植菌を行う場合，ドアが締まり閉鎖された実験室でガスバーナーをたいて行えば問題ありません．

　そこで，培養する前に実験台を雑巾で水拭きし，消毒用アルコールを大量に噴霧して実験している人をみかけることがあります．

　しかし，汚い雑巾で実験机を拭いてから，バクテリアの植菌をしたのでは拭いた意味がありません．水で湿らせたきれいなタオルなどで実験台を拭いた後，0.05〜0.2％塩化ベンザルコニウム液（オスバン液，日本製薬社）もしくは消毒用アルコールを霧状にして噴霧した実験台で植菌を行います．ただし，消毒用アルコール（70％エタノール）には，水も含まれていますので机上に水玉ができるほどかけ過ぎるとかえってよくありません．

　一方，動植物組織からの初代培養や，培養した細胞の継代（植え継ぎ）などの操作は必ずクリーンベンチ内で行います．1回の細胞分裂に要する時間は，バクテリアは10〜30分（大腸菌は20分），酵母は2時間程度であるのに対し，動植物細胞は10〜20時間と長くかかります．もし，動植物細胞の操作を一般の実験室で行い，増殖速度の速いバクテリアが落下菌として少しでも混入（コンタミ）すれば，その菌が優先的に増殖する可能性があります．

　このため，バクテリアに比べ増殖速度が遅い動植物細胞を扱う場合は，クリーンベンチ内で徹底した無菌操作を行わなければなりません．また，増殖速度が異なるバクテリアをクリーンベンチで扱う場合は，動物細胞を扱うクリーンベンチとは別にした方が得策です．さらに動植物細胞の培養に際しては，バクテリアのみならず実験者の呼気から細胞と共存して増殖するマイコプラズマが入り込む場合もあるため徹底した無菌操作が重要です．

まとめ 実験台を消毒し，ガスバーナーをたいて植菌しましょう．

コラム●ガラスビーズを用いたバクテリアの植菌

　バクテリアの植菌はコンラージ棒を使って行います（**図A**）．しかし，コンラージ棒で菌を均一に播くには練習が必要です．また，非常に多数のプレートに播くには，結構手間がかかります．一方，ガラスビーズを用いて植菌する方法は手軽で，だれが行っても均一に播くことができます．

＜ガラスビーズの使用法＞

　①直径5 mm程度の均一で研磨されたガラスビーズを購入します
　②洗剤で洗浄後，三角フラスコに入れて乾熱滅菌（160℃，1時間）します
　③バクテリア懸濁液（10〜20 μL）をマイクロピペットでプレート培地に添加します
　④滅菌したガラスビーズを適当量（10〜15個/プレート）入れます
　⑤プレートのフタを閉め，片手で水平に振盪します．この際，プレートをつかむ位置を変えながら振盪します（**図B**）．ビーズがアトランダムにぶつかり合い，菌を培地に分散するように振盪します
　⑥振盪後，ガラスビーズをエタノール溶液に移し滅菌します．多数のプレートにバクテリアを播く際は，③〜⑥をプレートごとに行います
　⑦エタノール溶液に浸したガラスビーズは，洗浄後，②の操作により再使用できます

　ガラスビーズ法で菌を播けば，だれでも均一に植菌ができます．特に大型のプレートや角型のプレートで大量に培養するときには便利です．

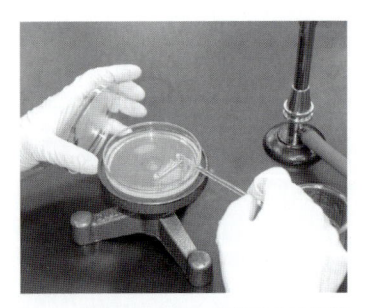

図A　従来のコンラージ棒による植菌 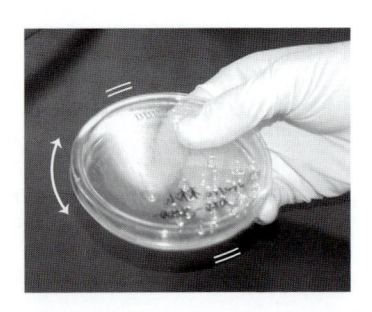　　図B　ガラスビーズの振盪による植菌

97 Question

なぜ細胞培養にCO₂インキュベーターを使うの？

Answer

重炭酸/炭酸ガス（CO_2）系緩衝液で一定のpHで培養するためです．

　動物細胞培養に用いる培地にはアミノ酸，ビタミン，ブドウ糖と塩類が含まれており，さらに血清が加えられています．このため，血液中の緩衝作用と同様，pHを一定にするために，細胞に対する毒性の低い重炭酸緩衝液を用います．われわれの平常体温が36〜37℃であるように，動物細胞は一般に37℃で培養します．しかし，温度感受性変異株は，低温（28℃）や高温（40℃）で培養することもあります．37℃で培養すると緩衝液中のCO_2が失われ，pHはアルカリ側に片寄ってきます．そこで，インキュベーター内部にCO_2を充満させ，重炭酸/炭酸ガス（CO_2）系緩衝液のあいだで，気相/液相の平衡状態をつくらせることでpHを一定にすることが必要です．実際には，CO_2濃度を5％[注1]にすることにより，緩衝液をpH 7.4に保ちます．ここでpHメーターで無菌的にモニタリングすることは難しいため，pH指示薬であるフェノールレッドを培地に添加します．フェノールレッドは中性付近に変色域をもっています〔pH 6.8（黄）〜pH 8.0（赤）〕．

　通常，培養初期の培地では赤ピンク色をしています．しかし，培地交換が不十分な場合は，老廃物によりpHが低下して黄色になります．このように，培地の色によりpH，そして培地の状態を把握して培養します．

　CO_2インキュベーター（図97）には，水を入れたトレーが入っています．これは，インキュベーター内の湿度を一定に保ち，培地の濃縮を防ぐ意味があります．このトレーのなかに温度計を入れて内部温度を測定するようにします．インキュベーターのパネルの表示値と差がないか確かめます．

注1：細胞によっては，CO_2濃度を5%以上や，以下にして培養する場合もあります．

図97 CO_2インキュベーター
気密性に優れ，内部にはCO_2を充満させ，下部のトレーに入れた水により湿度も飽和されています．動物細胞培養の培地の緩衝液は，重炭酸/炭酸ガス系緩衝液です．このため，CO_2インキュベーターが必要になります

> **まとめ** 動物細胞の培養では，培地にpH指示薬を加えpHをモニタリングしながら培養しましょう．

コラム●培養前に納豆を食べない方がよいって本当ですか

これは，バイオ実験の都市伝説としてよく知られています．

納豆には納豆菌（*Bacillus natto*）が含まれているため，培養実験でコンタミの可能性があります．筆者が「納豆を食べた後に培養を行った」場合は，特に問題ありませんでした．「培養前に納豆を食べない方がよい」は，実験の際に会話をすると口腔内に残っている納豆菌が実験系に混入（コンタミ）するかもしれないの意味でしょう．しかし，口腔内の菌数や口に触れた指についている菌数にもよります．食べたあと，歯磨きをしたかどうか，実験の前に手を洗ったかどうかにも依存するでしょう．「培養前に納豆を食べない方がよい」の真意は，バイオ実験で気になる「コンタミ」を防ぐために色々なことに気を使いながら実験しましょう．ということだと思います．

98 Question

培地に血清を入れるのはなぜ？

Answer
血清中の増殖因子が動物細胞の培養に欠かせないからです．

　動物細胞の増殖には増殖因子が必要です．胎仔の血清には，細胞が増殖するために必要な多種類の増殖因子が含まれています．このため動物細胞の培養では培地に血清を加えます．血清としては，仔ウシ血清（Calf serum：CS）やウシ胎仔血清（Fetal calf serum：FCS，Fetal bovine serum：FBS）が使われます．細胞によって必要な増殖因子が違いますので，文献を調べて自分が培養する細胞に合った血清を選びます（培地も各細胞に適したものを選びます）．

　細胞を American Type Culture Collection（ATCC）などの細胞バンクから入手した場合は，仕様書がついていますから，これに従います．一方，血清には，ロット差があります．購入する前に数ロットの血清10 mLずつを先行サンプルとして入手し実際に自分の培養系で用いて評価した後，十分な量を確保した方がよいでしょう．言うまでもなく一定のロットの血清で培養を行った方が安定したデータが得られます．

　また，血清の中に含まれている補体[注1]が細胞に害を与える場合があるため，補体を失活させるための処理（非動化）をします．これは，56℃，30分間ボトルごと湯せんで処理すれば大丈夫です．

まとめ 血清中には増殖因子が含まれているため培地に添加し細胞増殖を促します．

注1：補体とは，抗体と並ぶ液性免疫因子で9種の成分があります．抗原抗体反応をきっかけとして，補体の各成分による連鎖反応が起こり細胞膜に穴が開き，最終的には細胞が破壊されます．一方，この反応は抗原抗体反応にかかわらず起こることもあります．

コラム ● 血清が入っていたガラスビンの再利用

　血清が入っていたガラスビンはしっかりしていて捨てるのはもったいないですね．実は，血清が入っていたビンは口の形が流し込みに便利な構造になっています（**図A**）．しかも，フタを少しゆるめておけばオートクレーブ滅菌は可能です．

　通常市販されている，オートクレーブ可能なガラスビンは，耐圧となっているためにフタを閉めた状態でオートクレーブにかけられます．しかし，液を取り出すときは，ピペットで取り出すことを想定しているものが多く，流し込みには不便な場合があります（**図B**）．

　図Aと**図B**を比較するとわかるように，血清のビンでは口の縁に角度がついて薄くなっているので流し込みやすいのです．

　このように血清が入っていたビンは，滅菌が可能で口から液体が垂れにくくなっているため，保存ビンとして活用すると便利です．

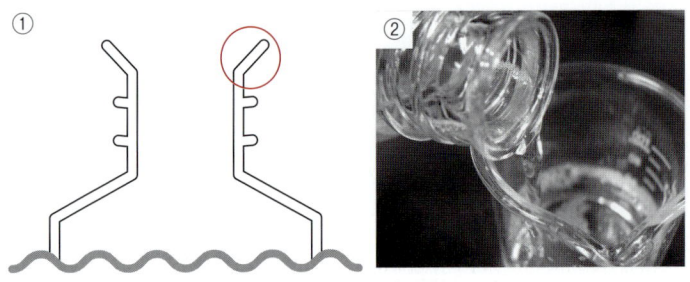

図A　市販の血清が入っていたビン
①口の縁が薄く，角度がついています．②ビンを傾けて液体を移す際，口の縁から液体が垂れにくくなっています

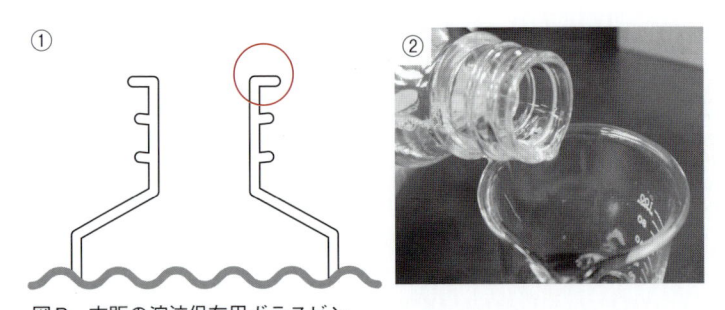

図B　市販の溶液保存用ガラスビン
①口の縁が角ばっています．②ビンを傾けて液体を移す際，口の縁から液体が垂れたり，液切れが悪いことがあります

Question 99

マイクロピペットを滅菌しなければならないときは？ また，その方法は？

Answer

無菌操作の際には滅菌します．オートクレーブを使う方法とフィルター付きチップを使う方法があります．

マイクロピペットには，オートクレーブにかけられるものとかけられないものがあります．例えば，Gilson社のピペットマンは，オートクレーブできません．しかし，市販されているマイクロピペットの中にはオートクレーブ可能なものもあります．

PCRや酵素反応の仕込みや無菌操作にマイクロピペットを用いる場合は，できるだけ無菌的に扱う必要があります．これは，マイクロピペットの操作では陰圧にして吸い上げた液体をピペット内部の空気を押し出して外部に出すためです．このためピペット内部が無菌的であることが理想的です．

実際には，
- オートクレーブ可能なピペットでは，オートクレーブ滅菌して使用します
- フィルター付きチップ（図99-1）を用いてピペット内部の空気を濾過しながら使用します
- マイクロピペットの分解掃除をときどき行うようにします（図99-2）．特に空気が入っている部分を，キムワイプを"こより"状にして掃除します．フィルター付きチップを用いても，ピペット内部が汚れていては困ります．また，掃除の際には，簡易ピペット検定（Q56）も行った方がよいです．

ただし，説明書をよく読んで行わないとかえって故障の原因となります

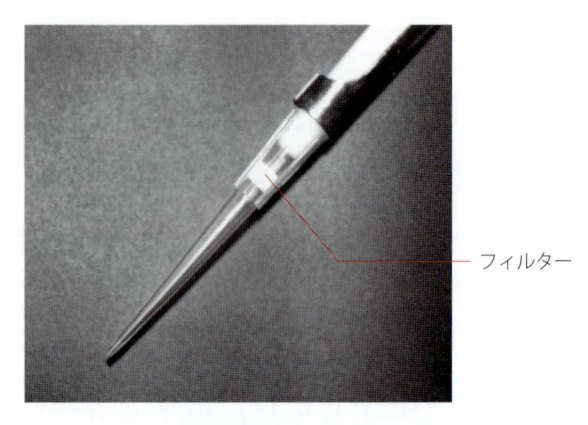

図99-1　フィルター付きチップ

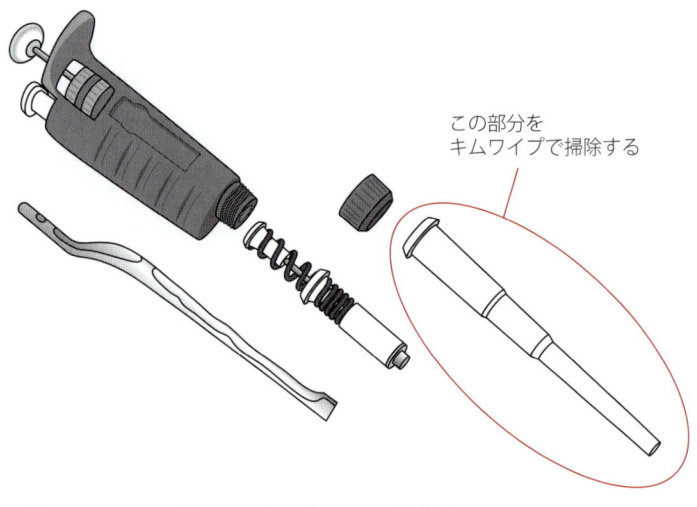

図99-2　Gilson社のマイクロピペットの分解図

> **まとめ** 必要に応じて綿栓付きチップを使いましょう．また器具のメンテナンスは大切です．ピペットの掃除することを習慣化しましょう．

バイオ研究キーワード解説

- **A.** ゲノム科学 ……………… 216
- **B.** 遺伝子解析基盤技術 ……… 229
- **C.** 変異・多型解析技術 ……… 249
- **D.** 高速・網羅的解析機器 … 258
- **E.** 遺伝子医療と教育 ………… 268

Keyword

1 ゲノム，DNA，遺伝子

ゲノム，DNA，遺伝子は，DNAを取り扱う際の基本概念である．ゲノムの実体はDNA，そのうちタンパク質合成に必要な領域が遺伝子である．

1 ゲノム

ゲノムとは，その生物がもつ遺伝情報の1セットという概念である（図1-1）．ヒトを含む有性生殖生物では，Haploidの生殖細胞では1セットの，Diploidの体細胞では，父母に由来する2セットのゲノムをもっている[注1]．ゲノムの中にはその生物の生命現象にかかわる情報が含まれている．**物質としてのゲノムの実体はデオキシリボ核酸（deoxyribonucleic acid：DNA）** であることから，物質としてのゲノムを表現するときはゲノムDNAという．ゲノムDNAは，細胞内でクロマチンとよばれるヒストンタンパク質との複合体を形成し細胞分裂時にはさらに凝集して染色体となる．ゲノムという用語の由来は，染色体に乗っている遺伝子全部ということで，gene + chromosome = genome である．

しかし，現在のゲノムの定義には，タンパク質の情報をもつ（コードしている）遺伝子ばかりでなく遺伝子以外のまだ機能が明らかになっていない配列も含まれる．すなわちゲノム＝遺伝子ではない．

2 DNA

DNAは，糖とリン酸の骨格に塩基が結合した構造をもっている．遺伝情報を刻んでいる文字は，4種類の塩基，すなわちアデニン（adenine：A），グアニン（guanine：G），シトシン（cytosine：C），チミン（thymine：T）である．ヒトの場合，ゲノムDNAは常染色体22対，性染色体1対，合わせて23対の染色体上にあり，1セットが約30億塩基対，長さは約1メートルある．ヒトの体細胞では，父親由来のゲノム1セットと母親由来のゲノム1セット，合計2セットの約60億塩基対のDNAからなっている[注2]．DNAは，リン酸基により中性付近でマイナス

注1："Ploid"は，細胞での染色体のセット数を指す．減数分裂で生じた生殖細胞は対をつくらないゲノム1セットの染色体をもつためHaploid（ハプロイド：1倍体）という．一方，両親から受け継いだ1対（ゲノム2セット）の相同染色体をもつ体細胞をDiploid（ジプロイド：2倍体）という．

注2：ヒトゲノムDNA約30億塩基のうち，99.9％の配列は人類共通といわれている．これは，個人による配列の違い（多型）が0.1％存在することに由来する（キーワード3参照）．

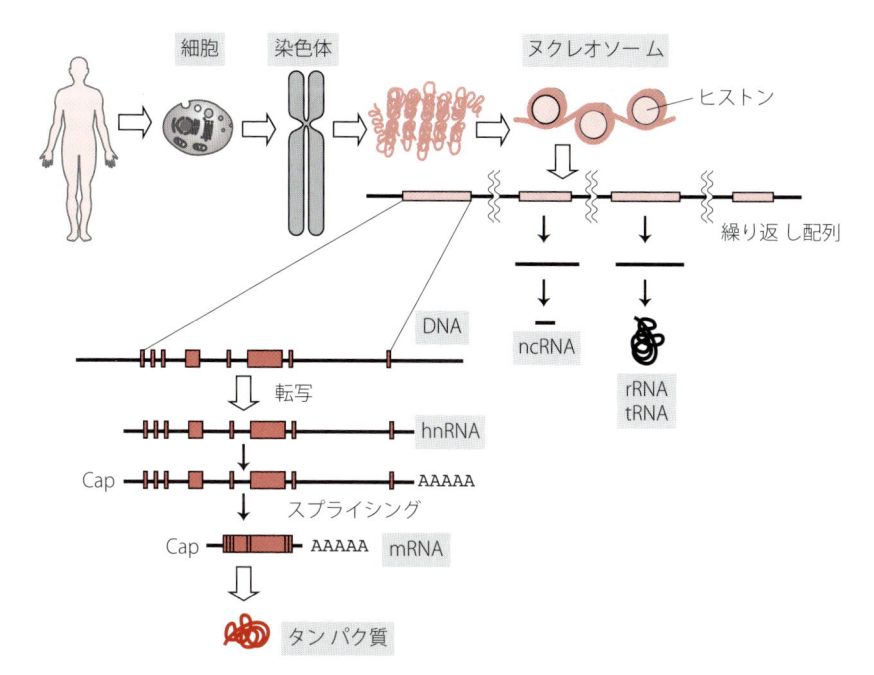

図1-1 ゲノム・DNA・遺伝子の関係とセントラルドグマ
ヒトを含めた真核細胞では，核内にゲノムDNAが存在し，細胞分裂の際には染色体として観察される．染色体をほぐすとDNAは，塩基性タンパク質（プラス電荷）のヒストンタンパク質とヌクレオソームという構造を形成している．DNA配列には，タンパク質の情報をもつ遺伝子とそれ以外の部分がある．遺伝子はエキソン（アミノ酸配列の情報をもつ部分）とイントロン，さらに遺伝子発現を調節しているプロモーターなどの調節配列からなる．ゲノムDNAの塩基配列に含まれている情報が転写され，スプライシングによりmRNAができる．mRNAの情報に基づきタンパク質が生成される（セントラルドグマ）．
hnRNA：heterogeneous nuclear RNA（mRNAの前駆体）
ncRNA：non-coding RNA（機能性RNAなどタンパク質のアミノ酸配列情報をもたないRNA）

電荷をもち規則的な繰り返し構造であるため，ゲル電気泳動で大きさによる分析が可能となる．また，AとT，GとCの塩基同士は水素結合で特異的に結びついており熱や変性剤により変性するが，変性剤を除くと再生する．さらにGとCでは3本の水素結合がAとTでは，2本の水素結合をもつため，塩基配列により結合の強さが違う．この性質を利用してハイブリダイゼーションによる特異的な検出（**Q67**）や特定配列のプライマーを用いたPCRによる特定DNA配列の増幅（**キーワード6**）が可能となった．実験においてゲノムDNAは，ヒトでいえば，体細胞から抽出したDNAのことをいう．これに対して実際に遺伝子発現したすなわちmRNAとなったDNA配列は，mRNAから逆転写したcDNAとして得られる．

A．ゲノム科学

3 遺伝子

遺伝子とは，DNAのうちタンパク質の情報をもっている領域である（図1-1）．

以前"1遺伝子1酵素"，"1遺伝子1ペプチド"という考え方があったが，基本的に1つの遺伝子は，1つのタンパク質の情報をもっているが，選択的スプライシング（alternative splicing）により1つの遺伝子から複数のタンパク質が生成することもある．ヒトを含めた真核細胞で，遺伝子は，タンパク質の構成成分であるアミノ酸配列の情報をもっているエキソン（exon）とその間を繋ぐイントロン（intron）という配列からなっている．ヒトの場合，DNAがもつ約30億塩基対のうちアミノ酸の情報をもっている配列は，2～3％程度といわれている．

国際的なヒトゲノムプロジェクトにより，2001年にヒトゲノムDNAの約9割をカバーする概要配列が公開[1]され，2003年に終了した．その後，さまざまな生物のゲノム配列が明らかになりウェブ上に公開されている．

ヒトのタンパク質をコードしている遺伝子数はゲノムプロジェクト開始前には，10万個くらいと予想されたが最終的に2万数千個であることがわかった[2]．

その一方で，ヒトゲノムDNAには，タンパク質をコードしている遺伝子以外にさまざまな情報がのっていることがわかってきた．例えば，RNAとして機能するリボソームRNA（rRNA），トランスファーRNA（tRNA）の遺伝子，繰返し配列など個人個人で違いのある配列（多型）などもある．特に，DNAの1塩基多型（SNP）（**キーワード3**）は，病気のリスクや薬剤の副作用に関連し，これらを調べる遺伝子診断に応用されている．一方，細胞内での遺伝子相互のネットワークの解明が進むとともにRNAとして機能する多数のnon-coding RNA（ncRNA）[注3]の遺伝子が発見されるなど新たな研究が進められている．

4 エピジェネティクス

塩基配列に依存しない遺伝子発現調節機構をエピジェネティクスという．これには大きく分け2つの仕組みがある．

◆ヒストン修飾による遺伝子の発現調節

・ヒストンの修飾（アセチル化，メチル化など）によるクロマチン高次構造変化が遺伝子発現を調節している（**図1-2A**）．

注3：タンパク質の情報をもつ遺伝子から転写されたRNAをcoding RNAとよび，タンパク質の情報はもたないが転写されたRNAをnon-coding RNAという．

注4：CpGアイランドは，ゲノムDNA上でC（シトシン）とG（グアニン）が高密度な領域で，遺伝子のプロモーター配列に多く存在する．なお，CpGにある小文字のpは，リン酸を表しておりCG（塩基対）と区別して連続したヌクレオチドを示している．

A ヒストン修飾による制御

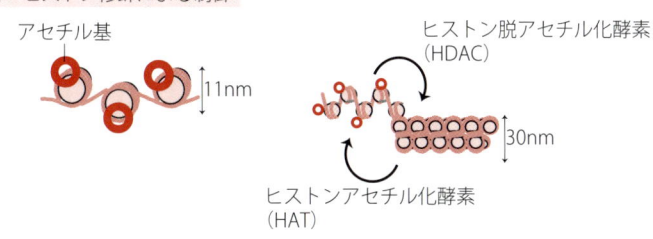

アセチル基

11nm

ヒストン脱アセチル化酵素
（HDAC）

30nm

ヒストンアセチル化酵素
（HAT）

B DNAのメチル化による制御

メチル基

プロモーター領域　遺伝子

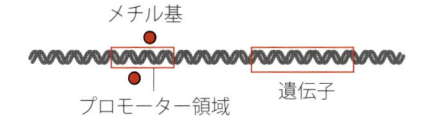

図1-2　エピジェネティクス
A) ヒストンのアセチル化，脱アセチル化によるクロマチン構造変化と遺伝子発現の調節
B) DNAのメチル化による遺伝子発現の調節

◆DNAメチル化による遺伝子発現調節

・遺伝子のプロモーター領域のCpGアイランド[注4]のCがメチル化されることでプロモーター活性が下がり遺伝子発現が抑制される（**図1-2B**）．

　このようなエピジェネティクスは，細胞がおかれた環境により変化することから，胚の発生，細胞の分化の調節，ゲノムインプリンティング，X染色体不活性化，細胞の癌化，神経機能，老化との関連が研究されている．
　参考：日本エピジェネティクス研究会（http://bsw3.naist.jp/JSE/）

<参考文献>

1) International Human Genome Sequencing Consortium : "Initial sequencing and analysis of the human genome" : Nature, 409 : 860-921, 2001
2) International Human Genome Sequencing Consortium : "Finishing the euchromatic sequence of the human genome" : Nature, 431 : 931-45, 2004

Keyword

2 ゲノム→トランスクリプトーム→プロテオーム→メタボローム

ゲノムの情報が，どのように細胞の機能に結びつくかの一連の概念である．

ゲノムとは，その生物の遺伝情報の1セットのことである（**キーワード1**）．これに対し，生物の細胞内では，機能をもったタンパク質が実際の生理作用を担っている．そして，糖や脂質の代謝も酵素タンパク質にてコントロールされている．「情報から機能へ，そして代謝産物へ」—これがゲノム→トランスクリプトーム→プロテオーム→メタボロームの流れである．

1 トランスクリプトーム

ゲノムDNAから転写（transcription）されたRNA全部を，ゲノムに対しトランスクリプトーム（Transcriptome = transcription + genome）という[注1]．この内容には，RNAの種類と量が含まれる．すなわちゲノムの遺伝情報のうち転写された情報という意味である．

ゲノムは，その生物の遺伝子情報の1セットである．しかし，一生のうちに，常に発現している遺伝子もあれば，特定の時期にしか発現しない遺伝子もある．また，脳でのみ発現する遺伝子や，ある病気のときに発現が高まる遺伝子もある．また，可変スプライシングにより1つの遺伝子から多種類のmRNAができる場合もある．このように，トランスクリプトームは，ゲノムと異なり，その生物の成長時期，細胞の種類，病態などにより異なる．さらには，RNAとして機能するmicroRNAなどのnon-coding RNAも含まれている．

このトランスクリプトームの解析には，転写されたRNAを網羅的に解析するため，従来から，DNAチップやマイクロアレイ（**キーワード18**）が用いられてきた．最近では，超高速シークエンサー（**キーワード19**）も用いられている．トランスクリプトームは，ゲノム情報を機能へ結び付ける橋渡しに相当する．

2 プロテオーム

プロテオームは，「発現しているタンパク質全部」ということで，タンパク質の

注1：Transcriptomeには，タンパク質をコードした遺伝子の転写物ばかりでなくRNAとして機能するnon-coding RNAも含まれる．このため，RNAに焦点をおいた用語として，Transcriptomeの代わりにRNAomeという用語を用いることもある．

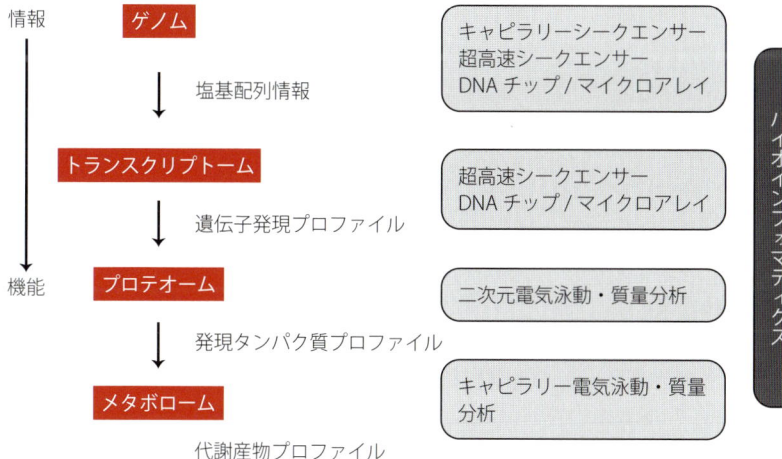

```
情報                ゲノム              キャピラリーシークエンサー
 │                    │                 超高速シークエンサー
 │                    │ 塩基配列情報    DNAチップ/マイクロアレイ
 │                    ↓
 │              トランスクリプトーム     超高速シークエンサー        バ
 │                    │                 DNAチップ/マイクロアレイ    イ
 │                    │ 遺伝子発現プロファイル                      オ
 │                    ↓                                             イ
 │               プロテオーム            二次元電気泳動・質量分析    ン
機能                  │                                             フ
                      │ 発現タンパク質プロファイル                   ォ
                      ↓                                             マ
                  メタボローム           キャピラリー電気泳動・質量   テ
                      │                  分析                        ィ
                      │ 代謝産物プロファイル                          ク
                                                                    ス
```

図2 ゲノム・トランスクリプトーム・プロテオームの関係と解析技術
ゲノムからプロテオーム・メタボロームへ，すなわち「情報から機能，そして代謝産物へ」の流れを示す．ゲノム/トランスクリプトーム/プロテオームの解析には，キャピラリーシークエンサー，DNAチップ/マイクロアレイ，超高速シークエンサー，質量分析などの技術が必要である．(**キーワード18，19参照**)

種類と量が含まれる．しかし，プロテオームは，転写されたmRNAのすべての内容とは，完全には一致しない．これは，糖鎖付加やリン酸化などの翻訳後修飾（post-translational modification）や前駆体と酵素本体，ポリマー化など翻訳後タンパク質になってからの変化も伴うためである．このプロテオームが，細胞の機能に直接関係しているのである．

プロテオームは，受精から死ぬまで，細胞により，また時期により変化する．このため，個々のステージでのプロテオームの状況を「物」として見えるようにすること，すなわちプロファイリング（profiling）することが必要である．このプロテオーム/プロファイリングには，二次元ゲル電気泳動が用いられているが，さらにここにMALDI-TOF-MS（matrix assisted laser desorption time of flight/Mass spectrometry：タンパク質試料にパルスレーザー光をかけてイオン化して飛ばし，分子の移動時間の測定から，分子量を正確に測定できる質量分析計）を組合わせての解析も行われている[注2]．またタンパク質自体の立体構造の解析にはNMR（nuclear magnetic resonance：原子がもつ共鳴吸収周波数を測定して，化合物の原子の立体配置を決定する方法．タンパク質を結晶化せずに自然な状態の立体構

注2：タンパク質の質量分析技術の基礎であるソフトレーザー脱離イオン化は，日本人の田中耕一氏により発見された．同氏は，2002年にノーベル化学賞を受賞．

造を調べられるため，タンパク質を結晶化させて解析するX線構造解析法の欠点を補える）も用いる．さらに新しい技術も開発されつつある．このようなプロテオームの研究分野を，「プロテオミクス」（Proteomics）という．

3 メタボローム

代謝中間体を含めた代謝産物全部をメタボロームという．プロテオームを調べるようにメタボロームも時事刻々と変化していく．多種類代謝産物を網羅的に解析する手法の研究が進み，複雑なタンパク質解析ではなくメタボローム解析により生命現象にアプローチする研究が進展している．ゲノム情報や，現在ある中間代謝物の情報をもとに，コンピュータ上でのバーチャル細胞を用いて解析する試みもなされている（**キーワード5**）．

ゲノム情報は1個体に対し1つ決まるが，トランスクリプトーム，プロテオーム，メタボロームは，個体を構成する細胞によりさらに時間によっても膨大な情報が存在する．

ゲノム情報に基づいた研究やトランスクリプトーム以降の研究分野をポストゲノムシークエンシングということもある．

このため，個々の遺伝子やタンパク質の解析からスタートした従来の考え方から，ゲノム，トランスクリプトーム，プロテオーム，メタボロームという生物の情報や機能をシステムとして捉え，これらを情報科学的な技術（バイオインフォマティクス）を用いて考えていくシステムバイオロジーという学問がある（**キーワード5**）．

3 SNP（1塩基多型）

SNP（Single Nucleotide Polymorphism）は，人それぞれの特徴を示す多型である．SNPは，高密度多型であり，個々人の体質を表す指標になり得るマーカーである．膨大な数があるために，検出には手法のハイスループット化された機器が用いられている．

SNPは「スニップ」[注1]と読み，1つの塩基置換によって起こる1塩基多型のことである．例えば，あるDNA配列でAさんはCT**G**AであるがBさんはCT**A**Aであるならば**G**と**A**という違い（多型）がある（図3 A）．このような多型は，ヒトゲノムでは全領域にわたり約500〜1,000塩基に1つ程度の割合で存在する．ヒトゲノム全体での総数は全塩基配列の0.1％に相当する約300万カ所以上といわれている[注2]．SNPは，進化の過程で起こった点突然変異が保存されたものと考えられ，集団中に1％以上その変異が存在するときSNPという．1％に満たない頻度の場合は，点突然変異とよぶ．

SNPは密度の高いマーカー[注3]として利用され，個人個人の体質などの特徴に結びつく変化であると考えられている．SNPには，cSNP（codingSNP：遺伝子の翻訳領域にあるSNP），rSNP（regulatory SNP：調節領域にあるSNP），gSNP（genome SNP：他の領域SNP）などがある（図3 B）[1]．特にcSNPとrSNPは，表現型に影響を及ぼす多型であるため重要である．例えば，酒に強いか弱いかは，アルコールが分解して生成されたアルデヒドの分解に関与するアルデヒド脱水素酵素（Acetoaldehyde dehydrogenase2：ALDH2）のSNPに依存している．また，薬の副作用があるか否かなども肝臓のCytochrome P450（CYP）など薬物代謝に関連する遺伝子のSNPが関連する場合がある．SNPによる薬剤の副作用との関連は，テーラーメード医療に利用されている．

SNPの検出方法としては，シークエンシング，DNAチップ/マイクロアレイ，リアルタイムPCR，Invader，RFLP，SSCPなどさまざまな方法があり，多検体同時

注1：複数形はSNPs「スニップス」だが，日本語では，スニップとよぶことが多い．
注2：ヒトゲノムDNAの配列はSNPを除く99.9％が人類共通といわれている．
注3：STR（Short tandem repeats：3〜5塩基対の繰り返し配列．ヒトゲノム全体の総数は数万個）やVNTR（Variable number of tandem repeats：数十塩基対の繰り返し配列．ヒトゲノム全体の総数は数千個）に比べるとSNPはゲノム全体で約300万カ所に及び，個人個人の特徴に応じた塩基配列の差が出やすい高密度なマーカーである．

A　CACTGAAGTGAAAA ← A さんの DNA 配列
　　CACTAAAGTGAAAA ← B さんの DNA 配列

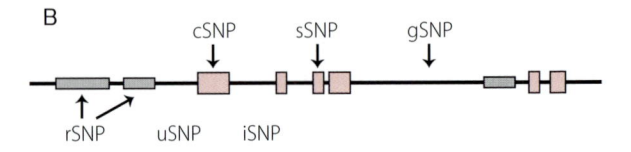

B

cSNP　sSNP　gSNP

rSNP　uSNP　iSNP

図3　SNPとは
A：個人による1塩基の違い（1塩基多型）．ここでは，G/Aの1塩基多型がある．
B：ゲノムDNA上にあるさまざまなSNP．
rSNP：regulatory SNP（調節領域のSNP），uSNP：untranslated SNP（非翻訳領域のSNP），cSNP：coding SNP（翻訳領域でアミノ酸変化のあるSNP），iSNP：intronic（イントロンのSNP），sSNP：silent SNP（翻訳領域でアミノ酸配列変化のないSNP），gSNP：genome SNP（他の領域のSNP）

処理（HTS：ハイスループットスクリーニング，**キーワード16**）ができる機器が各メーカーから市販されている．特にシークエンシングでは，超高速シークエンサーよる全ゲノム解析も実用化されている．

<参考文献>
1）中村祐輔/著："これからのゲノム医療を知る—遺伝子の基本から分子標的薬，オーダーメイド医療まで"：羊土社，2009

Keyword 4 バイオインフォマティクス

バイオインフォマティクス[注1]は，生命科学研究から得られた大量のデータに基づき生物の機能解明を行う学問である.

バイオインフォマティクスの由来は，Biology + Informatics = Bioinformatics で，日本語では生物情報科学である[注2].

加速度的に明らかになっていくゲノムDNAの配列，遺伝子発現プロファイル，タンパク質構造などの膨大なデータベースを基にコンピュータを用いて解析することで生命科学を研究する分野である.

生体内の生命現象は，多くの因子が複雑に絡み合って起こっており，その解析はコンピュータが得意とするところであるため「複雑な生命現象の解明＝コンピュータで調べる」という構図ができあがりつつある．特に超高速シークエンシング技術（**キーワード19**）やDNAチップ技術（**キーワード18**）などの新しいテクノロジーからもたらされた大量のゲノムやトランスクリプトームのデータはあまりに膨大な量となるため，バイオインフォマティクスを用いてようやくデータのもつ意味が明らかになる．データベースには，ウェブ上に公開されている公的データベース，有料データベース，研究所内で作製した独自のデータベースなどさまざまなものがあるが，目的に応じデータベース内のデータの品質を確認して用いる必要がある.

◆ウェブ上で公開されている公的データベースの事例

1. NCBI〔DNAデータ（GenBank），文献データ（PubMed）などさまざまなデータベースやBLAST解析[注3]などを含むポータルサイト〕
2. EMBL（DNA/RNAの塩基配列：**http://www.ebi.ac.uk/embl/**）
3. DDBJ（DNA Data Bank of Japan，国立遺伝学研究所：DNA/RNAの塩基配列：**http://www.ddbj.nig.ac.jp/index-j.html**）
4. PDB（Protein Data Bank：タンパク質・生体高分子の立体構造：**http://www.rcsb.org/pdb/**）
5. KEGG（京都大学バイオインフォマティクスセンター，ゲノムネットポータルサイト）

注1：日本バイオインフォマティクス学会（http://www.jsbi.org/）
注2：バイオインフォマティクスから派生し細胞内のシミュレーションという *in silico* 生物学という考え方もある（*in silico*：コンピュータ上の）.

◆ **バイオインフォマティクスの活用例**

遺伝子検索：DNAシークエンシングなどによって得た塩基配列がどの遺伝子のものであるかを検索する

DNA配列，アミノ酸配列比較：アライメント（相同性検索：似たもの探し）による遺伝子構造やタンパク質の構造比較，BLAST検索[注3]

さらに，タンパク質高次構造からの機能予測やタンパク質・タンパク質相互作用（protein-protein interaction: PPI）予測，など．

◆ **まとめ**

ゲノム，トランスクリプトーム，プロテオーム，SNPなどの膨大なデータベースからコンピュータを用いて新たな情報を掘り当てるデータマインニング[注4]により，新たな知見を探し出すことが可能である．

バイオインフォマティクスは，生命科学の基礎研究からゲノム創薬まで，広く関係する学問である．

<参考文献>

1）高木利久/編："東京大学バイオインフォマティクス"：羊土社，2006
2）広川貴次，美宅成樹/著："できるバイオインフォマティクス"：中山書店，2002

注3：BLAST（Basic Local Alignment Search Tool）は，DNAの塩基配列，タンパク質のアミノ酸配列のシークエンシングアライメント（配列の比較）を行うことができるアルゴリズム（データの処理方法）である．データベースに対して検索することで，一定の閾値を定めて類似するシーケンスを検出できる．

注4：mining（炭坑掘り）：データベースの山から役立つ情報を掘り出すこと．

Keyword 5 システムバイオロジー

生物をシステムとして捉え，生命現象を解明する学問である．

　分子生物学は，文字通り生物を構成する分子を同定し生命現象を解析する学問である．研究の進展により，代謝経路に存在する酵素タンパク質分子や膜の受容体にはじまるシグナル伝達系にかかわるタンパク質分子，さらにはこれらの遺伝子など，さまざまな分子が同定されてきた．その結果，遺伝情報に基づき生体内でどのような分子が存在して機能しているかという "静的" な現象の理解に大きく貢献した．しかし，動的な生命現象を説明するには，分子生物学研究の成果に加え，これらの分子が生体内でシステムとしてどのように動いているかの解析が必要である．このような流れのなかで生物をシステムとして捉える考え方が生まれてきた．これは，生命現象にかかわる分子を定量的に解析したデータ，時系列に基づいたデータを使い，コンピュータを用いて生体内のシミュレーションを行い，生体の機能を明らかにする学問であり，システムバイオロジー（システム生物学）とよばれている[1)～3)注1]．観察と分析から推測する現在までの生物学に対して，法則と数学から生命現象を予測する学問と位置付けられる．

　システムバイオロジーの基盤となるデータは，細胞内に存在する物質を網羅的，定量的，時系列的に解析して得る必要がある．

　例えば，既存のデータベースから，細胞内の化学反応ネットワークの情報がわかれば，各反応の速度論的データも用意できる．これらのデータを用いてシミュレーションを行い，細胞内の代謝やシグナル伝達などのパスウェイの全体構造を予想するとともに，定量的データに基づいて速度論的考察が可能である[3)]．

　システムバイオロジーでは，網羅的な定量データに基づきモデルを作製する必要があるため，実験技術が重要である．最近は，超高速DNAシークエンサー（**キーワード19**）によるDNAの定量的解析，定量PCRによる網羅的遺伝子発現の定量解析技術が進歩し，定量的なデータが大量に得られるようになった．システムバイオロジーは，ネットワークの実態を明らかにして細胞システムを捉えるため，こうした実験技術の進展がもたらした生命科学的意義は計り知れない．最近では，生命現象を制御している体内時計の遺伝子ネットワークシステムの研究[4)]などシス

注1：英文では，Systems biologyと複数であるが，日本語ではシステムバイオロジーと単数でよぶのが一般的である．

設計図

ネットワーク図

DNA/RNA
タンパク

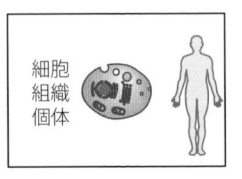

細胞
組織
個体

図5　システムバイオロジーのイメージ
自動車は，タイヤ，ホイール，車軸，エンジン，ハンドルなどさまざまな部品から構成されている．しかし，これらの部品がただ置いてあっても自動車ではない．設計図をもとにこれらの部品が有機的に組合わされシステムとなってはじめて動く自動車になる．
DNA，RNA，タンパク質などさまざまな分子を生物の部品と見立てた場合，それを組合わせてネットワークをつくり，1つのシステムとなってはじめて生命活動となる．近年，その基礎データとしてDNA，RNA，タンパク質，代謝物などの細胞内物質の網羅的定量分析が可能となり，以前に比べて格段に正確なシミュレーションが可能になったことがシステムバイオロジーの発展に寄与している．

テムとして生物を捉える研究が始まっている．

　今後は，現在の特定の分子をターゲットとした分子標的医薬品ばかりでなく多数の分子がかかわるネットワークを標的とすることで新たな創薬の可能性が生まれてくることから，疾患に関連する複数の分子によるシステム創薬も研究されている．

＜参考文献＞

1 ）Kitano, H. : "Computational systems biology." : Nature, 14 : 206-210, 2002
2 ）児玉龍彦，仁科博道/著："システム生物医学入門～生命を遺伝子・タンパク質・細胞の統合ネットワークとして捉える次世代バイオロジー"，羊土社，2005
3 ）江口至洋/著："細胞のシステム生物学"，共立出版，2008
4 ）Ueda, H. R., et. al. : "System-level Identification of Transcriptional Circuits Underlying Mammalian Circadian Clocks." : Nature Genetics, 37 : 187-192, 2005

Keyword

6 PCR法

PCRは，微量のDNAを増やす技術である．増幅したDNA配列の特異性（どの場所を増幅させるのか）は，プライマーの塩基配列で決められる．PCRは，遺伝子解析の応用範囲を飛躍させた．

PCR（Polymerase Chain Reaction）法は，微量のDNAを増幅する（増やす）技術であり，1983年アメリカ・カリフォルニア州にあるCETUS（シータス）社に当時所属していたKarry Mullisによって開発されたものである．Mullisは，1993年にこの方法の開発の業績によりノーベル賞を受賞した．従来DNAを増幅するには細胞を in vitro（試験管）内で増やす手法が用いられてきた（**図6-1A**）．これに対しPCR法のポイントは，細胞分裂に際してのDNAの複製に関する酵素系を，試験管内で再構築することである（**図6-1B**）．すなわち1本の試験管の中で鋳型二本鎖

A 細胞分裂によるDNA増幅

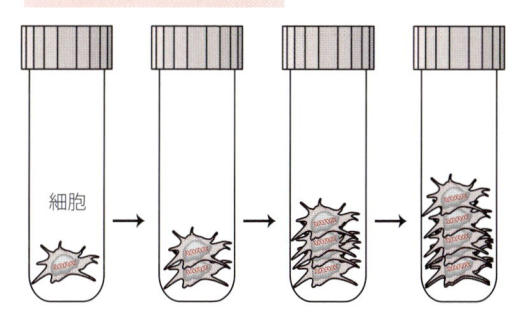

B PCR法によるDNA増幅

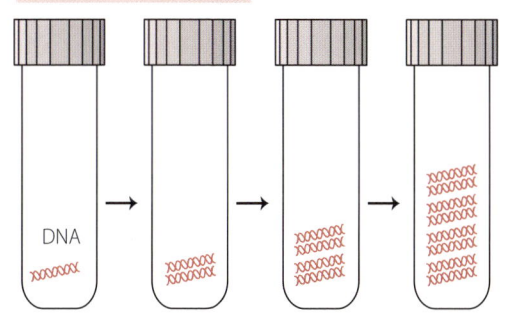

図6-1 試験管内（in vitro）でDNAを増やすという概念
A）1本の試験管の中で1個の細胞の培養を行ったとする．細胞が分裂するごとに，試験管あたりのDNAの数は増加する．B）1本の試験管の中で1本のDNAと特異的プライマー，dNTP，Taq DNAポリメラーゼを加え熱変性，アニーリング，伸長反応を繰り返すことによりDNAを特異的に増幅できる．細胞分裂に際してのDNAの複製に関する酵素系を，試験管内で再構築するという原理である

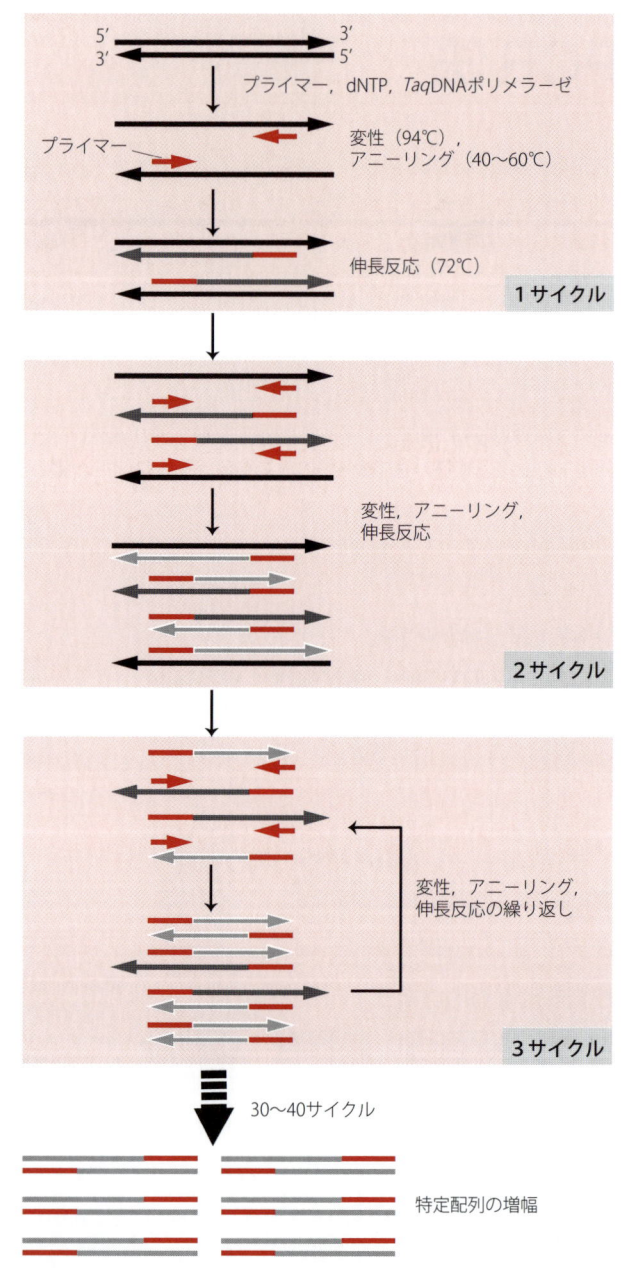

図6-2 PCR反応による特定DNA配列の増幅
特定の塩基配列に対するプライマーを作製することにより，特異的なDNA配列の増幅ができる

図6-3 PCR反応装置

DNAと特異的プライマー，dNTP，耐熱性の*Taq* DNAポリメラーゼを加え，二本鎖DNAの熱変性，プライマーのアニーリング，ポリメラーゼによる伸長反応を繰り返すことにより特定の配列をもつDNAを特異的に増幅できる（**図6-2**）．1回の反応で2倍に，さらに次の反応で4倍と，ねずみ算式にDNAが増幅され，30～40サイクルの反応により10～100万倍の増幅ができる．このためngオーダーのゲノムDNAからでも分析に必要なDNAを確保できる．増幅DNA配列の特異性は，DNAシンセサイザー（自動DNA合成装置）でつくられた20ヌクレオチド程度のプライマーの配列により決められる．また，鋳型DNAは，ゲノムDNA，cDNAいずれでもよい．応用技術として，リアルタイムで反応をモニターすることで鋳型DNAを定量できるリアルタイムPCR（**キーワード7**），逆転写酵素（reverse transcriptase）を用いることでRNAを鋳型として増幅するreverse transcriptase-PCR（RT-PCR），増幅しながらシークエンシング反応を行うサイクルシークエンス，さらにはPCR増幅産物のクローニングなどの派生したさまざまな技術はバイオ実験でよく用いられる．このようにPCR法は遺伝子解析の基盤技術である．

7 リアルタイムPCR法

微量のDNAを正確に定量できる方法である．リアルタイムPCRは，PCR反応におけるDNA合成酵素の反応速度を調べることで鋳型DNA量を定量する．

PCR反応では，*Taq* DNAポリメラーゼなどの耐熱性DNA合成酵素によりDNAを合成し増幅する．一方，リアルタイムPCR法では，この反応をモニタリングすることにより鋳型DNAを定量する．

1 リアルタイムPCR法の原理

　DNA合成酵素は，基質としてdNTPおよびプライマーがアニーリングした場所を始点として一部が二本鎖，残りが一本鎖の鋳型DNAを用いて合成反応を行う．この反応に蛍光物質を用いることで，合成反応が起こると蛍光シグナルが発生する系を組み立て，合成反応の速度をモニタリングする．このデータを基に鋳型DNAの定量を行う．この系はPCR反応を続けながら，均一な水溶液系でPCR産物の生成量をサイクル数ごとにリアルタイムにモニタリングできることから，リアルタイムPCR法という．通常，PCR反応が終了したDNA断片の電気泳動バンドの濃さは，DNA合成酵素反応がプラトーに達した時点での結果を見ているため，鋳型DNAの量を反映していない．リアルタイムPCRでは，蛍光物質を用いてDNA合成反応をモニタリングすることによって，いわばその初速度から鋳型DNAを定量しているのである（図7-1）．その結果，鋳型DNAが多い場合は，少ないサイクル数で蛍光が検出でき，鋳型DNAが少ない場合は，多いサイクル数でなければ蛍光が検出できない．

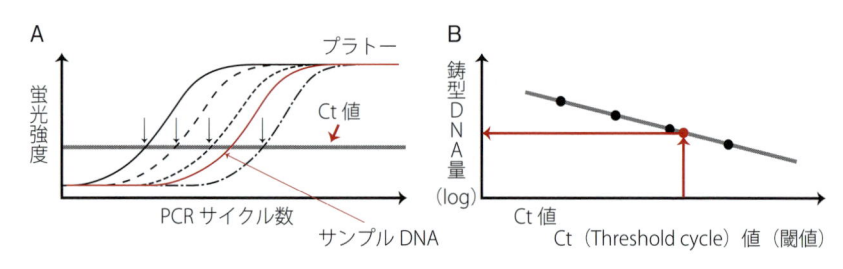

図7-1　リアルタイムPCRの原理
A）蛍光強度の閾値に達するPCRのサイクル数は，鋳型DNA量に依存する．B）このため，あらかじめ量がわかっているターゲット配列をもつ複数のDNAの蛍光強度を測定して標準曲線を作成し，定量を行う．実験では，ターゲット配列をもつDNA以外にβアクチンやグリセルアルデヒド-3-リン酸デヒドロゲナーゼ（GAPDH）などを内部コントロールとして用いる．Ct（Threshold cycle）：閾値

2 蛍光物質による酵素反応検出方法

リアルタイムPCR法では，何らかの方法でDNA合成反応により蛍光が発するようにする．これには，いくつかの方法がある．

①インターカレーション法

- 反応の際に合成された二本鎖DNAに結合し蛍光を発するSYBR Green Iなどの蛍光色素（インターカレーティング色素）を取り込ませる．二本鎖DNAが合成されると蛍光を発するためDNA合成量に応じた蛍光強度が検出できる（**図7-2A**）．

②TaqManプローブ法

- 2つのプライマーに囲まれた領域に増幅配列とハイブリダイズできる第3のオリゴヌクレオチドプローブを用意する[注1]．この第3のプローブの5′，3′両末端におのおの蛍光色素（レポーター色素）と消光物質（クエンチャー色素）を結合させ[注2]．励起させても蛍光がFRET（**4**参照）により消光される状態とする[注3]．PCR反応に伴い，*Taq* DNAポリメラーゼがもつ5′-3′エキソヌクレアーゼ活性により第3のプローブは分解し，FRETの効果がなくなり出てきた蛍光を検出する（**図7-2B**）[1]．

リアルタイムPCRを行うために，蛍光物質を励起できるレーザー装置を備えたPCR機器が各社から市販されている．

①に比べると②の方が，特異的な検出ができるが，蛍光標識したTaqManプローブ作製の経費や反応条件の至適化が必要である．

3 定量RT-PCR（qRT-PCR）

リアルタイムPCRとRNAを鋳型とした逆転写反応を組合わせることで微量のRNAを定量できる．これを定量RT-PCRすなわちQuantitative reverse transcription-PCR（qRT-PCR）[注4]という．

注1：プライマーも特異的な配列と結合しプローブとしての役割をもつため，プライマーは第1，第2のプローブといえる．
注2：第3のプローブをTaqManプローブという．TaqManプローブには，5′末端にレポーター色素（R）としてフルオロセインなどを，3′末端にクエンチャー色素（Q）を結合させてある．
注3：ここでは，レポーター色素（R）のエネルギーがクエンチャー色素（Q）の励起に使われ結果として蛍光を発しない．TaqManプローブが分解するとレポーター色素とクエンチャー色素が離れ，FRETがなくなりレポーター色素の蛍光が検出される．つまり，PCR反応により蛍光が発せられる（図7-2B）．
注4：RT-PCRは，Reverse transcription-PCRまたは，Reverse transcriptase-PCR（逆転写-PCR）の略号．Realtime PCRの省略名ではありません．

A インターカレーション法

B TaqManプローブ法

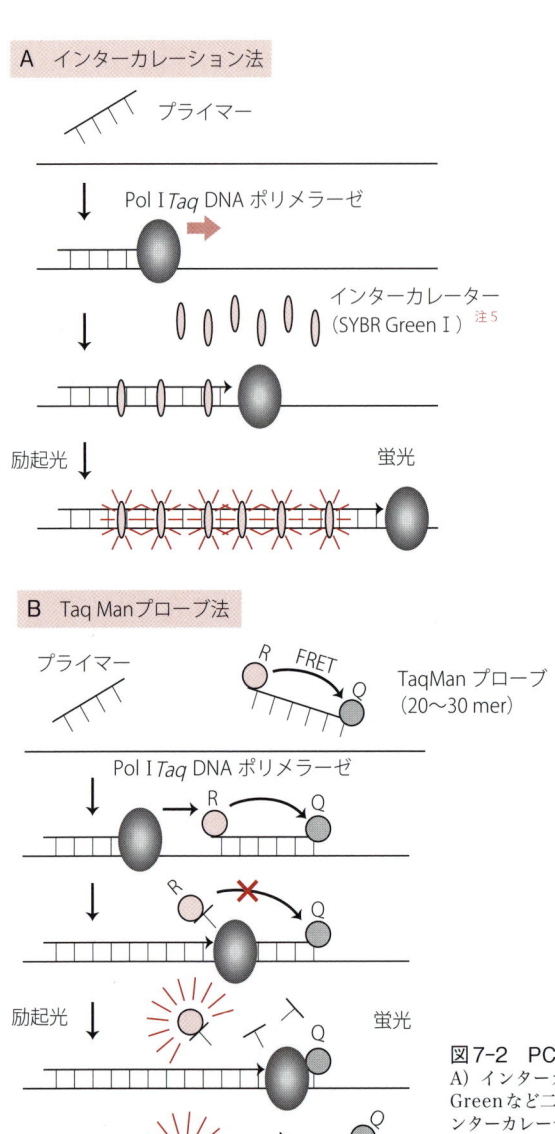

図7-2 PCRに伴う蛍光発生の原理
A) インターカレーション法では、SYBR Greenなど二本鎖になると蛍光を発するインターカレーティング色素を用いる。B) 一方、TaqManプローブ法では、第3のプローブにレポーター色素（R）とクエンチャー色素（Q）を結合させておく。TaqManプローブが分解するとレポーターの蛍光が検出できる

注5：SYBR Greenは、インターカレーターとして二本鎖DNAに結合した後、DNAのマイナーグローブ（小溝）に移行して蛍光強度を増すといわれている[2)3)]。

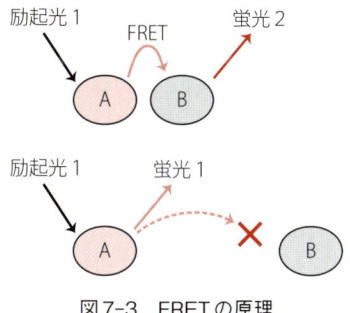

図7-3　FRETの原理

4 参考：FRET

　　Fluorescent resonance energy transfer（FRET：蛍光共鳴エネルギー転移）とは，ある1つの分子がエネルギーを得て励起状態となったとき，近傍に別の分子が存在すると，共鳴により分子のもつ励起エネルギーがこの別の分子に転移することをいう．2つの分子AとBが下記条件で近傍にあると仮定する（図7-3）．

①AとBの分子が特定の光のエネルギーにより励起し蛍光を発する物質である
②2つの分子は数nm程度の近傍に存在する
③分子Aの蛍光波長と分子Bの励起波長が重なる関係にある

　　ここで2つの分子を含む溶液にAの励起波長の光（図7-3中，励起光1）を当てると，Aは励起されるが，そのエネルギーは蛍光とはならずに共鳴現象により近くにあるBに伝わり，Bが励起され蛍光を出す（図7-3中，蛍光2）．AはエネルギーをBに渡してしまったため，基底状態に戻り，蛍光を出さない．逆に，分子AとBの位置が離れていると，Bの蛍光からAの蛍光にシフトする（図7-3中，蛍光1）．このようなFRETを利用することで分子間の距離を蛍光色で検出することができる．

<参考文献>

1) Holland, P. M., et al., : "detection of specific polymerase chain reaction product by utilizing the 5'-3' exonuclease activity of Thermus aquaticus DNA polymerase" : Proc. Natl. Acad. Sci. USA, 88 : 7276-7280 1991
2) Zipper, H., et al. : Investigations on DNA intercalation and surface binding by SYBR Green I, its structure determination and methdological implications. Nucleic Acid Res., 32 : e103, 2004
3) Giglio, S., et al. : Demonstration of prefential binding of SYBR Green I to specific DNA fragments in real-time multiplex PCR. Nucleic Acids Res., 31 : e136, 2003
4) 北條浩彦/編：“原理からよくわかるリアルタイムPCR実験ガイド～基本からより効率的な解析まで必要な機器・試薬と実験プロトコール”，羊土社，2007

Keyword 8 シークエンシング法

塩基配列を決定し，ゲノム情報をみるための基盤技術である．シークエンシングには，さまざまなバリエーションがあるので，実験規模により使い分ける必要がある．

現在広く用いられているシークエンシング法は，サンガー法[1]に基づく塩基配列決定法である．これは，DNAポリメラーゼによるDNA合成反応でddNTP（ジデオキシヌクレオチド）が取り込まれると反応が停止する原理を利用している．DNAポリメラーゼによるDNA合成反応では，一本鎖の鋳型DNA[注1]にプライマーがアニーリングし，そこを始点としてdNTPを取り込みながら新たな鎖を合成する．この際ddATP，ddGTP，ddCTP，ddTTPのいずれかが取り込まれると反応は停止する（図8-1）．

このためサンプルとして一本鎖鋳型DNA[注1]を用意し，一定時間DNA合成反応させると1塩基ごとに反応が停止した一部が二本鎖，一部が一本鎖のDNAが合成される．このDNAをホルムアミド存在下で熱変性し一本鎖とした後，電気泳動にてその末端の塩基の種類を調べることで塩基配列を決定する（シークエンシング）（図8-2）．

合成されたDNAを検出するためには，DNAを標識する必要がある．オリジナルのサンガー法では，^{32}Pなどの放射性物質で標識したプライマーを使用したり^{32}P標識dCTPなどを合成反応の際に取り込ませて標識した．現在では，4種類の異なる蛍光色素で標識したddNTPを用いたダイターミネータ法が中心である．この方法では電気泳動の1レーンで1検体を解析できるため，キャピラリー電気泳動を用いたキャピラリーシークエンサー[注2]が市販されている．

注1：鋳型DNAの準備
一本鎖ファージM13にサブクローニングしたDNA，pUC系プラスミドへのサブクローニングしたDNA，PCR法で増幅したDNAなどが用いられる．*Taq* DNAポリメラーゼなど耐熱性酵素を用い，増幅させながらシークエンシング反応を行うサイクルシークエンシング法も用いられる．
注2：キャピラリー電気泳動とキャピラリーシークエンサー
キャピラリー電気泳動（capillary electrophoresis：CE）とは，内径50〜100μm，長さ20〜70cmの毛細管（キャピラリー）中で電荷をもつ物質を泳動することで分析する技術ある．CE装置は，高圧微弱電流型電源，オートサンプラー，泳動担体を入れたキャピラリー，蛍光検出器，データ解析用コンピュータから成り立っており（図8-3），平板ゲル電気泳動に比べて泳動時間が短く高い分離能をもち，さらに自動化できる．シークエンシング反応後の蛍光分析に用いるキャピラリー電気誘導装置をキャピラリーシークエンサーとよぶ（図8-4）．

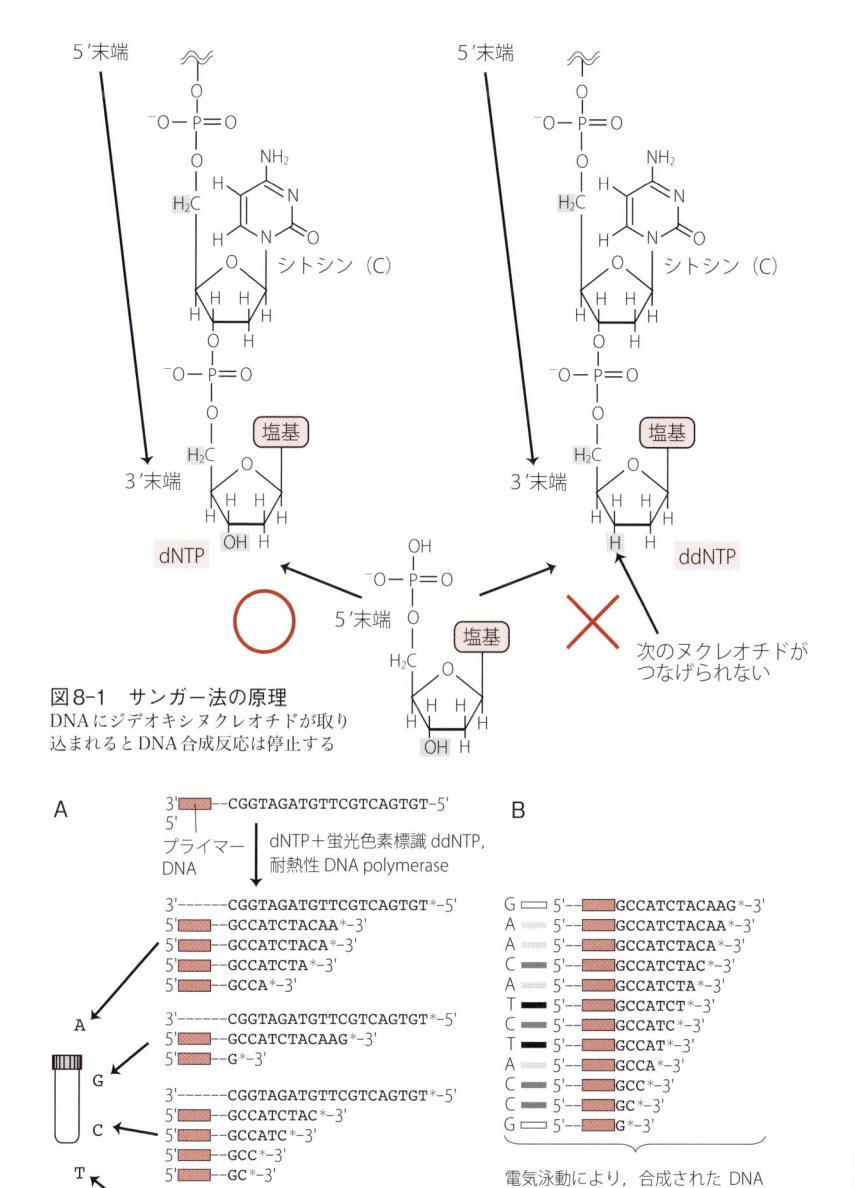

図8-1 サンガー法の原理
DNAにジデオキシヌクレオチドが取り込まれるとDNA合成反応は停止する

図8-2 ダイターミネーター法の原理
A) 各々異なる蛍光色素で標識されたddNTPを用いてDNA合成反応を行う
B) 1サンプル/1レーンの電気泳動にてシークエンスを決める

電気泳動により，合成されたDNA断片を長さ順，つまり，塩基配列の順に並べることができる

B. 遺伝子解析基盤技術

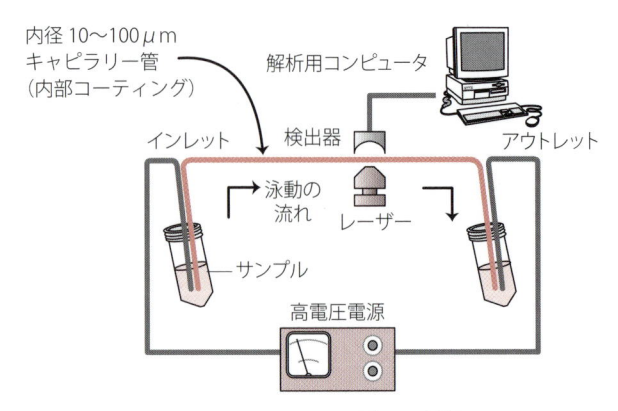

図8-3 キャピラリー電気泳動装置

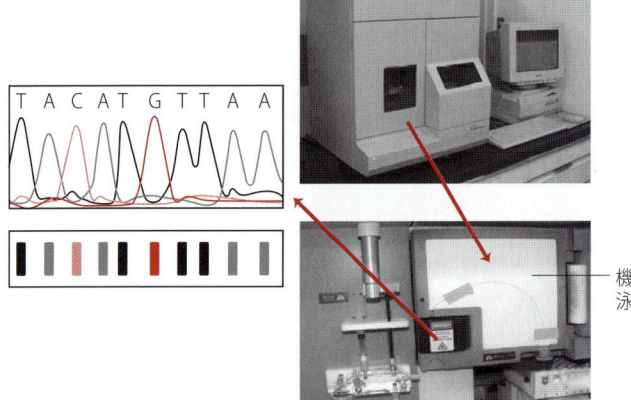

図8-4 キャピラリーシークエンサー
蛍光標識ddNTP（ダイターミネーター法：4色蛍光物質）を用いてシークエンシング反応後，キャピラリーシークエンサーにて分析する．初代のPRISM 310（Lifetechnologies社）．同社からは，16本掛けなど多数検体を処理できる装置が市販されている

<参考文献>

1) Sanger, F., et al., "DNA sequencing with chain-terminating inhibitors." : Proc. Natl. Acad. Sci. USA, 74 : 5466-5467, 1977

Keyword

9 RI，化学発光，蛍光標識

微量物質の高感度検出に必須の技術である．放射性同位元素による標識や化学発光，蛍光のしくみや検出機器の違いを知り，使い分けよう．

DNA，RNA，タンパク質などの高感度検出には，これらの分子を放射性同位元素（Radioisotope：RI），ビオチンやDIG[注1]，蛍光物質などで標識し，RI，化学発光，蛍光，発色などのシグナルを機器で検出しコンピュータで画像解析する方法がよく使われる（図9-1）．

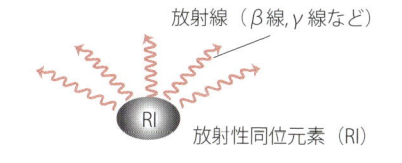

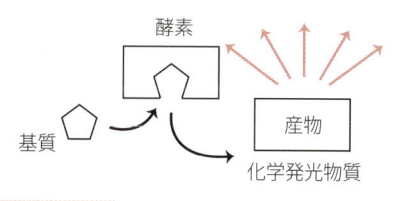

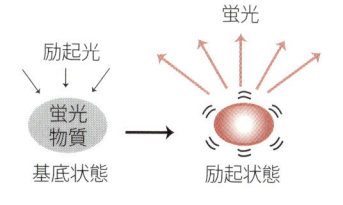

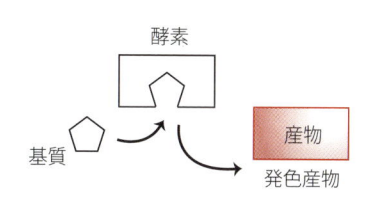

図9-1 RI，化学発光，蛍光，発色のしくみ
A) RIはそれ自体が放射線を出す．B) 酵素化学反応による発光を化学発光という．例えばAMPPDはアルカリホスファターゼ（Alkaline phosphatase：AP）により，脱リン酸化されAMPDとなるとともに光を放つ．C) 蛍光物質は，励起光により蛍光を発する．D) 酵素化学反応の際に，分解すると発色する基質を用いると発色法となる

注1：ビオチン標識した分子と酵素標識アビジンを結合させた後，分解すると発光する基質で酵素反応を起こさせ，化学発光を検出する．DIG（Digoxigenin）でも同様に酵素標識抗DIG抗体との反応後，化学発光基質により検出する．また，この際基質として分解すると色がつくものを用いた系が発色である．DIG系は，Roche Diagnostics社の商品である．

1 検出系と使用用途

①放射性同位元素（RI）検出系
用途：ハイブリダイゼーション（**Q67**）
　　　　（サザン，ノーザン，コロニー，プラーク，*in situ*）
　　　シークエンシング（手作業で行う場合）（**キーワード8**）
　　　CATアッセイ
　　　in vitro 標識と免疫沈降法
　　　ウエスタンブロッティング，他

②化学発光検出系
用途：ハイブリダイゼーション
　　　　（サザン，ノーザン，コロニー，プラーク）
　　　シークエンシング（手作業で行う場合）
　　　ウエスタンブロッティング

③蛍光検出系
用途：蛍光ハイブリダイゼーション（Fluorescent *in situ* hybridization：FISH）
　　　オートシークエンサー（**キーワード8**）
　　　（塩基配列決定，マイクロサテライト解析，SSCP解析）
　　　リアルタイムPCRによる鋳型DNA/RNAの定量（**キーワード7**）
　　　Ethidium bromide，SYBR GreenによるDNA/RNAの検出
　　　GFP/BFP/YFP/CFPなどによる融合タンパク質の検出（**キーワード10**）

④発色検出系
用途：ハイブリダイゼーション
　　　ウエスタンブロッティング
　　　免疫組織染色

2 化学発光と蛍光の違い

　化学発光では，基質が分解することにより，発光物質が生成され発光が観察される．ホタルの発光のしくみを利用した，ルシフェラーゼ（酵素）/ルシフェリン（基質）系が代表的なものである．検出には，X線フィルム，イメージングプレート（Photomultiplier tube：PMT）[注2]，Charge coupled Device（CCD）[注3]カメラなどが用いられる．

　蛍光とは，蛍光物質にある特定の波長の光（レーザー光線など）を当てると，

注2：日本語では，光電増倍管．一般的に検出器ともいう．
注3：日本語では，電荷結合素子．

分子が励起状態になり，そのときに一部のエネルギーで発する長波長の光である（図9-2）．蛍光はPMTやCCDカメラで捉え検出する．

3 RI，化学発光，発色法の比較

ハイブリダイゼーションで用いた場合，感度的には，RI≒化学発光＞発色となる（図9-3）．RIと化学発光は，イメージアナライザー（後述）で検出される広範囲な定量も可能である．RIの危険性や管理区域内で実験を行わなければならない不利な点を排除でき，感度的にもRIと同等なことから化学発光が多く使われ始めている．

4 検出機器の違い

① イメージアナライザー（RI，化学発光，蛍光測定）
- RI，化学発光の光をイメージングプレート（フィルム様のもの）に納めた後，レーザースキャンしながら励起してPMTにて集め検出する
- 蛍光物質を直接レーザー光で励起させた後，PMTあるいはCCDカメラなどの検出器で検出する

② ゲルドキュメンテーション（図9-4）
- UVトランスイルミネーターに励起させたのち発する蛍光を，CCDチップで撮影しデジタル化する装置．EtBrやSYBRGreenによるDNA，RNAの検出などに用いる

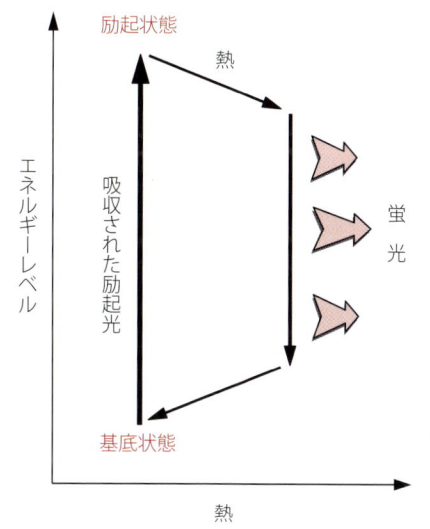

図9-2 蛍光のしくみ
一定波長の光で分子を励起させる．励起され高エネルギー状態になると，一部を熱として残りを励起波長よりも長波長側の光として発する．これが蛍光である

③デンシトメーター（濃度測定）

- 特定波長の光を当ててその反射もしくは透過をみる装置．オートラジオグラフィーのパターン検出，タンパク質PAGEでのCBB染色検出（透過）やTLCプレートのスポット検出（反射）などに用いられる

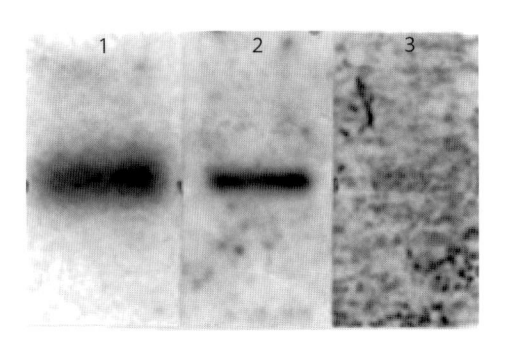

図9-3　RI，化学発光，発色によるゲノムDNAからの1コピー遺伝子の検出
^{32}P標識（レーン1），DIG標識−化学発光（レーン2），DIG−発色（レーン3）を至適条件を設定して比較すると^{32}P標識とDIG標識−化学発光の感度はほぼ同等であった．酵素基質は，化学発光はAMPPD，発色がNBT/BCIPである

図9-4　ゲルドキュメンテーション装置（アトー社）
CCDカメラ内蔵のゲル撮影装置

Keyword
10 GFPテクノロジー

特定タンパク質の細胞内での発現,局在,動きを生きた状態で見ることができる技術である.

　Green fluorescent protein（GFP）は発光オワンクラゲ（*Aequorea victoira*）由来の緑色蛍光タンパク質であり,下村　脩博士（2008年ノーベル化学賞受賞）により発見された[1].オワンクラゲにはフォトサイトとよばれる発光組織があり,この組織中でGFPはイクオリン分子と結合して存在する.外部から刺激を受けた場合,イクオリンにカルシウムが結合し,エネルギーが生産される.そのエネルギーが受け渡されGFPは緑色の蛍光を発する.GFPは,238個のアミノ酸からなる約27 kDのタンパク質でコドン65～67の3個のアミノ酸（Ser-Tyr-Gly）が発色団を形成するために長波長を当てると励起し緑色の蛍光を発する（**図10-1**）.野生型では,390 nmで励起させ510 nmの蛍光を発する.GFPではタンパク質自体が蛍光を発するため,特別な基質を必要としない.このため生きた細胞内で自然に近い形で蛍光を検出できる.また,遺伝子組換え操作により融合タンパク質をつくらせれば目的タンパク質をGFPで標識でき,そのタンパク質の細胞内挙動をGFPの蛍光で追うことができる.GFPのアミノ酸を変化させ,異なる色の蛍光を発するように改良したものも市販されている（**表10**）.

◆**主な改良型GFPを用いた発現ベクター**
　GFPの他に,BFP（青色）/YFP（黄色）/CFP（赤色）など蛍光タンパク質の遺伝子を含む発現ベクターが市販されており,複数の蛍光タンパク質を用いることで複数の分子種を同時に調べられる.このような発現ベクターに遺伝子をクローニングすることで,融合タンパク質を作製できる.また,サンゴの蛍光タンパク質を利用した同様の系も市販されている.
　このような特徴をもつGFPは,細胞レベル,個体レベルでの実験ツールとしてGFP融合タンパク質による目的タンパク質の局在や動きの観察,特定細胞のマーキングと発現分布や遺伝子導入効率の測定など広く利用されている[2].

◆**GFP融合タンパク質（タンパク質のGFPラベル）の作製法**
　調べたいタンパク質の遺伝子をGFP遺伝子をもつベクターにサブクローニングしGFPとの融合タンパク質をつくらせる（**図10-2**）.目的タンパク質のN末端またはC末端にはGFPが結合しているため,緑色蛍光を発し（ラベルしたことになる）,生きた細胞内での目的タンパク質の局在や動きを,蛍光顕微鏡で見ることが

できる（ライブイメージング）．GFPを用いる利点は，①細胞を固定せず生きたまま調べられる．②蛍光色素に比べ発光後の退色が少なく蛍光が安定している．③目的タンパク質1分子にGFP1分子が標識されているため，蛍光強度は目的タンパク質量に比例し定量性があることがあげられる．

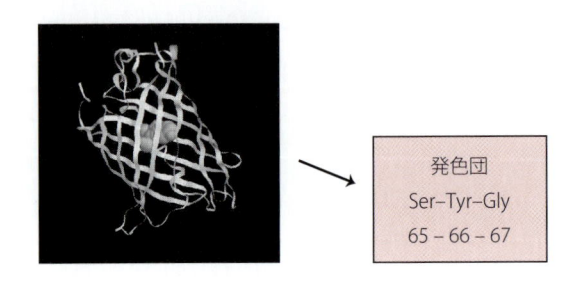

図10-1　GFP発色団の構造
GFP分子がフォールディングする（折りたたむ）際に，65～67番目のアミノ酸であるSer（セリン）-Tyr（チロシン）-Gly（グリシン）は，環状化，酸化の過程を経て発色団を形成する．このアミノ酸から形成された発色団が励起されると蛍光を発する

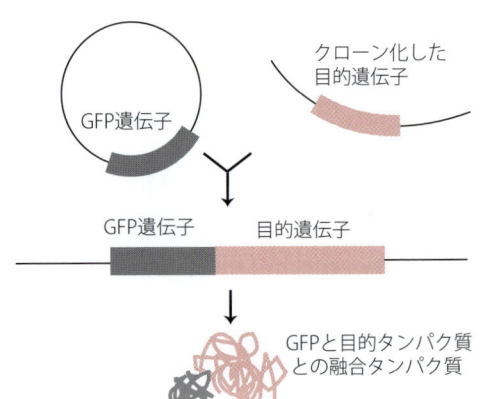

図10-2　GFP融合タンパク質の作製
GFP遺伝子を含むベクターに目的遺伝子をサブクローニングすることにより，GFP融合タンパク質を発現させる．このタンパク質は，励起光により緑色蛍光を発する

表10 改良型GFP

蛍光色	名称	アミノ酸改変部位	励起光	蛍光光
緑色蛍光	野生型		395 nm	510 nm
緑色蛍光	EGFP	F64L, S65T, H231L	488 nm	507 nm
黄色蛍光	EYFP	S65G, V68L, S72A, T203Y, H231L	513 nm	527 nm
シアン色蛍光	ECFP	F64L, S65T, Y66W, N146I, M153T, V163A, H231L	433 nm	475 nm
青色蛍光	EBFP	F64L, S65T, Y66H, Y145F, (H231L)	380 nm	440 nm

<参考文献，参考URL>

1) 下村 脩："イクオリンとGFPの発見"：バイオサイエンス最前線，22：2-12，1998
2) 宮脇敦史/編："生命現象の動的理解を目指すライブイメージング〜癌，シグナル伝達，細胞運動，発生・分化などのメカニズム解明と最新技術の開発，創薬・治療・診断への応用"：実験医学増刊，26，2008

Keyword 11 RNAiテクノロジー

RNAiテクノロジーとは，遺伝子抑制（ジーンサイレンシング）の手法である．

　RNAiテクノロジーとは，short interfering RNAまたはsmall interfering RNA（siRNA）やdouble-stranded RNA（dsRNA）を細胞内へ人為的に導入することで起こるRNA干渉現象（RNA interference：RNAi）を利用した配列特異的なジーンサイレンシング（遺伝子発現抑制）技術である．RNAiテクノロジーは，ジーンサイレンシングの画期的な手法として，遺伝子の機能解析ばかりでなく，遺伝子治療など臨床への応用も期待されている[1]．

　一般に，ジーンサイレンシングには，①転写時のサイレンシング〔transcriptional gene silencing（TGS）〕と②転写後のサイレンシング〔posttranscriptional gene silencing（PTGS）〕がある．プロモーター配列のメチル化や転写調節因子によりmRNA生成が抑えられ，遺伝子が発現されない場合は①に相当するが，RNAiは転写後のmRNAをブロックすることでジーンサイレンシングが起こるため②に相当する．

　1998年，Fire等は，線虫（*Caenorhabditis elegans*）にて，二本鎖RNAがその配列と相同な配列をもつ遺伝子の発現を特異的に阻害するRNAiを発見し，dsRNAが一本鎖アンチセンスRNAに比べてきわめて効果的に発現を阻害したと報告している[2]．発見者のCraig C. MelloとAndrew Z. Fireは，2006年にノーベル医学生理学賞を受賞した．その後，哺乳動物細胞において同様の現象が存在することが明らかになり[3]，哺乳動物の細胞内に30 bp以上のdsRNAを導入した場合，細胞にインターフェロン応答が起こり，非特異的にmRNAが分解したり翻訳が停止してしまい細胞が死んでしまうが，3′末端側に2塩基のオーバーハングをもつ21塩基のsiRNAは，特異的にサイレンシングを行うことがわかり，siRNAが，ヒトを含む哺乳動物細胞での研究に利用することができるようになった．

　RNAiテクノロジーにおいてsiRNAは，short hairpin RNA（shRNA），長鎖dsRNA（前駆体）もしくは合成オリゴsiRNAとして直接，または，ベクターを介して，細胞内に導入される．

　siRNAによるジーンサイレンシングは以下のメカニズムで起こる．shRNAもしくは，長鎖dsRNAとして細胞内に導入された場合，dsRNAは，RNase Ⅲの1つであるDicerで分解されsiRNAになる．生成されたsiRNA（合成オリゴsiRNAはそのまま）は細胞内で一本鎖RNAとして，タンパク質との複合体（RNA-induced

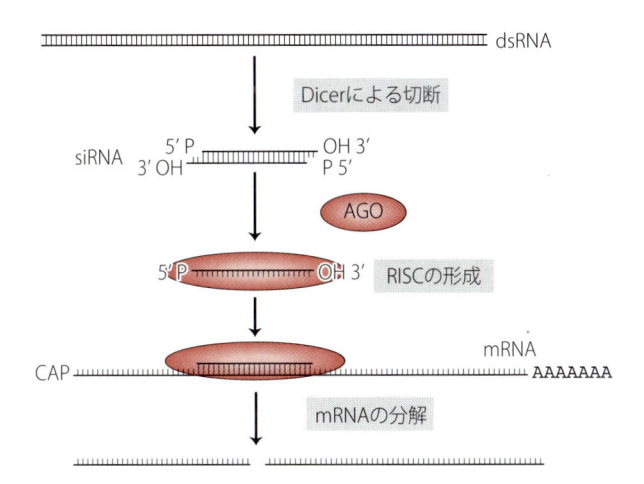

図11-1　siRNAによるジーンサイレンシング
二本鎖RNAは長鎖dsRNA（前駆体）が，RNA分解酵素（Dicer）により分解されsiRNAが生成される．siRNAがArgonaute（AGO）タンパク質等とRNA-induced silencing complex（RISC）という複合体を形成し特異的にmRNAを分解することで遺伝子発現の抑制（ジーンサイレンシング）を行う．

silencing complex：RISC）を形成する．RISCがsiRNAと相同性をもつmRNAに結合すると，ヌクレアーゼ活性によりsiRNA-mRNAの結合部位が切断されるため，mRNAの翻訳ができず標的遺伝子の発現が抑制される（**図11-1**）．

　RNAiは本来，生体内反応のため低濃度（0.05～1 nM）のsiRNAでサイレンシングが可能である．実験を行う際には，サイレンシングしたい遺伝子に対応する（mRNA配列に対応する）siRNAの配列をどのように設計するか，またどのようにして安定に細胞内へ送り込むかが重要である．siRNA設計原理には，いくつかの定石が報告されているので，文献1などを参照してほしい．

　アンチセンスRNAやリボザイムなど，一本鎖構造のRNAでは，細胞内でRNaseにより分解される可能性が高いと考えられるが，siRNAは，細胞質内では二本鎖で存在し一本鎖になる際にRISCタンパク質に結合し複合体を形成しているためRNaseから保護され安定性が高いといわれている．

　RNAiが起こっているかどうかは，mRNAレベルではqRT-PCR（**キーワード7**）法を用い，タンパク質レベルでは，ウエスタンブロッティングにより確認する．

■ 参考：siRNAとmicroRNA（miRNA）

　外来のsiRNAは，相補的なmRNAに結合し分解するのに対して，生体内にもともと存在するmiRNA[4]）は完全に相補的でないmRNAにも結合することでタンパク質への翻訳を抑制し遺伝子発現を抑える（**図11-2**）．このため，siRNAでは特定の

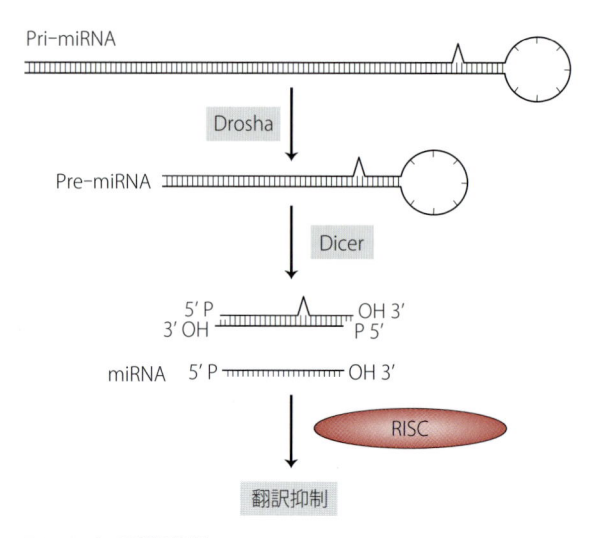

図11-2 miRNAによる翻訳抑制
miRNA遺伝子より転写されたmiRNA前駆体（Pri-miRNA, Pre-miRNA）は，RNA分解酵素（Drosha）続いてDicerにより分解され成熟したmiRNAが生成される．成熟miRNAは，Argonaute（AGO）タンパク質等とRISCを形成し，翻訳抑制を行う．

遺伝子を特異的に抑制し，1つのmicroRNAは，複数の遺伝子発現にかかわり，複数のタンパク質生成の調節に関連している．

<参考文献>
1）程久美子，北條浩彦/編："RNAi実験なるほどQ&A"：羊土社，2006
2）Fire, A., Xu, S., et al. : "Potent and specific genetic interference by double-stranded RNA in Caenorhabditis elegans." Nature, 391 : 806-811, 1998
3）Elbashir, S. M. : "Duplexes of 21-nucleotide RNAs mediate RNA interference in mammalian cell culture." Nature, 411 : 494-498, 2001
4）Lee, R. C. & Ambros, V. : "An extensive class of small RNAs in Caenorhabditis elegans." : Science, 294 : 797-799, 2001

12 PCR-SSCP 法

> PCR-SSCP法は遺伝子変異や多型を検出する技術である．SSCPは簡便な変異解析法で，ポリアクリルアミドゲル電気泳動やキャピラリー電気泳動を行い検出する．

1 PCR-SSCP の特徴

　　PCR–single strand conformation polymorphism（PCR–SSCP）は，日本語に直せば，一本鎖（DNA）高次構造多型であり，一本鎖DNAの多型を利用してDNAの変異や多型をスクリーニングする実験手法である（**図12**）．変異や多型を調べたいDNA領域をPCRで増幅した後，ホルムアミド存在下でDNA濃度が希薄な条件にて熱処理後に冷却（熱変性）すると，一本鎖DNAの多くは再び会合せずに一本鎖のまま水素結合により高次構造（立体構造）を形成する．ここで，変異や多型により塩基配列に違いがあると，高次構造にも違いが出る．この高次構造の違いは，ポリアクリルアミドゲル電気泳動での移動度の違いとして検出できる（**図12A**）．

　　PCR–SSCP解析では，この性質を利用して遺伝子変異や多型を検出する．DNA変性後の会合を少なくし，一本鎖の高次構造を形成しやすくするため，希薄なDNA溶液で実験を行う必要がある．また，高次構造は水素結合をベースにしているため温度を一定にコントロールしながら電気泳動する必要がある．このため，DNAの高感度検出と一定温度で高分離能をもつ電気泳動装置が必要となる．初期の頃は，シークエンシング用のゲルで分離しRIを用いて検出していたが[1]，試薬の改良や蛍光技術や機器の発達により，現在では温度制御できるミニゲル電気泳動装置で泳動後に銀染色する方法[2]や，平板ゲルまたはキャピラリー電気泳動装置による方法[3]などが汎用されている．

2 PCR-SSCP の利用

◆ 変異や多型のスクリーニング

　　片方の染色体上の遺伝子変異（ヘテロ接合性変異）や，正常組織を含む腫瘍組織など，検体中の変異遺伝子の含量が低い場合は，直接シークエンシングしても変異バンドが検出されにくい場合がある．SSCPでは，変異バンドが正常バンドとは異なる位置に現れるために含量が少なくても高感度に検出できる．このためSSCPでスクリーニングし，各バンドをゲルから切り出しDNAを抽出後，シークエンシングで変異配列を決める方法が一般的である．しかし，PCR産物が大きすぎると（400 bp以上）検出率が落ちるほか，プライマーのデザインや電気泳動温度に検出

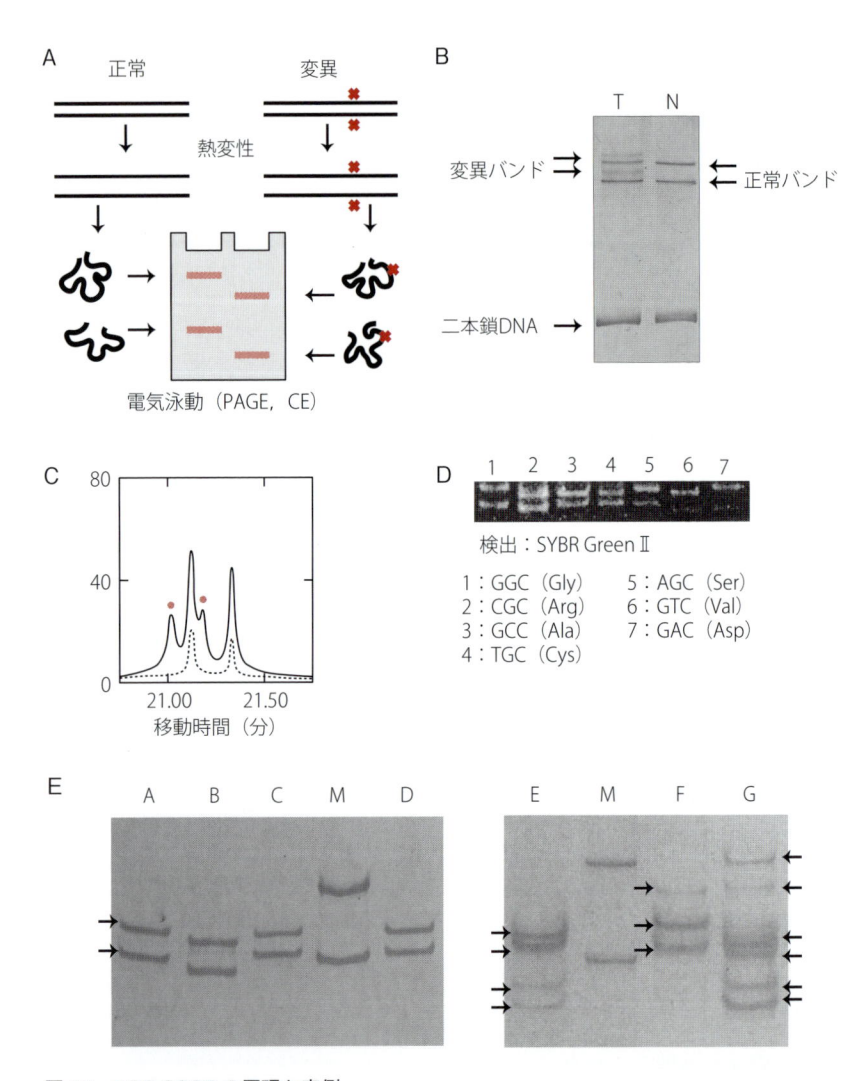

図12 PCR-SSCPの原理と実例
A) PCR–SSCP法の原理．高次構造（立体構造）をとった一本鎖DNAの違いは，電気泳動で検出できる．B) 癌抑制遺伝子p53のヘテロ接合性変異の検出（PAGE）．再生した二本鎖DNAの他にSSCPのバンドが検出された（T：腫瘍細胞由来DNA，N：正常細胞由来DNA）．C) p53のヘテロ接合性変異の検出．キャピラリー電気泳動（CE）によるSSCP解析．● が変異DNAのピーク．（実線：腫瘍細胞由来DNA，破線：正常細胞由来DNA）．D) 塩基配列の違いによるC-H-ras遺伝子のSSCPパターン．C-H-rasコドン12の配列によりSSCPパターンが異なる．E) バクテリアの菌叢解析．クローンA, B, C, Dは明確な2本のバンド，菌叢E, F, Gでは多数のバンドが検出される．Mは塩基対マーカー．実際の解析では各々のバンドをゲルから切り出した後，塩基配列を決定，データベースと比較することで菌の同定をする

感度が依存するなど条件設定が難しい面もある.

◆ バクテリアの菌叢解析

　菌叢解析では16SリボソームRNA（16S rRNA）の遺伝子配列の一部に菌による違いがある（可変部位）ことを利用し，可変部位をPCRで増幅してからDGGE法（**キーワード13**）でスクリーニングし，そのプロファイルで菌叢を評価する方法が広く用いられている．しかし，DGGEはゲルの作製が煩雑なことからSSCPによるスクリーニングやプロファイリングも活用されている（**図12E**）[4]

<参考文献>

1) Orita, M., et al.: "Rapid and sensitive detection of point mutations and DNA polymorphisms using the polymerase chain reaction": Genomics, 5 : 874–879, 1989
2) Oto, M., et al.: "Optimization of nonradioisotopic single strand conformation polymorphism analysis with a conventional minislab gel electrophoresis apparatus": Anal. Biochem., 213 : 19–22, 1993
3) Oto, M.: "Clinical Application of Capillary Electrophoresis" Chapter 14 : edited by Parfley, S. M.: Humana Press Inc, 1999
4) Oto, M., et al.: "16S rRNA Gene-Based Analysis of Microbial Community by Whole-Genome Amplification and Minigel-Single-Strand Conformation Polymorphism Technique.": J. Biosci. Bioeng., 102 : 482–484 , 2006

13 Heteroduplex 解析（HA）

SSCPは一本鎖DNAの高次構造の違いを調べる方法であるのに対し，HAは，ミスマッチした二本鎖DNAの構造を解析して変異や多型をスクリーニングする手法である．

　PCRで増幅した正常DNA断片と検体のDNA断片を混合後，熱変性し，両者の間にミスマッチをもったハイブリッド（Heteroduplex）が形成されるか否かを調べることにより，変異を高感度に検出する方法がHeteroduplex解析（Heteroduplex Analysis：HA）である（図13-1）．Heteroduplex DNAの検出は，denaturing gradient gel electophoresis（DGGE：変性勾配ゲル電気泳動）やtemperature gradient gel electrophoresis（TGGE：温度勾配ゲル電気泳動）などの電気泳動で行う[1]．この際，40塩基程度のGCクランプ（GCリッチな配列）をもつプライマーを用いて増幅した場合，Heteroduplexの構造変化の違いを電気泳動で検出しやすくなる[1]．一方，denaturing high-performance liquid chromatography（DHPLC）[2]を用いた場合では，GCクランプを付けていないPCR産物でも短時間でHeteroduplexを検出可能である[3]．

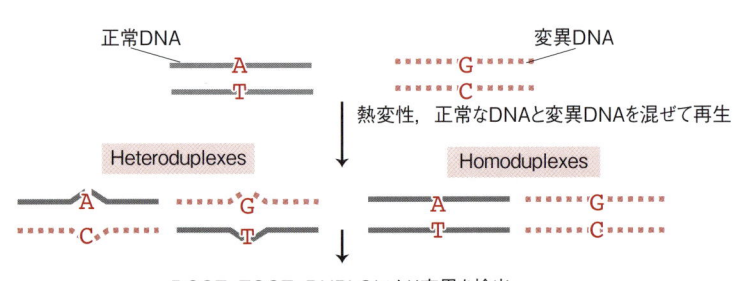

図13-1　Heteroduplex解析の原理
正常DNA配列A（T）が変異DNAでは塩基がG（C）に変化していたとする．正常DNAと変異DNA断片を混合して熱変性により一本鎖にした後，ゆっくり冷やすと正常DNA同士，または変異DNA同士が再生した二本鎖のDNA（Homoduplex），ならびに正常一本鎖DNAと変異一本鎖DNAがミスマッチ（A–C，またはG–T）して再生した二本鎖DNA（Heteroduplex）が形成される．このHeteroduplexが形成されたか否かを分析することにより，変異が検出できる．分析方法には，ホルムアミドや尿素などの変性剤の濃度勾配をゲル中に作製して泳動するDGGE法や，ゲルの温度勾配を作製して泳動するTGGE法などがあるが，ゲルの作製や温度制御に難しさがある

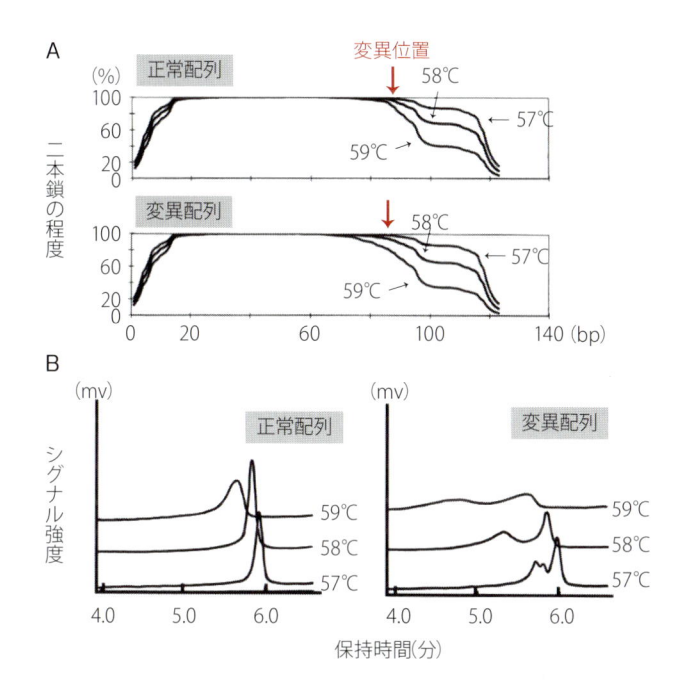

図13-2 DHPLCを用いたHeteroduplex解析によるAPC点突然変異の検出
ヘテロ接合体である癌細胞由来DNAよりAPCコドン1,450付近の124 bpを増幅させた後，PCR産物を直接分析した．A) あらかじめシミュレーションを行った後，B) 分析を行い57℃で正常配列と変異配列に差（明確な2つのピーク）がみられた

図13-2は，癌抑制遺伝子APCの変異解析の事例である．あらかじめソフトウェアにて分析し温度条件を設定して，シミュレーションを行うことによって短時間で変異検出ができる．

ここでは，58℃付近で変異位置付近の一本鎖への解離が見られると推定された（**図13-2A**）．そこで，57～59℃にて実験を行い分析プロファイルを比較したところ，57℃で正常と変異のプロファイルの違いがはっきりと検出できたため，57℃での分析が適切と判断できる．このようにシミュレーションを行うことで予備実験が効率的に行える．

HA解析では正常ピークとは異なる位置に変異ピークが現れるために，臨床検体で正常細胞を多く含み，変異をもつ細胞の含量が低い場合でも，SSCP解析と同様に高感度の検出ができる．また，基本的にはHPLCであるため変異ピークからDNAを取り出し，シークエンシングすることも可能である．

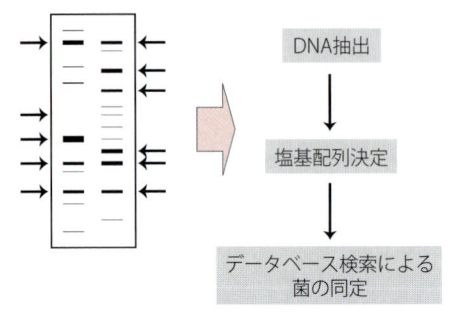

図13-3 DGGEによるバクテリアの菌叢解析
バクテリアの16SリボソームRNA（16S rRNA）遺伝子の一部を，PCR増幅しDGGEにて各バクテリア由来のDNAを分離する．各バンドからDNAを抽出し塩基配列を決定したのちBlast検索によりデータベースより菌の同定を行う

◆ バクテリアの菌叢解析

　一方，Heteroduplexを検出するDGGEやDHPLCは，菌叢解析にも用いられている．環境中にあるバクテリアの多くは培養が難しい難培養性といわれている．このためDNA解析による菌叢のプロファイルやバクテリアの同定が行われている[4]．菌叢解析では16SリボソームRNA（16S rRNA）の遺伝子配列の一部に菌による違いがある（可変部位）ことを利用し，可変部位をPCRで増幅してからDGGE, DHPLCにより菌叢評価ができる．また，各バンド（DGGE），ピーク（DHPLC）からDNAを抽出しシークエンシングすることで菌の同定も可能である（**図13-3**）．

<参考文献>

1) V. C. Sheffield, V. C., et al.："PCR protocols" Chapter 26：edited by Innis, M. A., et al.：A cademic press, 1990
2) P. A. Underhill., et al.："Detection of numerous Y chromosome bialleic polymorphisms by denaturing high-performance liquid chromatography."：Genome Res., 10：996-1005, 1997
3) 大藤道衛："DHPLCによるDNAフラグメント解析."：臨床検査，44：1007-1014, 2000
4) Muyzer, G., et al.："Profiling of complex microbial populations by denaturing gradient gel electrophoresis analysis of polymerase chain reaction-amplified genes coding for 16S rRNA."：Appl. Environ. Microbiol., 59：695-700, 1993

Keyword 14 ASO法

> Allele specific oligonucleotide（ASO）法とは，遺伝子の変異・多型をスクリーニングする方法である．

　塩基配列上の点突然変異を特異的に検出する方法で，1979年に当時City of Hope研究所に所属していたBruce R Wallaceが開発した方法である[1]．ASO法は，点突然変異のスクリーニングに利用できる方法である．

　ASO法は，PCR法が発明される前からシークエンシングせずに変異をスクリーニングができる方法として利用された．原理は，変異配列もしくは正常配列特異的な20塩基程度の合成オリゴヌクレオチドをプローブ（ASOプローブ）とし，検体DNAとハイブリダイゼーションを行う際，ハイブリダイゼーション温度や洗浄の温度を変えて，変異配列もしくは正常配列特異的にプローブがハイブリダイズする条件を設定し変異を検出するものである．図14-1には，1980年代に使われた方法を示している．DNAのサザンブロットによるロスを防ぐために，乾燥させたゲル上でハイブリダイズさせる方法が用いられていた．

　その後開発された，PCRで増幅する際のプライマーをアリル特異的にして変異検出する方法（Allele specific–PCR：AS–PCR），リアルタイムPCRでのアリル特異的なTaqManプローブによる変異検出なども，原理的にはASO法である．

　広く用いられているAS–PCRでは，PCR反応に用いるプライマーの3′末端に変異や多型をもつ塩基配列を設定する．設定された配列と一致するならば，プライマーがアニールしPCR増幅が起こり，塩基置換が起こるとプライマーがアニールしないため，PCR反応が起こらない．このため，PCRによる増幅産物を電気泳動して確かめれば変異が検出できる．例えば，SNPを含むDNA断片をPCRにて増幅する際，SNPに相補的な配列を含むプライマーをデザインしてPCR増福を行う．至適な条件を設定することによりSNPのタイピングが可能である（図14-2）．

<参考文献>
1) Wallace, R. B., et al.： "Hybridaization of synthetic oligonucleotides φχ174DNA：the effect of single base pair mismatch"：Nucleic Asids Res., 11：3543-3557, 1979
2) Yuasa, Y., et al. "Colon carcinoma Kras 2 oncogene of a familial polyposis coli patient"：Jpn. J. Cancer Res., 77：901-907, 1986

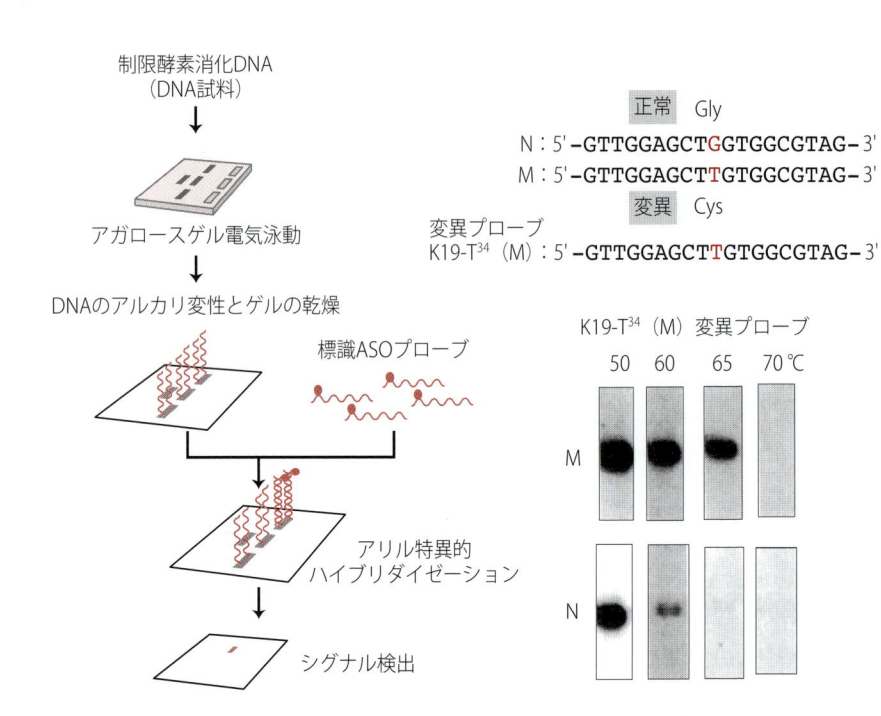

正常 Gly
N：5'-GTTGGAGCTGGTGGCGTAG-3'
M：5'-GTTGGAGCTTGTGGCGTAG-3'
変異 Cys
変異プローブ
K19-T³⁴（M）：5'-GTTGGAGCTTGTGGCGTAG-3'

図14-1　ASO法によるc-k-ras遺伝子コドン12の点突然変異の検出[2)]
コドン12変異配列特異的なオリゴヌクレオチドプローブを合成した．電気泳動後，ゲルをアルカリに浸し，DNAを変性させたのち乾燥させ，ゲル内でアリル特異的プローブ（ASO）と反応させた後に洗浄温度を変化させて特異的に変異を検出した．この実験例では，65℃での洗浄で正常（N）と変異（M）を見分けられた

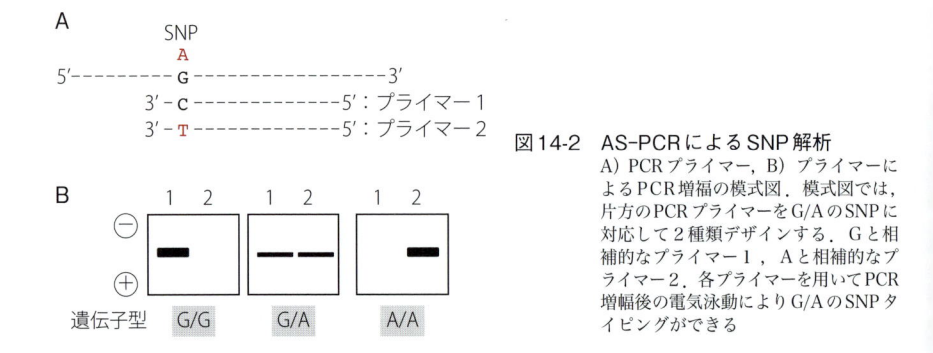

図14-2　AS-PCRによるSNP解析
A) PCRプライマー，B) プライマーによるPCR増幅の模式図．模式図では，片方のPCRプライマーをG/AのSNPに対応して2種類デザインする．Gと相補的なプライマー1，Aと相補的なプライマー2．各プライマーを用いてPCR増幅後の電気泳動によりG/AのSNPタイピングができる

Keyword
15 PCR-RFLP法

　RFLPとは，Restriction Fragment Length Polymorphismsの略で，制限酵素断片長多型のこと．つまり，制限酵素で切れるかどうかにより変異・多型を検出する方法である．

　DNA上で，DNA断片の挿入や欠失があった場合，塩基配列の変化が起こるために制限酵素による切断サイトの消失，移動または出現が起こる．このような場合，制限酵素で切断されたDNA断片の大きさに変化が生じ，制限酵素断片にさまざまな種類（多型）が現れる．また，点突然変異や1塩基多型（SNP）がある場合でも，点突然変異の配列が特定の制限酵素が認識するサイトである場合は，変異によりサイトが消失したり出現したりする．このように，個々人の塩基配列の特徴により生じる制限酵素断片の長さの多型を，RFLPという．元々はゲノムDNAの制限酵素処理とサザンハイブリダイゼーションによりRFLPを検出したが，特定の遺伝子などターゲットのDNA領域が決まっていれば，PCR増幅産物の制限酵素処理により検出できる．RFLPを調べることにより点突然変異や多型の検出ができる（図15）．

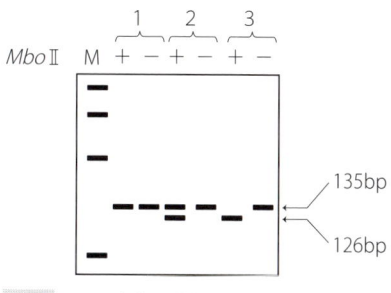

図15　PCR-RFLPによるヒトALDH2コドン487番の1塩基多型（SNP）の検出（模式図）
このコドンは，GAAかAAAであり，G/AのSNPがある．
3つの検体についてヒトALDH2コドン487番付近をPCRで増幅し，PCR産物（135 bp）を制限酵素MboⅡで切断した際の断片の大きさをポリアクリルアミドゲル電気泳動で調べた結果である．MboⅡで切断された断片は，126 bpとなるため，バンドの位置でGかAを判定しSNPのタイピングが可能である．M：塩基対マーカー

16 ハイスループットスクリーニング（HTS）

ハイスループットスクリーニング（High-throughput Screening：HTS）とは，網羅的解析を行うための多検体同時分析技術である．

今世紀に入り生命科学研究は，網羅的解析が重要な位置を占めるようになってきた．従来の遺伝子研究では個々の遺伝子の解析が中心であったが，現在では，遺伝子同士のネットワーク[注1]を解析することで，ゲノムがもつ遺伝子情報の全体像を捉えることが重要になってきている．例えば，個人個人のゲノム配列を調べ，SNPと個人の体質や疾患との関連が網羅的に解析されている．また，胚発生や細胞分化における遺伝子発現[注2]のプロファイルを調べることでどのような遺伝子がどのような時期に働いているかも網羅的に調べられてきた．さらに，難培養微生物を含む微生物叢をDNAレベルで解析するメタゲノム研究では網羅的な塩基配列の解析により，ゲノム情報の入手が容易となった[1)2)]．このように網羅的解析手法は，生命科学研究に不可欠になってきた．

HTSはもともと創薬に際して合成された多数の化合物から有効な薬のスクリーニングを高速で行うことを指していたが，今では遺伝子解析やタンパク質解析すべてにおける大量処理の方法も指している．スクリーニングに用いるとは限らないのでハイスループット技術ということもある．

ゲノム解析やトランスクリプトーム解析（**キーワード2**）を行う場合には，多数の遺伝子や検体をどれだけ速く解析できるかがカギとなる．このため，多検体を同時に解析できる機器が実験の律速段階となる．自動分注機による多検体分注や，DNAチップやDNAマイクロアレイ（**キーワード18**）による多検体同時ハイブリダイゼーション，超高速シークエンサー（**キーワード19**）による多検体の塩基配列決定などは，いずれもハイスループット技術である．こうした自動化機器によるSNP解析や二次元電気泳動と質量分析機器を用いたプロテオーム解析におけるハイスループット化機器が市販されている．

ハイスループット化した機器とそこから得られる膨大なデータをコンピュータで解析することが大規模な実験では必要である．このため実験者は，従来のよう

注1：例えば，転写因子の遺伝子Aが，別の遺伝子Bの発現を制御するというように，遺伝子の間では複雑なネットワークが存在する．
注2：遺伝子発現には，タンパク質をコードしている遺伝子ばかりでなくmicroRNAなどのnon-codingRNA（**キーワード11**）をコードしている遺伝子の発現もある．

図16 ハイスループット化機器
自動分注機（撮影協力：理化学研究所ゲノム科学総合研究センター）

にピペットをもって実験するばかりでなく，機器のメンテナンスやコンピュータを使いこなす必要がある．特に多くの機器をコンピュータと接続して管理したり，コンピュータ同士のネットワークによりデータを共有する必要があり，ネットワークの知識が必要となってきている．そのため網羅的解析では，解析機器ばかりでなく，データを解析するコンピュータならびにIT技術を駆使して研究を進めるバイオインフォマティシャンの必要性がますます高くなる．

<参考文献>
1) Venter, J. C., et. al. : "Environmental genome shotgun sequencing of the Sargasso Sea." : Science, 304 : 66-74, 2004
2) Kurokawa, K., et al. : "Comparative Metagenomics Revealed Commonly Enriched Gene Sets in Human Gut Microbiomes." : DNA Res., 14 : 169-168, 2007

Keyword

17 チップ型電気泳動

従来のゲル電気泳動に比べ短時間,高分離能でDNA/RNA,タンパク質を解析できる電気泳動である.

キャピラリー電気泳動は,高電圧をかけ短時間でDNA/RNA,タンパク質などの生体高分子を高い分離能で分析可能な方法である.その,キャピラリー電気泳動を合成樹脂の基板上に掘られたマイクロ流路で行うのがチップ型電気泳動である[注1].このためマイクロキャピラリー電気泳動とよぶこともある.チップ型電気泳動を用いると,通常のゲル電気泳動で1〜2時間を要する分析を数分で実施できる.すでに機器が市販されており,抽出したRNAをDNAチップ/マイクロアレイで解析する際のサンプルRNAの事前評価や定性PCR産物の検定等に利用されている[注2].DNA/RNAの検出は,UV検出やインターカレーター標識による蛍光検出が用いられている.

<参考文献,参考URL>

1) 馬場嘉信:"マイクロチップ・ナノチップテクノロジーによる超高速DNA解析":蛋白質核酸酵素,45:76-85,2000
2) S, Imbeaud., et al.:"Towards standardization of RNA quality assessment using user-independent classifiers of microcapillary electrophoresis traces":Nucl. Acids Res., 33:e56, 2005
3) Schroeder, A., et al.:"The RIN: an RNA integrity number for assigning integrity values to RNA measurements.":BMC Mol. Biol., 7:3. 2006

注1:コンピュータのマイクロチップのような基板上に作成した溝の中で,温度をコントロールし,試薬の分注,DNAの抽出,PCRや電気泳動を行う試みがなされている[1].このようなチップを実験室がチップ上にあるということでラボオンアチップ(Lab-on-a-chip)とよばれている.チップ型電気泳動はLab on a chipの1つである.

注2:DNAチップ/マイクロアレイ解析に用いるRNAの純度評価では,RNA Integrity Number (RIN) 指標による評価方法もある[2,3].チップ型電気泳動は機器は高価であるがRNA評価での地位を確立している.

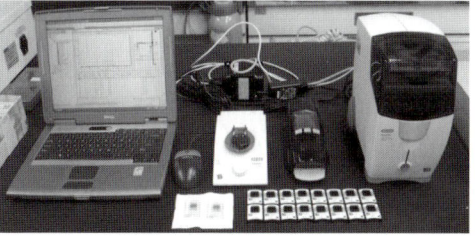

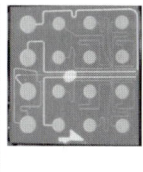

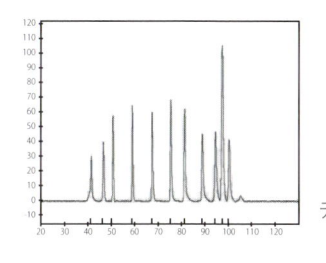

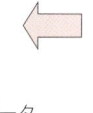

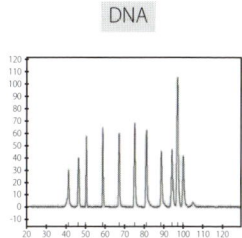

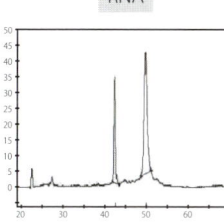

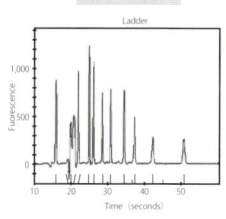

図17 チップ型電気泳動装置 Experion（Bio-Rad Laboratories 社）
A）泳動装置全景
チップの溝の中にマトリックスを封入し電気泳動によりDNA，RNA，タンパク質などの生体高分子を分離できる．分離時間は2分程度であり，マトリックスの封入や装置の洗浄などを含め11検体を30～40分程度で連続的に分離する．
B）分析事例
＜二本鎖DNA＞分画範囲：5～1,000 bp（1Kマトリックス）または100～12,000 bp（12Kマトリックス），DNA必要量：0.5～50 ng/μL，分析時間：約40分（11検体）
＜RNA＞RNA必要量：25～500 ng/μL（標準法）または200～5,000 pg/μL（高感度法），分析時間約30分（11検体）
＜タンパク質＞分画範囲：10～260 kD，タンパク質必要量2.5～2,000 μg/mL，分析時間約30分（10検体）

D．高速・網羅的解析機器

Keyword

18 DNAチップとマイクロアレイ

> 多数のDNA分子を基板上に高密度に結合させ，遺伝子発現プロファイル，多型や変異を検出する技術である．

　数千から数万のDNAをガラスプレートやシリコンなどの基板に固定化し，蛍光標識したcDNA（complementary DNA）などの検体とハイブリダイゼーションを行い基板上で特定の遺伝子を検出する方法である（**図18-1**）．多種類のDNA分子に対し同時にハイブリダイゼーションを行う網羅的解析法であり遺伝子発現のプロファイルを調べる有効な技術である．また，ASO法（**キーワード14**）のようにDNA配列の違いを見分けられるプローブを用いることでSNPの網羅的解析にも利用されている．DNAチップやマイクロアレイを用いることにより，疾患によりどのような遺伝子が発現あるいは抑制されているかを検索し，病気の原因あるいは結果に迫ることが可能である．

　この技術は，元々は，下記のようにDNAチップとマイクロアレイに区別されていたが，現在ではこれらの用語は明確に区別せずに用いられ，オリゴDNAを貼り付けたマイクロアレイをDNAチップとよぶこともある．

①DNAチップ

　調べたいDNA配列のオリゴヌクレオチドDNAを，コンピュータチップのように基板上で合成（On chip合成）して配列する方法である．このチップは，高密度にオリゴヌクレオチドが並びDNA解析に利用できる．これは，米国Affymetrix社（**http://www.affymetrix.com/**）が開発した方法で，GeneChipとして市販されている．

②マイクロアレイ

　cDNAやEST（Expressed sequencing tag），合成オリゴヌクレオチドをあらかじめ調製した後，基板であるガラスプレート上にDNAをドットし結合させて基板を作製する方法である．これは，米国スタンフォード大学のP. O. Brown（**http://cmgm.stanford.edu/pbrown**）により開発された方法で，高密度にDNAをドットする機器をアレイヤーという．

　また，各社により同じ遺伝子でも異なる部分をプローブとして用いることや，用いるチップの種類によって発現プロファイルや定量性に違いが出てくることがある．このため，解析結果の標準化について議論されている[1]．

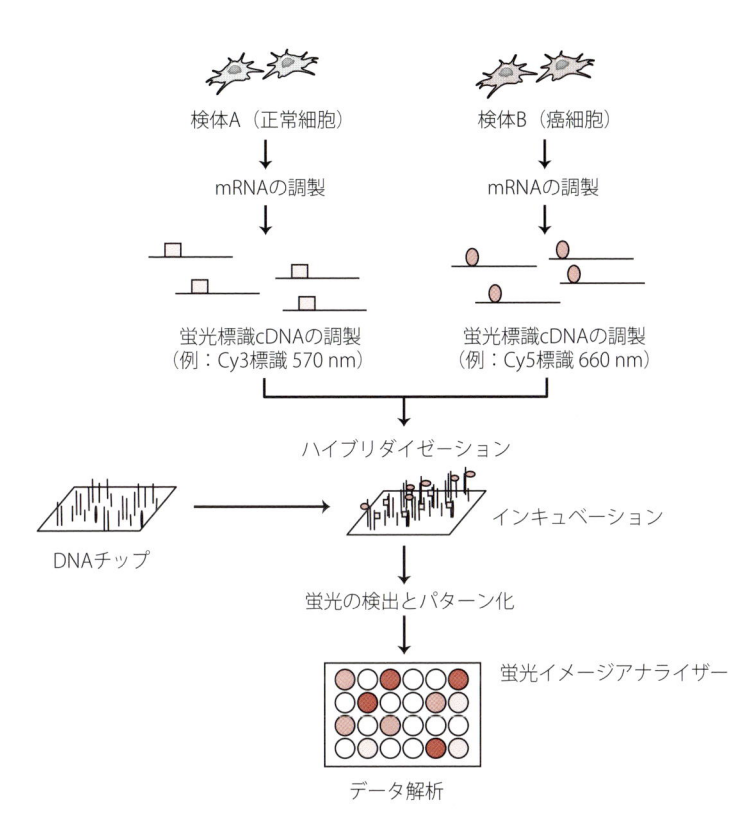

図18-1 DNAチップの作成と細胞での遺伝子発現プロファイル作成
例えば同じ人の正常細胞と癌細胞で発現している遺伝子の違いを調べる場合，各遺伝子に対応するオリゴヌクレオチドプローブを基板に高密度に結合したDNAチップを用いる．正常細胞と癌細胞からおのおののポリA RNA（mRNA）を調製し，おのおの別の蛍光物質で標識したcDNAとして用意する．DNAチップ上で蛍光標識したcDNAとプローブをハイブリダイゼーションさせた後，イメージアナライザーにて解析後，DNAチップ上に結合しているどの遺伝子に対応するかは照らし合わせることにより，癌細胞特異的に発現もしくは抑制されている遺伝子を推定できる．このような，各細胞での遺伝子発現パターンを発現プロファイルという

参考：ハイブリダイゼーションとは？

ハイブリダイゼーションとは特定の塩基配列をもつDNAもしくはRNAの同定を行う技術である．調べたい検体中のDNAもしくはRNAを変性させて1本の伸びた状態にした後，固相（ナイロン膜，ニトロセルロース膜）に固定化する．次に調べたい対象となるDNA（場合によってはRNA）をRI（^{32}P），DIG，ビオチン，蛍光物質などで標識したのち一本鎖とし，これをプローブ[注1]としてハイブリッド形成を行い固相上の特定の遺伝子を検出する．ハイブリダイゼーションは，遺伝子ク

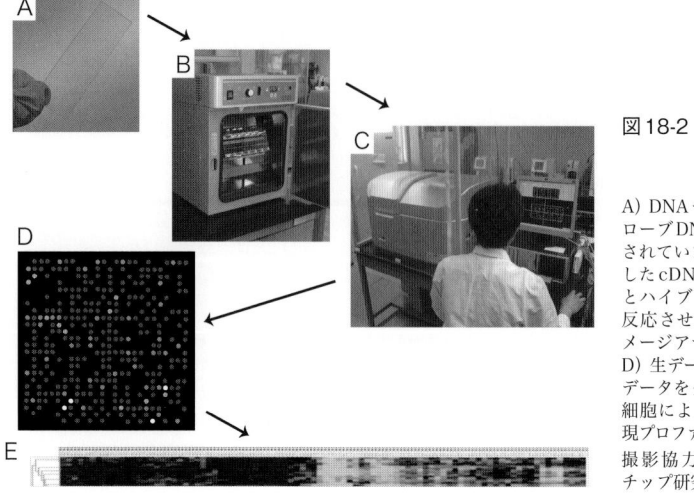

図18-2 DNAチップと蛍光イメージアナライザー

A) DNAチップ基板には, プローブDNAが高密度に配置されています. B) 蛍光標識したcDNA (またはcRNA) とハイブリチャンバー内で反応させた後, C) 蛍光イメージアナライザーで解析, D) 生データを得ます. E) 生データをクラスター解析し, 細胞による網羅的遺伝子発現プロファイルを解析します.

撮影協力:株式会社DNAチップ研究所 石澤洋平様

クローニングから遺伝子解析まで, 遺伝子工学実験のさまざまな場面に登場する基盤技術である[注2].

<参考文献>

1) Irizarry, R. F, et al. : "Multiple-laboratory comparison of microarray platform." : Nature Methods, 2 : 345-349, 2005

注1:通常のハイブリダイゼーションでは, DNAサンプルを膜に固定化し, 検出したいDNAを標識しプローブとする. 一方, DNAチップ・マイクロアレイでは, 基板上に標識されていないDNAがプローブとして配置され, 検体中のDNAサンプルが蛍光標識され溶液中に存在する. つまり, 通常のハイブリダイゼーションでは, 液系の1種類の標識DNAと相補的な配列が固定化されたサンプルDNA中にあるかどうか調べる一方で, DNAチップ・マイクロアレイでは, 調べたい多数のDNAを固定化し, 液系のサンプル中にあるかどうかを網羅的に同時に調べる.

注2:ハイブリダイゼーション法とそのバリエーション
DNAを電気泳動で分離後に, アルカリ変性させてナイロン膜に転写し, ハイブリダイゼーションを行うサザンハイブリダイゼーション (遺伝子の同定) やRNAを電気泳動後ナイロン膜に転写して行うノーザンハイブリダイゼーション (遺伝子発現の検出), クローニングでのスクリーニングに用いるプラークおよびコロニーハイブリダイゼーション, 半定量も可能なドットハイブリダイゼーション, さらには固定した細胞中の染色体DNAと直接ハイブリダイゼーションを行い遺伝子の染色体マッピングに利用できる*in situ*ハイブリダイゼーションなどがある.

Keyword 19 超高速シークエンシング技術

短時間で大量のDNA配列データを解析するシークエンシング技術であり,ゲノムDNA配列の決定にとどまらず,遺伝子発現解析やエピジェネティクス解析など幅広く利用できる技術である[1].

2004年,米国立衛生研究所(NIH)は「革新的ゲノム配列決定技術」いわゆる1,000ドルゲノムとよばれる公募研究課題のなかで,2009年までに1人のヒトゲノム解析を10万ドル,2014年までに1,000ドルを目標として掲げていた.

これに伴いゲノムデータベースを活用したシークエンシングを想定した超高速シークエンサーが2005年頃から市場に導入されてきた.これらは,多数のDNA断片を増幅後,従来のサンガー法・キャピラリー電気泳動解析とは異なり,並列に多数の反応を行い高速コンピュータとバイオインフォマティクス技術を駆使して短時間に膨大なシークエンシングが可能なことから超高速シークエンサーまたは次世代シークエンサーとよばれている.2006年に発売されたGS20 system(454 Life Sciences社,Roche Diagnostics社)は,パイロシークエンシング[注1]を原理とし20 Mb/4.5時間の解析能力(当時)をもっていた.これは,それまで使われていたサンガー法に基づくシークエンサーに比べ数百倍の解析能力であった.また,2007年にはGenome analyzer(Illumina社),SOLiD〔ABI(当時)Lifetechnologies社〕,などの新機種が次々と導入された.これらの機器の性能は日進月歩で向上しバージョンアップされている.一方,DNA増幅を伴わずに定量的なDNA断片の塩基配列決定を目指した1分子シークエンシング装置も開発されている.Pacific Biosciences社は,固定化φ29DNAポリメラーゼを用いた1分子シークエンシング技術により塩基配列を長く読める新たな超高速シークエンサーを開発した[注2,2,3].超高速シークエンサーの導入によりヒトゲノム解析の経費はヒトゲノムプロジェ

注1:パイロシークエンシング[7]

サンガー法以外のDNAのシークエンシング法のなかで,パイロシークエンシング法は液系で反応できる特徴をもっている.この方法では,まずDNAポリメラーゼの反応でヌクレオチドが取り込まれるときに解離するピロリン酸をATPスルフリラーゼによってアデノシン5′-ホスホ硫酸に付加し,ATPを生成させる.その後,生成したATPとルシフェリンをルシフェラーゼにて発光(化学発光)させる.異なるヌクレオチドを順々に反応させることにより,発光の有無と強度により溶液系でシークエンシングが可能となる.この方法は,1回に決定できる塩基数は100塩基以下と短いものの,溶液系反応のためハイスループット化が容易になり,超高速シークエンサーに活用された[8].

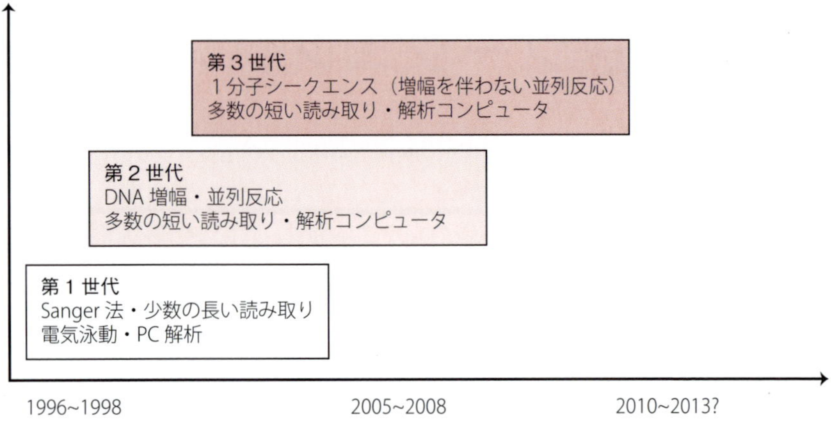

```
第3世代
1分子シークエンス(増幅を伴わない並列反応)
多数の短い読み取り・解析コンピュータ

第2世代
DNA増幅・並列反応
多数の短い読み取り・解析コンピュータ

第1世代
Sanger法・少数の長い読み取り
電気泳動・PC解析

1996~1998          2005~2008          2010~2013?
```

図19　シークエンサー開発と進歩
第1世代シークエンサーの基盤技術であるサンガー法は，キャピラリー電気泳動と蛍光検出により高速化が行われた．並列に多くのシークエンシング反応を行う超高速シークエンサーは，DNA増幅後にシークエンシングを行う第2世代，増幅を伴わずに直接1分子のDNAをシークエンシングする第3世代と進化してきた．今後，新たな技術の導入により更なる発展が期待されている

表19　超高速シークエンサーに取り組んでいる企業の事例（アルファベット順）

Illumina社	http://www.illumina.com/
Helicos Biosciences社*（1分子シークエンシング）	http://www.helicosbio.com/
ThermoFisher Scientific社	https://www.thermofisher.com/
Pacific Biosciences社（1分子シークエンシング）	https://www.pacb.com/
Roche Diagnostics社	http://www.roche.com/

＊：2015年現在，SeqLL, LLC (SeqLL) 社 (http://seqll.com) が，Helicos Biosciences社の技術を受け継いだサービスを行っている

クト当時の3億ドルから100万ドル (2008年)[4]，最近では4000ドル台 (2010年) の報告もあり[5]，今後も機器の急速な進化が期待されている（図19）．

このような超高速シークエンシング技術は，ゲノムDNA配列決定に留まらず，従来ハイブリダイゼーションによるDNAチップ解析が主流であった遺伝子発現解析や機能性小分子RNA解析，さらにはDNAのメチル化解析[6]にも応用できることが特徴で，定量的なデジタルデータを得ることができる．現時点では，機器が高価であり大量のデータを処理するコンピュータと専門的に解析を行うバイオイ

注2：φ29DNAポリメラーゼは，3′→5′エキソヌクレアーゼ活性による校正機能が高く，合成速度も速い酵素である[9]．このため，固定化された酵素は，鋳型DNAに結合すると離れることなく高い合成持続能力 (processivity) をもっていることから長鎖DNAの塩基配列が決定できる．

ンフォマティシャンの協力が必要であるが，今後，バイオ研究に重要なツールとなることが予想されるため動向を見据える必要がある．また，受託解析ビジネスも始まっている．

生命科学研究の大きなパラダイムシフトが起こる（すでに起こっている）と考えられる．

<参考文献>

1) 服部正平/企画："超高速シークエンスが開く次世代の生命科学."実験医学 27：1-37, 2009
2) Korlach, J., Marks, P. J., et al.：Selective aluminum passivation for targeted immobilization of single DNA polymerase molecules in zero-mode waveguide nanostructures.：Proc. Natl. Acad. Sci. USA, 105：1176-1181, 2008
3) Eid, J., Fehr, A., et al.："Real-time DNA sequencing from single polymerase molecules."：Science, 323：133-138, 2009
4) Chi, K. R.："The year of sequencing."：Nat. Methods,：11-14, 2008
5) Drmanac, R., Sparks A. B., et al."Human genome sequencing using unchained base reads on self-assembling DNA nanoarrays."：Science, 327：78-81, 2010
6) Benjamin, A. F. & Webster. D. E."Direct detection of DNA methylation during single-molecule, real-time sequencing."：Nat. Methods, 7, 461-465, 2010
7) Ronaghi, M., Uhlen, M., et al.："A sequencing method based on real-time pyrophosphate."：Science, 281：363-365, 1998
8) Margulies, M., Egholm, M., et al."Genome sequencing in microfabricated high-density picolitre reactors"：Nature, 437：376-380, 2005
9) Blanco, L., Bernad A., et al.："Highly efficient DNA synthesis by the phage phi 29 DNA polymerase. Symmetrical mode of DNA replication."：J. Biol. Chem., 264：8935-8940, 1989

Keyword

20 遺伝子診断，DNA 鑑定

DNA解析で得られた個人の遺伝情報に基づき，病気や体質の診断，個人鑑定に用いる方法である．遺伝子診断もDNA鑑定もDNA解析技術に基づいている．

1 遺伝子診断（Genetic diagnosis）

現在，多くの病気と遺伝子変化の関連が明らかになっている．1つの遺伝子が親から子に伝わることで起こる単一遺伝子病（遺伝病）ばかりでなく病気のリスクファクターとして複数の遺伝子が関与している病気もある．

癌，高血圧，糖尿病など成人病に関連した遺伝子も数多く発見されてきている．その一方で，タバコや食品中の発癌物質などの環境因子により特定の遺伝子に変異が起こり，癌が引き起こされる場合も知られている（**図20-1**）．このような病気と関連が高い遺伝子の変異や発現プロファイルなどはDNAのバイオマーカー[注1]として病気のメカニズムの研究や診断に用いられている．

DNA上の点突然変異や欠失・挿入・逆位・転位などの検出により病気を診断することが遺伝子診断であり，その第一歩は遺伝子解析である．Q72で示したように体液や組織さらには羊水中の胎児細胞などからDNAを抽出し，定性/定量PCR法でDNAを増幅して解析する．遺伝子変異解析は，片方のアリルの変異を検出する場合がほとんどであるため，スクリーニングを行った後にシークエンシングする場合も多い．一方，DNA解析によりウイルスや細菌の検出や同定を行う感染症の遺伝子診断も行われている．

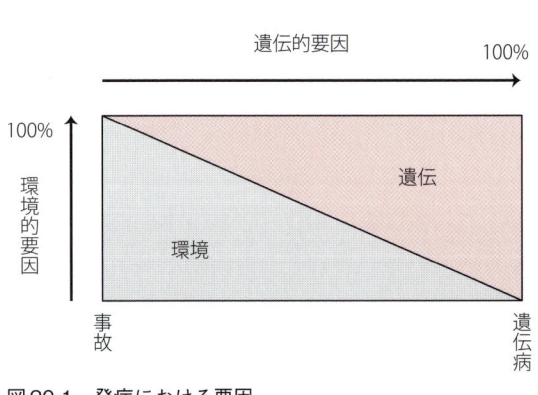

図20-1　発病における要因
病気の種類によって遺伝的要因が強い場合と環境的要因が強い場合がある

注1：バイオマーカーとは病気や病気の進行度合いにより変化する体内の生物学的指標．例えば，細胞の癌化により血中濃度が変わる腫瘍マーカーや遺伝子変異，遺伝子発現量変化などはバイオマーカーとなる．また，バイオマーカーは，ある病気に罹りやすいハイリスクグループの特定や治療法の選択，治療効果の判定などにも利用されている．

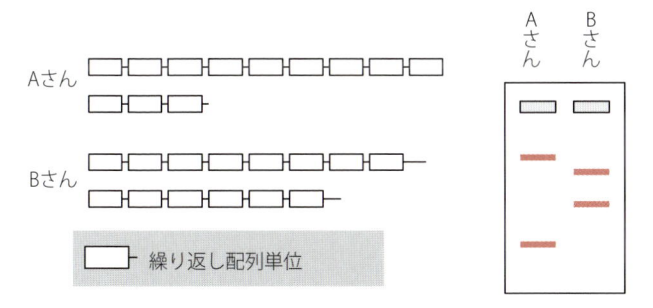

図20-2 ヒト繰り返し配列とDNA鑑定
DNA上の繰り返し配列の繰り返し回数は，個人により異なる．このため1人がもつ2つのアリルでの回数が異なることから電気泳動で2つのバンドが検出される

2 DNA鑑定（DNA test）

　ヒトのDNA中にある多くの繰り返し配列は個人で差があるため，繰り返しの数を調べて個人識別（個人鑑定）を行うことができる．これは指紋のように人間1人1人の差を判定できることからDNA鑑定といい，親子鑑定から犯罪捜査まで利用されている．
　ヒトの場合，繰り返し配列にも多くの種類がある．例をあげると，

① VNTR（variable number of tandem repeats）

　7～40塩基を1単位とした繰り返し配列でミニサテライトともよばれるもの．有名なものとしては，第1染色体にあるD1S80とよばれる16塩基の繰り返し配列である．この配列の繰り返し回数を調べると14～41回の27種類の繰り返しパターンがある．これを利用して個人鑑定をする方法をMCT118鑑定法といい，広く用いられている（**図20-2**）．

② Microsatellite（マイクロサテライト）

　6塩基までの繰り返しを1単位とした繰り返し配列である．STR（short tandem repeats）ともいう．よく用いられるSTRとしては，第11染色体にあるTH01という4塩基配列（AATG）を用いた方法である．
　1つの繰り返し配列マーカーのみの鑑定では，他人であってもある確率で一致するため，一般には複数のマーカーを組合わせることによりDNA鑑定の確度を上げている．
　一方，ミトコンドリアDNAのDループ領域には，個人による違いがあるためDループ領域の塩基配列によるDNA鑑定も用いられている．1つの細胞あたりミトコンドリアが多数存在することから組織の状態が悪い検体のDNA鑑定に用いられる．

Keyword 21 ゲノム創薬, オーダーメイド医療

> ゲノム情報に基づき医薬品を開発することをゲノム創薬といい,個人個人の異なるゲノム情報をもとに診断や治療を行うことをオーダーメイド医療(Order-made Medicine)[注1]という.

疾患の原因遺伝子がヒトゲノムDNA上から多数同定され,各病気が起こるメカニズムはゲノム上の遺伝子レベル,遺伝子相互のネットワークレベル,タンパク質レベルで解明されてきた.病気のメカニズムに基づいて医薬品を開発することをゲノム創薬といい,効果が高く副作用が少ない医薬品が期待されている.

ゲノム創薬は,データマイニングにより病気を起こす標的分子の遺伝子を同定することからスタートする.さらに1つの分子ばかりでなく,関連する複数の標的分子を含む遺伝子ネットワークを標的と捉えることもある.このゲノム情報に基づき遺伝子ネットワーク解析で明らかになった標的分子に作用する物質を,ドラッグデザインによる医薬品へと結びつける.標的分子としては,レセプター関連物質,シグナル伝達物質誘発/阻害物質などさまざまである.ゲノム創薬研究において標的分子を評価選定するためにバイオインフォマティクス(**キーワード4**)による絞り込みが重要となる.最近では,薬理,毒性,臨床データなど多種類のデータを同じプラットホーム上で整理し,情報を引き出すナレッジマネージメントによる創薬研究も行われつつある.

◆オーダーメイド医療とゲノム創薬

一方,薬に対する応答や副作用の現れ方が個人により異なることがある.例えば,ストレプトマイシンによる聴覚障害が起こる場合がある.これは,ミトコンドリア12S RNA遺伝子上のSNP(**キーワード3**)と関係している[1].また,薬剤代謝関連酵素のCytochrome P450(CYP)のSNPなど薬剤の副作用との関係が明らかなものがある.このような薬の効果とSNPの関係,さらには,個人の遺伝子発現プロファイルを利用して,1人1人に合わせた医療をオーダーメイド医療という[2].

<参考文献>

1) Guan, M. X., et al., : "A biochemical basis for the inherited susceptibility to aminoglycoside ototoxicity." : Hum. Mol. Genet., 9 : 1787–1793, 2000

注1:テーラーメード医療(tailor-made medicine),personalized medicine(個別化医療)ともいう.一律な治療を施す従来の医療はレディーメード医療(ready-made medicine).

Keyword
22 iPS細胞

　Induced pluripotent stem（iPS）細胞[注1]とは，成体中にあるすでに分化した細胞から人工的に作られた幹細胞で，さまざまな細胞への分化万能性と自己増殖能力をもっている．iPS細胞は，個体差をふまえた医薬品の開発，さらには再生医療への応用が期待されている．再生医療の研究に材料としてembryonic stem cell（ES細胞）を用いる場合，ヒト胚を用いることから倫理的な問題が生じる．しかし，自身の皮膚細胞を材料としてiPS細胞を作製して用いる場合，ES細胞の使用に伴う倫理的な問題が解決される．

　2006年京都大学の山中伸弥教授らは，マウスの皮膚由来の線維芽細胞にES細胞の増殖や分化に関連する下記の4種類の転写因子の遺伝子を導入することで，さまざまな細胞に分化しうる多能性幹細胞を作製した[1]．

　さらに，2007年にはヒトの皮膚由来の線維芽細胞を用いて同様の実験を行い，ヒトのiPS細胞を得ることにも成功した[注2][2]．4つの遺伝子は，下記のような細胞の初期化因子の遺伝子であった[注3]．

- **Oct3/4**（POU domain, class5, transcription factor 1：Pou5f1）：分化の調節にかかわる未分化性特異的転写因子．この転写因子の発現により細胞は未分化状態を保つ
- **Sox**（SRY-ralated HMG box）：内部細胞塊にて発現し，未分化状態の維持に関連する．Oct3/4と共同ではたらく転写因子
- **KLF4**（Kruppel like factor 4）：細胞の増殖促進および抑制に関与する転写因子
- **c-Myc**：癌遺伝子で，細胞周期の調節やアポトーシスに関与する．核内に存在する転写因子をコードしている

　山中教授らは，細胞の多能性を誘導する因子は，ES細胞に含まれる初期化因子の遺伝子であると想定し，理化学研究所のFANTOMデータベース[注4]などから，まず，24種類の因子の遺伝子を選定した．マウスの線維芽細胞を用いて，24因子の

注1：日本語での呼称は2010年現在，「人工多能性幹細胞」で統一されています．
注2：ほぼ同時期に米国Wisconsin大学のJames Thomsonらのグループもips細胞を発表しました[3]．
注3：当初4つの因子が必要とされましたが，その後，線維芽細胞に3つの因子でもiPS細胞が作製できるとの報告があります．また，肝細胞を用いた場合，遺伝子に依存せず，薬剤によりiPS細胞を作製するなど，新たな作製方法の研究が日夜続いています．
注4：Functional annotation of mouse（FANTOM）とは，理化学研究所横浜研究所で作られたマウス完全長cDNAライブラリーの機能注釈されたデータベース．

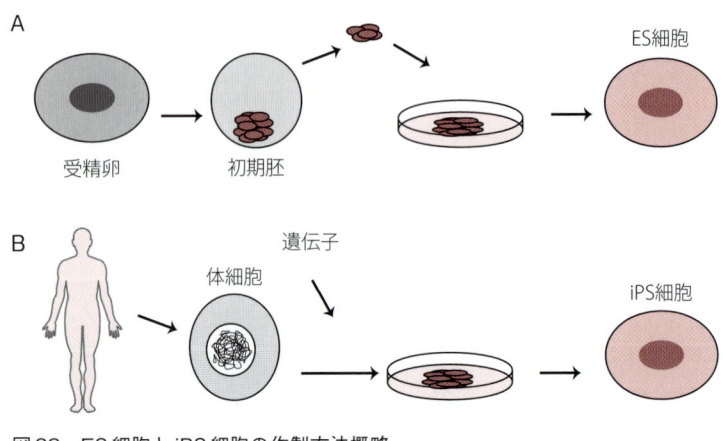

図22 ES細胞とiPS細胞の作製方法概略
ES細胞は胚を材料にしているが，iPS細胞は線維芽細胞に4種類の遺伝子を導入することで作製する

中から特定の4因子を組合わせることでiPS細胞を作製した[1]．各遺伝子の機能が注釈づけされた遺伝子データベースから因子を見出し，実験により確かめるという方法により確立されたといわれている．ゲノム解析プロジェクトで作られたデータベースが活用されている．

<参考文献>

1) Takahashi, K. & Yamanaka, S.： "Induction of pluripotent stem cells from mouse embryonic and adult fibroblast cultures by defined factors."：Cell, 126：663-676, 2006
2) Takahashi, K., et al.： "Induction of pluripotent stem cells from adult human fibroblasts by defined factors."：Cell, 131：861-872. 2007
3) Junying, Y., et al.： "Induced Pluripotent Stem Cell Lines Derived from Human Somatic Cells."：Science, 318：1917-1920, 2007

23 遺伝子リテラシー教育

遺伝子教育とは，学校で習う生物学と現代社会で使われているバイオテクノロジーのギャップを埋めるために遺伝子工学技術や倫理感などについての認識をもたせる教育である．

1 遺伝子リテラシー教育（Gene literacy education）注1

遺伝子医療や組換え作物など生命科学研究の成果が社会に還元されつつある．遺伝子リテラシー教育とは，書物ばかりでなく実験を通じて遺伝子やタンパク質に直接触れ，生命科学の魅力や正しい理解を促すリテラシー注2教育である[1]．

生命科学は，観察や実験に基づき生命を探求する学問である．このため自分の細胞からDNAを抽出して解析したり，大腸菌の形質転換などの遺伝子組換え実験を体験することにより，遺伝子への理解につながる．

実験の際には，対照実験と比較考察するなど実験を通じた自然科学の基本的な考え方を学ぶとともに，生命の設計図である遺伝子を扱う生命科学実験にかかわるモラルやルールなどを通じ倫理面も学ぶことになる．

このような教育を通じ新聞や雑誌に溢れている生命科学に関する情報を取捨選択し自分の考えをもつことにより，「知らないため，解らないため起こる無用な不安」の解消に繋がり，生命科学の市民理解（Public understanding）に繋がる．

2 米国における教育

早くからバイオ産業が生まれた米国では，中学校・高等学校で習う生物学に比べ実社会でのバイオテクノロジー技術の進歩が速すぎるという認識が生まれてきた．このような背景から，1980年代より遺伝子教育の必要性が高校教員から"草の根"的に盛り上がり，遺伝子教育のカリキュラムが高校教員，大学教員と地域企業との交流により徐々につくられてきた．1990年代には，学校教育のガイドライ

注1：遺伝子教育，バイオテクノロジー教育，DNA教育など同じような意味で使われることがある．
注2：リテラシーは本来「読み書き」スキルという意味である．このため常識的に使えるべきスキルという意味が含まれることもある．例えば，パーソナルコンピュータの活用による情報リテラシーは，スキル（インターネットを使えることで得られた情報を実生活に利用する等）である．しかし，遺伝子教育でいうリテラシーは，生命科学に対する見方・考え方の常識＝リテラシーとなる（実験スキルを実生活に利用するわけではない．実験・体験を通じ科学を見る常識を身につける）．

ンである National Science Education Standards（NSES）の高校教育に実験を含む遺伝子の取り扱いが記載され，遺伝子教育が本格的に実施され始めた．ヒトの生物学をふまえた教科書が導入され[注3]，教育用実験キットも市販されるようになった[2]．また，大学・企業・学校を結ぶ教育のコンソーシアム[3]やアウトリーチ活動として研究者が教育現場に入り込み，学校教育や地域活動の中で実験の体験を通じて生命科学やバイオテクノロジーを学ぶさまざまな機会が増えてきた[4]．以下に地域に根差した活動を紹介する．

　Illinois州，Rockfordにあるイリノイ大学メディカルスクールとサーモフィシャーサイエンティフィック社が共同で行っているインターンシッププログラムでは，意識の高い高校生が，夏休み（5～8月）を利用して，研究現場で研究者の指導の下で研究に参加できる．インターネットで募集をかけ書類審査や面接による選考が行われた後，現場の研究に参加する．研究テーマは，企業でのアッセイ法の改良など短期間にもかかわらず充実した内容である．終了時の8月にはスライドを用いた口頭発表，ポスター発表，審査員との口頭試問を経て優秀者には賞が与えられる[5]．

　California州，SanJoseにある体験型科学館である The Tech Museum of Innovation の Genetics のコーナーでは，訪れた子供たちが簡単な遺伝子組換え実験を体験できる（図23-1）．これは，GFP遺伝子を大腸菌に導入する実験[注4]で，結果は，ウェブ上で翌日見ることができる．その他に，自分が医師や薬剤師になったような臨床検査用のシミュレーションなどを体験する機会が設けられている．

　一方，大学生や大学院生を対象に遺伝子組換え技術を用いた合成生物を競い合う競技会として The International Genetically Engineered Machine competition（iGEM）[注5] が，マサチューセッツ工科大学（Massachusetts Institute of Technology：MIT）で，行われている．参加した学生は，主催者からさまざまな遺伝子や転写制御領域の配列をパーツ（DNA）[注6]として入手，さらに自ら新しい遺伝子制御系を作製し大腸菌などを用いて生物を改変する．いわば「ロボコン」の生物版である．

・・・
注3：米国では，かなりボリュームのある教科書が使われている（図23-3）．なかでも，大学の単位と互換できるAdvanced placement（AP）program対応の教科書は，日本の大学教育レベルの内容を含んでいる．なかでもCampbell "Biology"[7]は有名．
注4：この実験は，日本では「教育目的遺伝子組換え実験」となり，「遺伝子組換え生物等の使用等の規制による生物の多様性の確保に関する法律」に従い，P1レベルの実験室で実施する必要がある（Q21）．
注5：https://igem.org/
注6：パーツは，BioBrickとよばれ[8]，遺伝子や転写調節配列などのDNAがプラスミドベクターに挿入された形で供給される．

図23-1 体験型科学館

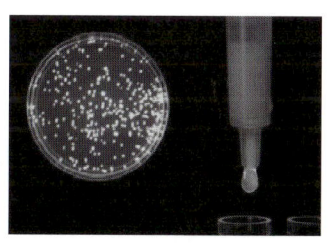

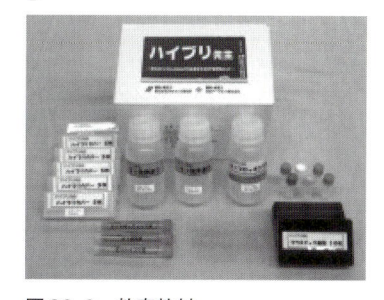

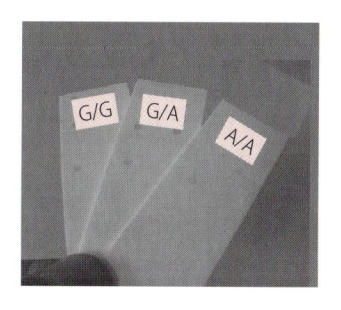

図23-2 教育教材
A) Bio-Rad Explorer (Bio-Rad Laboratories社)
GFP遺伝子による大腸菌の形質転換をはじめ,さまざまな遺伝子組換え実験,遺伝子解析実験を行えるキットがラインアップされている
B) ハイブリ先生 (DNAチップ研究所)
自分のゲノムDNAを用いてALDH2のSNPタイピングを自作のDNAチップで行うキット

3 教育教材

　教育現場で実験を手軽に行うためには,試薬や器具が含まれているキットが有効である.以下に日本で購入できる特徴的なキットの事例を挙げる.
　"Bio-Rad Explorer"(Bio-Rad Laboratories社)[2)]
　実験を通じて,遺伝子工学への科学的興味,安全性,遺伝子の身近さを体験的

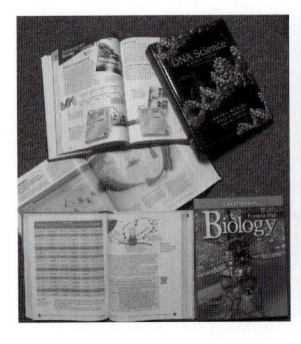

図23-3 米国の高校教科書

に習得できるキットである．各テーマを細分化し，50分の授業時間内でテーマの一部一部が完結でき，各テーマを5回程度でまとめられるカリキュラムのキットである．

- pGLOクテリア遺伝子組換えキット：大腸菌に発光クラゲの蛍光タンパク質（GFP）の遺伝子による大腸菌の形質転換
- GFP精製クロマトグラフィーキット：上記蛍光タンパク質（組換えタンパク質）の精製
- DNA Fingerprintingキット：モデル系でDNA鑑定を体験
- PV92：自分自身のゲノムDNAを抽出しPCRにてヒト特異的なAlu配列の挿入有無を調べる
- GMO investigator：食品からDNAを抽出しGM（Genetically modified：遺伝子組換え）植物のプロモーター，ターミネーターをPCRで増幅．GM植物の有無を調べる

"ハイブリ先生"（DNAチップ研究所社）
DNAチップを作製し，自分のゲノムDNAからPCRでALDH2のSNPタイピングを行う．シグナルの検出は発色によるため特別な機器は必要ない．

4 日本の遺伝子リテラシー教育

文部省と科学技術庁の統合に伴う改定文部科学省DNA組換え実験指針には，「教育目的の遺伝子組換え実験」についての指針が盛り込まれ中学校・高等学校等の教育現場でも「GFP遺伝子による大腸菌の形質転換」など安全性が確認された遺伝子組換え実験が可能となった（2002年3月施行）．2004年カルタヘナ法[注7]の下でも同様な実験が可能であり，教育教材を用いた実験が高等学校の生物学教育に

注7：「遺伝子組換え生物等の使用等の規制による生物の多様性の確保に関する法律」
注8：「ヒトゲノム・遺伝子解析研究に関する倫理指針」（三省指針）一方，学校教育でのヒトゲノム解析の指針も検討されている[6]．

取り込まれている[1]．また，ヒトゲノムを用いた実験も三省指針[注8]の趣旨に即した実験を実施するための指針も検討されている[6]．

<参考文献，URL>

1) Oto, M., et al.: "Gene literacy education in Japan. "Fostering public understanding through practice of hands-on laboratory activities in high schools" Plant Biotechnology, 23：339-346, 2006
2) Bio-Rad Explorer（Bio-Rad Laboratories社）：http://explorer.bio-rad.com
3) Bay area biotechnology education consortium (BABEC) http://www.babec.org/
4) Munn, M., et al.: "The Involvement of Genome Researchers in High School Science Education." Genome Res. 9：597-607, 1999
5) ハイブリ先生（DNAチップ研究所）：http://www.dna-chip.co.jp/products/sensei/
6) 笹川由紀ほか：教育目的ヒトゲノム・遺伝子解析実験の普及と実施指針についての検討．生物教育，49：90-107, 2009
7) Campbell, N.A. & Reece, J.B.: "Biology (7th Edition)", Benjamin Cummings, 2007
8) The BioBrick foundation http://biobricks.org/

索引

欧文索引

記号・数字

％濃度 — 63
16S rRNA — 254
1塩基多型 — 218, 223
1分子シークエンシング — 265
2-ME — 94

A〜C

αヘリックス — 158
alternative splicing — 218
Ames試験 — 50
Amplify — 185
araC — 133
AS–PCR — 255
ASO法 — 255
ATCC — 211
base pair — 65
BCA法 — 170
β構造 — 158
Biological containment — 57
BPB — 198
Bradford法 — 168
BSA — 95
CBB — 168, 203
CCDカメラ — 240
citation index — 22
CO_2インキュベーター — 209
coding RNA — 218
contamination — 53
CpGアイランド — 219

D・E

DDBJ — 225
ddNTP — 236
DEPC — 47, 157
DGGE — 252
DHPLC — 153, 252
Dicer — 246
DIG — 239
DMSO — 49, 111
DNA test — 269
DNase — 27, 53, 155
DNAチップ — 153, 221, 258
DNAポリメラーゼ — 183
DNAマイクロアレイ — 258
DNA鑑定 — 269
dNTP — 230
Drosha — 248
dsDNA — 65
DTT — 94
EDTA・2Na — 155
ELISA — 173
EMBL — 225
ES細胞 — 271
Ethidium bromide — 50
EtBr — 50
Excel — 42, 166
exon — 218

F〜J

FBS — 211
Folin加銅法 — 169
FRET — 235
GC含量 — 182
GCクランプ — 252
GenBank — 185
GFP — 133, 243
Goodのバッファー — 88
Henderson-Hasselbalchの式 — 87
Heteroduplex解析 — 252
HTS — 258
impact factor — 22
intron — 218
iPS細胞 — 271
J-Global — 77
JABEE — 25

K〜O

KEGG — 225

278 バイオ実験超基本Q&A 改訂版

索引

Lab-on-a-chip — 260	pHメーター — 89, 125	SSC — 90
Laemmli法 — 203	pH試験紙 — 125	SSCP — 223
LMO — 56	pI値 — 106	STR — 223, 269
Lowry法 — 169	pKa値 — 87	SYBR Green — 193, 233
MALDI-TOF-MS — 221	PMT — 240	
Mgイオン — 155, 183, 190	Podcast — 74	**T**
microRNA — 247	Pol I型 — 188	TAE — 90
Microsatellite — 269	PowerPoint — 42	*Taq* DNAポリメラーゼ — 230
MilliQ水 — 47	PPチューブ — 123	TaqManプローブ — 233
miRNA — 247	Primer3 — 185	TaqMan法 — 188
mol — 58	PSチューブ — 123	TAクローニング — 188
MOPS — 90	PubMed — 76, 185	TBE — 90
MSDS — 50	PVDF — 173, 201	TE — 90
NaOH — 103	qRT-PCR — 233	TGGE — 252
NCBI — 76, 225		Times cited — 22
NMR — 221	**R・S**	T_m値 — 182, 186
non-coding RNA — 218, 220	RFLP — 257	t検定 — 136
odds比 — 66	RISC — 247	
	RI管理区域 — 31, 34	**U〜W**
P・Q	RNAi — 246	UV法 — 168
P2レベル実験 — 56	RNase — 27, 53, 156	Van Slykeの緩衝値 — 87, 88
PAGE — 192, 194	rpm — 128	VNTR — 223, 269
P_{BAD} — 133	RT-PCR — 231	w/v — 64
PCR — 79, 229	SDS-PAGE — 159, 162, 166	Wallaceの法則 — 186
PCR-RFLP — 257	shRNA — 246	Word — 42
PCR-SSCP — 249	siRNA — 246	
φ29DNAポリメラーゼ — 266	SI基本単位 — 60	
Physical containment — 55	SNP — 218, 223, 255	

索引

和文索引

ア行

アガロースゲル電気泳動 ──── 166, 192, 194
アシロマ会議 ──── 56
アニーリング ──── 182
アルカリ ──── 27, 86, 110
アルミホイル ──── 113
安全キャビネット ──── 55
安全ピペッター ──── 118
アンチセンスRNA ──── 247
イオン交換水 ──── 46
イソプロパノール沈殿 ──── 180
遺伝子組換え実験 ──── 55
遺伝子診断 ──── 268
遺伝子発現プロファイル ──── 263
遺伝子リテラシー教育 ──── 273
イメージングプレート ──── 240
医療廃棄物 ──── 50, 51
インターカレーション法 ──── 233
イントロン ──── 218
インパクトファクター ──── 22
引用索引 ──── 22
ウエスタンブロッティング ──── 173
エキソン ──── 218

液体窒素 ──── 48
エタノール沈殿 ──── 180
エチジウムブロマイド ──── 28, 50
エッペンドルフチューブ ──── 109, 176
エピジェネティクス ──── 218
エライザ ──── 174
塩基対 ──── 65
遠心力 ──── 128
塩析 ──── 106, 181
エンドトキシン ──── 47
塩溶 ──── 106
オーダーメイド医療 ──── 270
オートクレーブ ──── 55, 205
オートクレーブテープ ──── 206
オートラジオグラフィー ──── 242
オスバン液 ──── 207
オリゴヌクレオチド ──── 160
温度勾配ゲル電気泳動 ──── 252

カ行

界面活性剤 ──── 94, 173
火炎滅菌 ──── 206
科学技術基本計画 ──── 24
科学研究費補助金 ──── 20
化学発光 ──── 239, 240
撹拌 ──── 109, 112, 137
科研費 ──── 20

ガス滅菌 ──── 205
片対数方眼紙 ──── 166
ガラスピペット ──── 119, 120
カルタヘナ法 ──── 55, 56, 276
還元剤 ──── 94
緩衝液 ──── 86, 90, 94
乾熱滅菌 ──── 156, 205
危険物 ──── 27, 33
機器配置マップ ──── 35
技術士 ──── 25
キット ──── 141
キムタオル ──── 113
キムワイプ ──── 113
逆転写酵素 ──── 153, 231
キャピラリー電気泳動 ──── 236, 260
吸光度 ──── 164
競争的外部資金 ──── 20
共沈剤 ──── 180
共役塩基 ──── 86
共役酸 ──── 86
キレート剤 ──── 94
菌叢解析 ──── 254
クリーンベンチ ──── 207
繰り返し配列 ──── 269
グリコーゲン ──── 180
グリセロール ──── 49, 95, 159, 111, 198
グローブボックス ──── 56

索引

クロマチン ― 216
クロマトチャンバー ― 158
蛍光色素 ― 233
蛍光標識 ― 239
劇物 ― 27, 32, 103
血清 ― 211
ゲノム ― 216
ゲノムインプリンティング ― 219
ゲノム創薬 ― 270
研究室 ― 12, 14
研究費 ― 12, 20
抗原抗体反応 ― 143, 173
高次構造 ― 158
口頭発表 ― 42
誤差 ― 66
コンタミ ― 53, 118, 207
コントロール ― 66, 132

サ行

サーマルサイクラー ― 190
サイエンスコミュニケーター ― 24
サイエンティスト ― 13
サイクルシークエンス ― 231
再現性 ― 102, 135
再生医療 ― 271
酢酸緩衝液 ― 86
サブクローニング ― 83
サランラップ ― 114
酸 ― 27, 109, 110
サンガー法 ― 236
シークエンシング ― 153, 236
ジーンサイレンシング ― 246
紫外線 ― 32, 127
色覚バリアフリー ― 43
色素結合法 ― 168
四捨五入 ― 70
システムバイオロジー ― 227
次世代シークエンサー ― 265
失活 ― 86
質疑応答 ― 44
実験計画 ― 152
実験ノート ― 34, 36, 38
実験番号 ― 38
実験報告書 ― 41, 42
ジデオキシヌクレオチド ― 236
試薬管理ノート ― 35
試薬調製 ― 99
試薬ビン ― 176
遮光 ― 111
重量濃度 ― 64
重力加速度 ― 128
ジュール熱 ― 196
受託解析 ― 187
腫瘍マーカー ― 268
純水 ― 47
消光物質 ― 233
消毒用アルコール ― 207
消耗品 ― 96
蒸留水 ― 46
植菌 ― 207, 208
人工多能性幹細胞 ― 271
伸長反応 ― 182
数値の丸め方 ― 70
スクリーニング ― 249, 258
スター活性 ― 95
スターラー ― 137
スニップ ― 223
スペースペン ― 184
スマイリング ― 196
精製水 ― 47
製品安全データシート ― 50
生物的封じ込め ― 57
絶対量 ― 59
選択的スプライシング ― 218
セントラルドグマ ― 217
増殖因子 ― 211

タ行

対照実験 ― 132
ダイターミネータ法 ― 236
耐熱性酵素 ― 188
平チップ ― 192
多型 ― 218

脱イオン水 ─── 46
脱塩 ─── 92
単位変換 ─── 68
チップ ─── 122, 192
チップ型電気泳動 ─── 260
チビタン ─── 109
超高速シークエンサー
　　　　 ─── 221, 258, 265
超純水 ─── 47
ディープフリーザー ─── 48
低温実験室 ─── 158
ティッシュペーパー ─── 113
定電圧 ─── 196
定電流 ─── 196
定電力 ─── 196
データマインニング ─── 226
テーラーメード医療 ─── 270
テクニシャン ─── 13
手袋 ─── 27, 32, 53, 155
電気泳動 ─── 79, 162, 196
デンシトメーター ─── 242
転倒混和 ─── 137
点突然変異 ─── 223
電離定数 ─── 87
統計 ─── 66, 67, 136
凍結融解 ─── 49, 159
等電点 ─── 106
図書館 ─── 76
ドライアイス ─── 49

ドラフト ─── 110
トランスイルミネーター
　　　　 ─── 127, 241
トランスクリプトーム ─── 220
トリス緩衝液 ─── 86, 91

ナ行

尿素 ─── 95
熱伝導効率 ─── 190
濃縮溶液 ─── 101, 102

ハ行

パーセント濃度 ─── 63
廃液 ─── 50
バイオインフォマティクス
　　　　 ─── 225
バイオ技術者認定試験 ─── 25
バイオ研究支援企業 ─── 18
バイオハザード ─── 55
バイオハザードルーム ─── 31
バイオマーカー ─── 268
ハイスループット ─── 258
培地 ─── 209
ハイブリダイゼーション
　　　　 ─── 143, 171, 262
パイロシークエンシング ─── 265
白衣 ─── 27
博士号 ─── 12, 24

発がん性物質 ─── 51
白金耳 ─── 206
発色団 ─── 244
バッファー交換 ─── 92
バラツキ ─── 66, 135
パラフィルム ─── 113, 140
ピア・レビュー ─── 20
ビオチン ─── 239
比重 ─── 64
ヒストン ─── 216
筆頭著者 ─── 23
非動化 ─── 211
ヒトゲノムプロジェクト ─── 218
ピペッティング ─── 137
ピペット検定 ─── 213
ビュレット反応 ─── 169
標準偏差 ─── 66
フィルター付きチップ ─── 213
フェノールレッド ─── 209
フェノール試薬 ─── 169
フェノール抽出 ─── 178
付せん紙 ─── 34
物理的封じ込め ─── 55
プライマー
　　　　 ─── 160, 171, 185, 230
プライマーダイマー
　　　　 ─── 182, 186
プライマーデザイン ─── 182
ブランク ─── 132

索引

プレキャストゲル —— 195
プレゼンテーション — 42, 80
プレハイブリダイゼーション
　　　　　　　—— 143, 145
プレミックス —— 142
プローブ — 143, 160, 171
ブロッキング — 143, 173
ブロッティング — 173, 201
プロテアーゼ阻害剤 — 158
プロテオーム —— 220
プロテオミクス —— 222
プロトコールシート
　　　— 34, 36, 39, 142
分化万能性 —— 271
文献検索 —— 76
分子量 —— 98, 166
ペーパータオル —— 113
べき数 —— 69
変異原性 —— 50, 119
変性勾配ゲル電気泳動 — 252
放射性同位元素 — 32, 239
放射性廃棄物 —— 50
母液 —— 99, 100
ホールピペット —— 120
ホコリ —— 31
ポストイット —— 34, 37
ポスドク —— 12
補体 —— 211
ホットスタート法 — 183, 184

ポリアクリルアミドゲル電気
　泳動 —— 192
ポリスチレン —— 123
ポリプロピレン —— 123
ボルテックスミキサー — 137
ホルムアミド —— 95, 198
翻訳後修飾 —— 221

マ行

マーカータンパク質 — 166
マイクロアレイ
　— 153, 221, 223, 262
マイクロサテライト — 269
マイクロピペット
　　　　— 120, 137, 213
マスク — 27, 32, 53, 155
ミニプレップ —— 178
無菌室 —— 31
無菌操作 — 80, 207, 213
メスアップ —— 108, 115
メスシリンダー — 115, 117
メスピペット —— 120
メタボローム —— 220
メチル化 —— 219
滅菌水 —— 47
滅菌テープ —— 206
滅菌方法 —— 205
メモ用紙 —— 34
網羅的解析 —— 258, 262

モル —— 58
モル濃度 —— 63

ヤ行

薬包紙 —— 114
有意差 —— 66, 136
有機溶剤 —— 51
有効数字 —— 69
溶質 —— 108
溶媒 —— 108

ラ行

ライブイメージング — 244
ラボオンアチップ —— 260
ラボ手袋 — 27, 32, 33
リアルタイムPCR — 231, 232
立体構造 —— 158
リボザイム —— 247
硫安分画 —— 106
硫酸 —— 103
リン酸緩衝液 —— 86
ルシフェラーゼ —— 240
レディーメード医療 — 270
ローター —— 128
濾過滅菌 —— 205
ロット — 100, 104, 176

著者プロフィール

大藤道衛（おおとう・みちえい）

東京テクニカルカレッジ・バイオテクノロジー科講師．東京農工大学大学院農学府非常勤講師，前橋工科大学非常勤講師，工学院大学非常勤講師．

千葉大学園芸学部農芸化学科卒業，医学博士（東京医科歯科大学医学部），上級バイオ技術者認定（日本バイオ技術教育学会）．製薬企業勤務の後，東京医科歯科大学分子腫瘍医学湯浅保仁教授のグループで，PCRやキャピラリー電気泳動などDNA解析技術を用いた遺伝子診断自動技術の開発改良を行ったのち，現職．

研究分野：DNA診断技術の開発・改良，遺伝子教育教材開発と普及．電気泳動，チップ電気泳動を活用した変異・多型解析など遺伝子解析技術の開発改良を行うとともに，バイオの基礎技術を学ぶための教材開発を行っています．また，専門外の方々に生命科学・バイオ技術の基本を理解していただくための遺伝子リテラシー教育に取り組んでおります．

主な著書：「バイオ実験 誰もがつまずく失敗＆ナットク解決法」（編・著）羊土社（2008），「電気泳動なるほどQ&A」（編・著）羊土社（2005），「これからのバイオインフォマティクスのためのバイオ実験入門」（編・著）羊土社（2002），「バイオ実験トラブル解決超基本Q&A」羊土社（2002），"Clinical Application of Capillary Electrophoresis" Humana press（1999）（分担執筆），「臨床DNA診断法」金原出版（1995）他．趣味：スキー，パソコン．

意外に知らない，いまさら聞けない
バイオ実験超基本Q&A 改訂版

2001年 4月 1日 第1版 第1刷発行	著者	大藤道衛
2009年 5月25日 第9刷発行	発行人	一戸裕子
2010年 9月 1日 第2版 第1刷発行	発行所	株式会社 羊土社
2021年 3月 1日 第7刷発行		〒101-0052
		東京都千代田区神田小川町2-5-1
		TEL 03 (5282) 1211
		FAX 03 (5282) 1212
		E-mail eigyo@yodosha.co.jp
		URL www.yodosha.co.jp/
©Michiei Oto, 2010. Printed in Japan ISBN978-4-7581-2015-9	装丁	日下充典
	印刷所	株式会社 平河工業社

本書の複写にかかる複製，上映，譲渡，公衆送信（送信可能化を含む）の各権利は（株）羊土社が管理の委託を受けています．
本書を無断で複製する行為（コピー，スキャン，デジタルデータ化など）は，著作権法上での限られた例外（「私的使用のための複製」など）を除き禁じられています．研究活動，診療を含み業務上使用する目的で上記の行為を行うことは大学，病院，企業などにおける内部的な利用であっても，私的使用には該当せず，違法です．また私的使用のためであっても，代行業者等の第三者に依頼して上記の行為を行うことは違法となります．

JCOPY ＜（社）出版者著作権管理機構 委託出版物＞
本書の無断複写は著作権法上での例外を除き禁じられています．複写される場合は，そのつど事前に，（社）出版者著作権管理機構（TEL 03-5244-5088, FAX 03-5244-5089, e-mail：info@jcopy.or.jp）の許諾を得てください．

乱丁，落丁，印刷の不具合はお取り替えいたします．小社までご連絡ください．

羊土社のオススメ書籍

実験医学別冊
あなたのタンパク質精製、大丈夫ですか？
貴重なサンプルをロスしないための達人の技

胡桃坂仁志, 有村泰宏／編

生命科学の研究者なら避けて通れないタンパク質実験. 取り扱いの基本から発現・精製まで, 実験の成功のノウハウを余さずに解説します. 初心者にも, すでにタンパク質実験に取り組んでいる方にも役立つ一冊です.

- 定価(本体4,000円＋税) ■ A5判
- 186頁 ■ ISBN 978-4-7581-2238-2

あなたの細胞培養、大丈夫ですか？！
ラボの事例から学ぶ結果を出せる「培養力」

中村幸夫／監
西條 薫, 小原有弘／編

医学・生命科学・創薬研究に必須とも言える「細胞培養」. でも, コンタミ, 取り違え, 知財侵害…など熟練者でも陥りがちな落とし穴がいっぱい. こうしたトラブルを未然に防ぐ知識が身につく「読む」実験解説書です.

- 定価(本体3,500円＋税) ■ A5判
- 246頁 ■ ISBN 978-4-7581-2061-6

時間と研究費にやさしい エコ実験

村田茂穂／編

時間がない, お金もない, でもここにアイデアがある！小さな工夫で大きな成果を生み出す技を, ベテラン研究者がお教えします. 日々の実験からラボ運営に役立つものまで, 節約研究術の数々をどうぞお試しください！

- 定価(本体2,500円＋税) ■ A5判
- 192頁 ■ ISBN 978-4-7581-2068-5

改訂 バイオ試薬調製ポケットマニュアル
欲しい試薬がすぐにつくれる基本操作と注意・ポイント

田村隆明／著

実用性バツグン！10年以上にわたって実験室で利用され続けているベストセラーがついに改訂！！溶液・試薬の調製法や実験の基本操作はこの1冊にお任せ. デスクとベンチの往復にとっても便利なポケットサイズ！

- 定価(本体2,900円＋税) ■ B6変型判
- 275頁 ■ ISBN 978-4-7581-2049-4

発行 羊土社 YODOSHA
〒101-0052 東京都千代田区神田小川町2-5-1　TEL 03(5282)1211　FAX 03(5282)1212
E-mail: eigyo@yodosha.co.jp
URL: www.yodosha.co.jp/

ご注文は最寄りの書店, または小社営業部まで

無敵のバイオテクニカルシリーズ

改訂第4版 タンパク質実験ノート

上 タンパク質をとり出そう（抽出・精製・発現編）
岡田雅人，宮崎 香／編
215頁　定価（本体4,000円＋税）　ISBN978-4-89706-943-2

幅広い読者の方々に支持されてきた，ロングセラーの実験入門書が装いも新たに7年ぶりの大改訂！イラスト付きの丁寧なプロトコールで実験の基本と流れがよくわかる！実験がうまくいかない時のトラブル対処法も充実！

下 タンパク質をしらべよう（機能解析編）
岡田雅人，三木裕明，宮崎 香／編
222頁　定価（本体4,000円＋税）　ISBN978-4-89706-944-9

タンパク研究の現状に合わせて内容を全面的に改訂．タンパク質の機能解析に重点を置き，相互作用解析の章を新たに追加したほか最新の解析方法を初心者にもわかりやすく解説．機器・試薬なども最新の情報に更新！

好評シリーズ既刊！

改訂第3版 顕微鏡の使い方ノート
はじめての観察からイメージングの応用まで
野島 博／編　247頁　定価（本体5,700円＋税）
ISBN978-4-89706-930-2

改訂 細胞培養入門ノート
井出利憲，田原栄俊／著　171頁
定価（本体4,200円＋税）　ISBN978-4-89706-929-6

改訂第3版 遺伝子工学実験ノート
田村隆明／編

上 DNA実験の基本をマスターする
232頁　定価（本体3,800円＋税）　ISBN978-4-89706-927-2

下 遺伝子の発現・機能を解析する
216頁　定価（本体3,900円＋税）　ISBN978-4-89706-928-9

マウス・ラット実験ノート
はじめての取り扱い，飼育法から投与，解剖，分子生物学的手法まで
中釜 斉，北田一博，庫本高志／編　169頁
定価（本体3,900円＋税）　ISBN978-4-89706-926-5

RNA実験ノート
稲田利文，塩見春彦／編

上 RNAの基本的な取り扱いから解析手法まで
188頁　定価（本体4,300円＋税）　ISBN978-4-89706-924-1

下 小分子RNAの解析からRNAiへの応用まで
134頁　定価（本体4,200円＋税）　ISBN978-4-89706-925-8

改訂第3版 バイオ実験の進めかた
佐々木博己／編　200頁　定価（本体4,200円＋税）
ISBN978-4-89706-923-4

バイオ研究がぐんぐん進む コンピュータ活用ガイド
データ解析から，文献管理，研究発表までの基本ツールを完全マスター
門川俊明／企画編集　美宅成樹／編集協力　157頁
定価（本体3,200円＋税）　ISBN978-4-89706-922-7

改訂 PCR実験ノート
みるみる増やすコツとPCR産物の多彩な活用法
谷口武利／編　179頁　定価（本体3,300円＋税）
ISBN978-4-89706-921-0

イラストでみる 超基本バイオ実験ノート
ぜひ覚えておきたい分子生物学実験の準備と基本操作
田村隆明／著　187頁　定価（本体3,600円＋税）
ISBN978-4-89706-920-3

発行　**羊土社 YODOSHA**
〒101-0052 東京都千代田区神田小川町2-5-1　TEL 03(5282)1211　FAX 03(5282)1212
E-mail：eigyo@yodosha.co.jp
URL：www.yodosha.co.jp

ご注文は最寄りの書店，または小社営業部まで

羊土社のオススメ書籍

Rとグラフで実感する生命科学のための統計入門

石井一夫／著

無料ソフトRを使うことで手を動かしながら統計解析の基礎が身につく！グラフが豊富で視覚的に確率分布や検定を理解できる！統計の基本から機械学習まで幅広く網羅した1冊．すぐに使えるRのサンプルコード付き！

- ■ 定価（本体3,900円＋税） ■ B5判
- ■ 212頁 ■ ISBN 978-4-7581-2079-1

はじめてでもできてしまう科学英語プレゼン

"5S"を学んで、いざ発表本番へ

Philip Hawke，太田敏郎／著

ネイティブ英語講師が教える理系の英語での伝え方「基礎の基礎」．手順をStory, Slides, Script, Speaking, Stageの5Sプロセスに整理．これに倣えばはじめてでも立派に準備できる！

- ■ 定価（本体1,800円＋税） ■ A5判
- ■ 127頁 ■ ISBN 978-4-7581-0850-8

バイオ実験に絶対使える統計の基本Q&A

論文が書ける 読める データが見える！

秋山 徹／監，井元清哉, 河府和義, 藤渕 航／編

統計を「ツール」として使いこなすための待望の解説書！研究者の悩み・疑問の声を元に，現場で必要な基本知識を厳選してQ&A形式で解説！豊富なケーススタディーでデータ処理の考え方とプロセスがわかります．

- ■定価（本体4,200円＋税） ■ B5判
- ■ 254頁 ■ ISBN 978-4-7581-2034-0

実験で使うとこだけ生物統計1 キホンのキ 改訂版

池田郁男／著

- ■ 定価（本体 2,200円＋税）
- ■ A5判 ■ 110頁
- ■ ISBN 978-4-7581-2076-0

実験で使うとこだけ生物統計2 キホンのホン 改訂版

池田郁男／著

- ■ 定価（本体 2,700円＋税）
- ■ A5判 ■ 173頁
- ■ ISBN 978-4-7581-2077-7

発行 羊土社 YODOSHA

〒101-0052　東京都千代田区神田小川町2-5-1　TEL 03(5282)1211　FAX 03(5282)1212
E-mail：eigyo@yodosha.co.jp
URL：www.yodosha.co.jp/

ご注文は最寄りの書店、または小社営業部まで

実験医学

生命を科学する 明日の医療を切り拓く

便利な **WEB版購読プラン実施中！**

最新の医学・生命科学のトピックから，研究生活をより豊かにする話題まで，確かな情報をお届けします

【月刊】毎月1日発行　B5判
定価（本体2,000円＋税）

【増刊】年8冊発行　B5判
定価（本体5,400円＋税）

定期購読の ❹ つのメリット

1 注目の研究分野を幅広く網羅！
年間を通じて多彩なトピックを厳選してご紹介します

2 お買い忘れの心配がありません！
最新刊を発行次第いち早くお手元にお届けします

3 送料がかかりません！
国内送料は弊社が負担いたします

4 WEB版でいつでもお手元に
WEB版の購読プランでは，ブラウザからいつでも実験医学をご覧頂けます！

年間定期購読料　送料サービス

冊子のみ	通常号のみ	本体 **24,000**円＋税
	通常号＋増刊号	本体 **67,200**円＋税
冊子＋WEB版（通常号のみ）	通常号	本体 **28,800**円＋税
	通常号＋増刊号	本体 **72,000**円＋税

※ 海外からのご購読は送料実費となります
※ 価格は改定される場合があります
※ WEB版の閲覧期間は，冊子発行から2年間となります
※「実験医学 定期購読WEB版」は原則としてご契約いただいた羊土社会員の個人の方のみがご利用いただけます

お申し込みは最寄りの書店，または小社営業部まで！

発行 **羊土社**

TEL 03(5282)1211
FAX 03(5282)1212
MAIL eigyo@yodosha.co.jp
WEB www.yodosha.co.jp